工业和信息化高职高专“十二五”规划教材立项项目

职业教育机电类“十二五”规划教材

金工实训

涂志平 主编

柳建雄 主审

人民邮电出版社

北京

图书在版编目（CIP）数据

金工实训 / 涂志平主编. -- 北京 : 人民邮电出版社, 2013.12（2022.1重印）
职业教育机电类“十二五”规划教材 工业和信息化高职高专“十二五”规划教材立项项目
ISBN 978-7-115-33240-0

Ⅰ. ①金… Ⅱ. ①涂… Ⅲ. ①金属加工－实习－高等职业教育－教材 Ⅳ. ①TG-45

中国版本图书馆CIP数据核字(2013)第238526号

内容提要

本书按照模块化教学设计，全书共分为5个模块46个项目。模块一为金工基础知识，介绍了机械识图、公差配合、金属材料、常用量具以及安全生产常识等内容。模块二为车工操作训练，介绍了车工入门的相关知识，车刀刃磨，车削外圆、端面、台阶、内孔、圆锥体、特形面、螺纹等操作训练。模块三为钳工操作训练，介绍了钳工入门知识，以及划线、金属錾削、锯割、锉削、钻孔、攻丝和套丝、滚动轴承拆装等钳工基本理论知识与技能。模块四为电焊操作训练，介绍了电焊入门、焊接缺陷等知识，以及引弧、平敷焊、钢板的平对接焊、平角焊、管与板焊接、钢板的的立对接焊、管对接水平转动焊、水平固定管子焊接、焊缝检验等电焊操作的基本理论知识与技能。模块五为气焊与气割操作训练，介绍了气焊入门、气割入门等知识，以及平敷焊、平对接焊、平角焊、滚动管子水平对接焊、紫铜管的焊接、钎焊、薄钢板与厚钢板气割等操作的基本理论知识与技能。

本书可作为高等职业技术学院轮机工程技术等近机类专业金工实训教材，也可作为相关从业人员的参考书。

◆ 主　　编　涂志平
主　　审　柳建雄
责任编辑　刘盛平
◆ 人民邮电出版社出版发行　　北京市丰台区成寿寺路11号
邮编　100164　　电子邮件　315@ptpress.com.cn
网址　http://www.ptpress.com.cn
北京七彩京通数码快印有限公司印刷
◆ 开本：787×1092　1/16
印张：15.25　　2013年12月第1版
字数：361千字　　2022年1月北京第11次印刷

定价：39.80元

读者服务热线：(010)81055256　印装质量热线：(010)81055316
反盗版热线：(010)81055315
广告经营许可证：京东市监广登字20170147号

Forward

前言

本书依据《中华人民共和国海船船员适任考试大纲》和高等职业院校近机类专业对金工工艺实际操作适任能力的最新要求，同时结合金工生产的实际情况，按照模块化教学设计，将相关的理论知识与实操技能融合在一起，满足了金工工艺相关操作对理论知识的需求，又为实际操作提供了操作指导。模块化的内容设计以及理论与实操技能的融合便于老师在“做中教”，也方便学生在“做中学”。

本书由青岛远洋船员职业学院的涂志平主编。模块一由韩淑洁、涂志平共同编写，模块二由涂志平编写，模块三由于淼编写，模块四由王强编写，模块五由于洋、刘运新、涂志平共同编写。全书由涂志平统稿，中远散货运输有限公司的柳建雄主审。本书在编写过程中，中国远洋运输（集团）总公司的各航运公司给予了极大的支持，特别是中远散货运输有限公司给我们提供了丰富的资料，并审阅了全书。同时也得到了其他很多方面的专家、朋友的热情支持、协助，在此一并深表感谢！

限于编者水平，书中难免有不妥之处，敬请读者指正。

编　者

2013 年 9 月

Content
目 录

模块一

金工基础知识

项目一 机械识图

【学习目标】

1. 掌握机械制图的国家标准；
2. 能够正确识读零件图；
3. 能够正确识读装配图。

任务 1.1 认识图样

工程技术中，根据投影原理及国家标准规定准确地表达物体的形状、尺寸以及技术要求的图，称为工程图样。图 1.1.1 所示为轴的零件图。

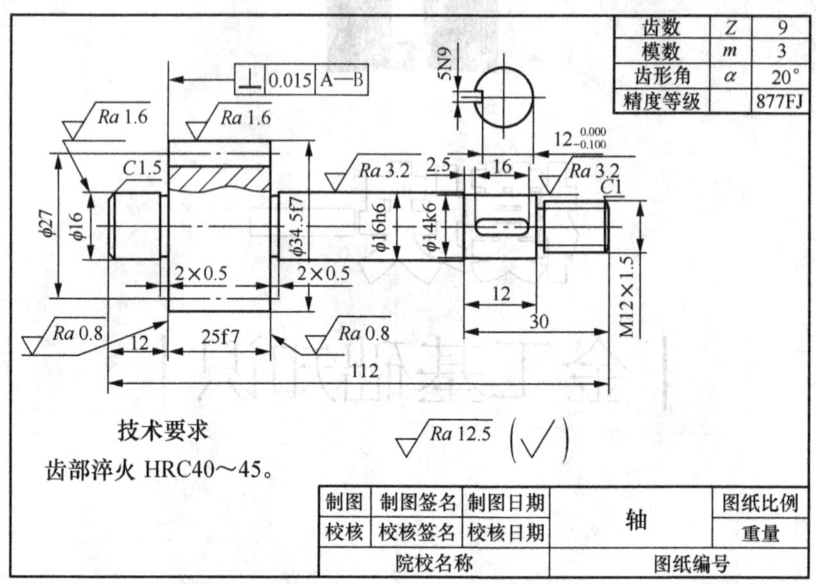

图1.1.1 轴的零件图

任务 1.2 识读国家标准

机械制图国家标准对机械图样的画法、图线、尺寸标注和字体的书写都做了统一规定。每个从事工程技术的人都必须建立标准意识并遵守国家标准。国家标准简称国标，其代号为“GB”。

1. 图纸幅面和格式

（1）图幅。国标规定的基本幅面有 5 种，代号为 A0、A1、A2、A3、A4。必要时，也允许选用加长幅面，其加长后的幅面尺寸可根据基本幅面的短边成整数倍增加后得出。

（2）图框格式。图纸上限定绘图区域的线框称为图框。图框用粗实线画出，其格式分为留有装订边和不留装订边两种。

为了使图样复制和缩微摄影时定位方便，在图纸各边长的中点处应分别画出对中符号。对中符号为粗实线绘制，从纸边界开始至深入图框内约 5mm，深入标题栏部分省略不画。

（3）标题栏。每张图纸上都应画出标题栏，标题栏位于图纸的右下角。国标规定的标题栏格式如图 1.1.2 所示，外框用粗实线，内框用细实线。如果标题栏的长边置于水平方向，则为 X 型图纸；如果标题栏的长垂直于图纸长边时，则为 Y 型图纸。

制图		（日期）	（零件名称）	数量		8	24
校核		（日期）		比例		8	
（校名、班号）			材料	（图号）			
10	20	20		30			
140							

图1.1.2 标题栏

为了利用预先印刷好的图纸，允许将X型图纸的短边置于水平位置，或将Y型图纸的长边置于水平位置，此时为明确绘图与看图方向，应在图纸下边对中符号处画方向符号。方向符号是一个用细实线绘制的等边三角形。

2. 比例

比例是指图样中图形与其实物相应要素的线性尺寸之比。绘图时，应从表1.1.1中选取。绘图时应优先采用原值比例。若机件太大或太小，可采用缩小或放大比例绘制。必须注意，无论采用何种比例绘制，标注尺寸时，均按机件的实际尺寸大小注出。

表1.1.1 常用的比例

种　类	比　例
原值比例	1:1
放大比例	2:1　2.5:1　4:1　5:1　10:1
缩小比例	1:1.5　1:2　1:2.5　1:3　1:4　1:5

3. 图线

绘图时应采用国家标准规定的图线形式和画法。国家标准规定的机械制图中常用的图线有9种，表1.1.2中列出了常用的6种。

表1.1.2 常用图线

图线名称	图线形式	宽　度	应用及说明
粗实线	————	d=0.25～2	可见轮廓线
细实线	————	约 d/2	尺寸线、尺寸界线、剖面线
虚线	- - - - - - - -		不可见轮廓线
波浪线	～～		断裂处的边界线
点画线	—·——·—		中心线、对称轴线
双点画线	—··——··—		假想投影轮廓线

图样上的汉字采用长仿宋体字，字的大小应按字号规定，字体号数代表字体的高度。长仿宋体汉字的特点是：横平竖直，起落有锋，粗细一致，结构匀称。字母和数字可写成斜体或直体，斜体向右倾斜，与水平基准线成75°。字母和数字分A型和B型，B型的笔画宽度比A型宽，我国采用B型。用作指数、分数、极限偏差、注脚的数字及字母，一般应采用小一号字体。

4. 尺寸标注

图样中的尺寸，一般由尺寸界线、尺寸线和尺寸数字组成。尺寸在图样中的排布要清晰、整齐、匀称。应注意以下两个问题。

- 数字：在同一张图上基本尺寸的字高要一致，一般采用3.5号字，不能根据数值的大小而改

变字符的大小；字符间隔要均匀。

- 箭头：在同一张图上箭头的大小应一致，机械图样中箭头一般为闭合的实心箭头。

尺寸注法的基本规则如下。

（1）机件的大小应以图样上所标注的尺寸数值为依据，与图形的大小及绘图的准确度无关。

（2）图样中（包括技术要求和其他说明）的尺寸，以 mm 为单位时，不需标注计量单位的代号或名称。如果要采用其他单位时，则必须注明相应的计量单位的代号或名称。

（3）图样中所标注的尺寸，为该图样所示机件的最后完工尺寸，否则应另加说明。

（4）机件的每一尺寸，一般只标注一次，并应标注在反映该结构最清晰的图形上。

任务 1.3　识读三视图

机械图样都是采用正投影法得到的。用正投影法得到的投影称为“正投影”。本文中未加说明的“投影”都是指“正投影”。正投影法的基本特性是真实性、积聚性和类似性。

（1）真实性。真实性是指当物体表面上的线段、平面与投影面平行时，其投影反映实形，如图 1.1.3（a）所示。

（2）积聚性。积聚性是指当物体表面的线段与投影面垂直时，其投影积聚为一点；物体表面的平面与投影面垂直时，其投影积聚为一直线段，如图 1.1.3（b）所示。

（3）类似性。类似性是指当物体表面上的线段、平面与投影面倾斜时，平面的投影呈缩小的类似形，直线段的投影比实际长度短，如图 1.1.3（c）所示。

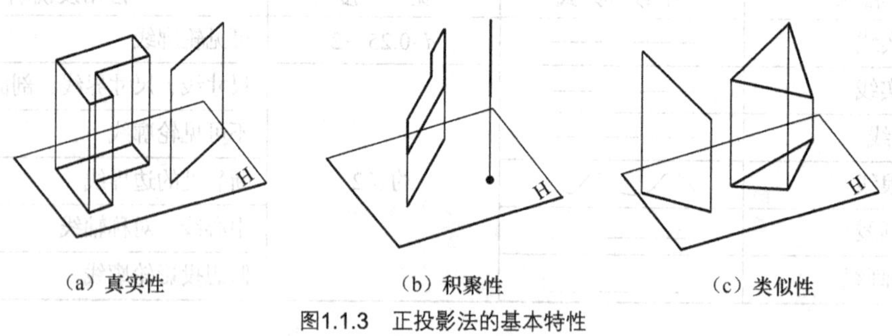

（a）真实性　（b）积聚性　（c）类似性

图1.1.3　正投影法的基本特性

将物体放在三面投影体系内，分别向 3 个投影面投射，得到物体的三视图。三视图之间的投影关系可归纳为：主视图、俯视图长对正，主视图、左视图高平齐，俯视图、左视图宽相等，即“长对正，高平齐，宽相等”。

任务 1.4　识读组合体视图

1. 读图的基本要领

（1）将几个视图联系起来看。一个视图一般不能完全确定形体的形状，如图 1.1.4 所示的 5 组视图，它们的主视图都相同，但实际上是 5 个不同的形体。

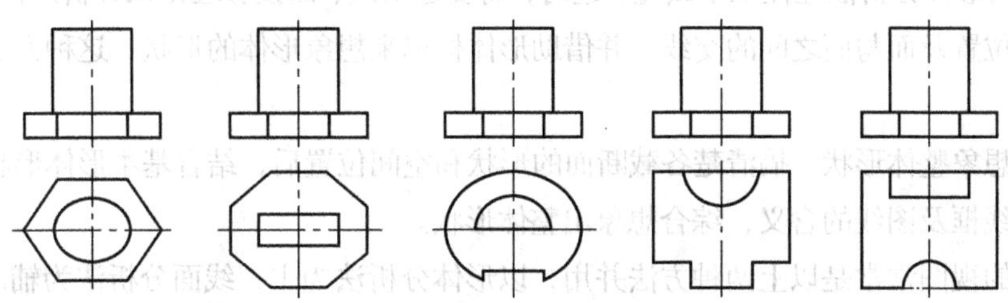

图1.1.4　主视图相同

由此可见，读图时，一般要将几个视图联系起来阅读、分析和构思，才能弄清形体的形状。

（2）寻找特征视图。特征视图就是把形体的形状特征及相对位置反映得最充分的那个视图，如图 1.1.5 所示中的俯视图。从特征图入手，再配合其他视图，就能较快地认清形体了。

（3）了解视图中的线框和线条的含义。

视图中的一个封闭线框，一般是形体上不同位置平面或曲面的投影，也可以是孔的投影。

任何相邻的两个封闭线框，应是形体上相交的两个面的投影，或是同向错位的两个面的投影。

大线框套小线框，应是形体上有凹、凸结构。

视图中的每一条图线，可以是曲面转向轮廓线的投影，如图 1.1.6 中直线 3′是圆柱的转向轮廓线；也可以是两表面交线的投影，如图中直线 2′（平面与平面的交线）、还可以是面的积聚性投影。

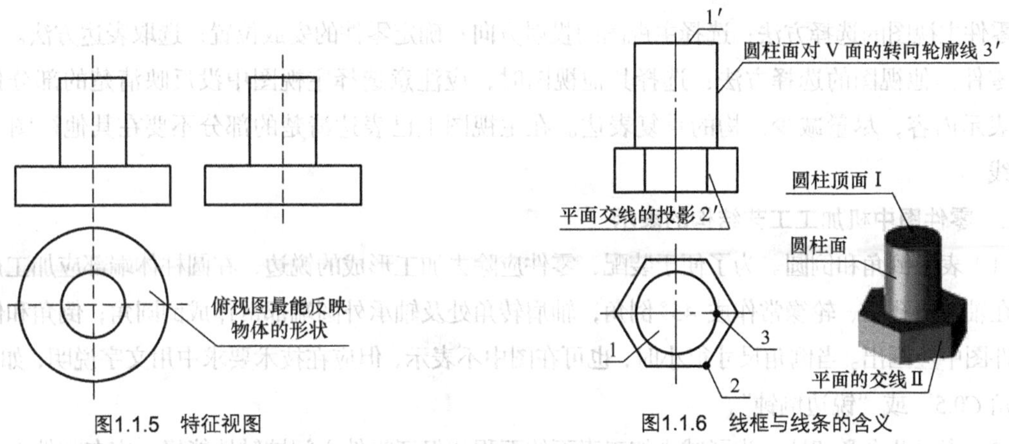

图1.1.5　特征视图　　图1.1.6　线框与线条的含义

2. 读图的基本方法

（1）形体分析法。形体分析法是组合体读图的基本方法。其思路是：首先在反映形状特征比较明显的主视图上按线框将组合体划分为几个部分，即几个基本体；然后通过投影关系找到各线框所表示的部分在其他视图中的投影，从而分析各部分的形状以及它们之间的相对位置，最后综合起来想象组合体的整体形状。

（2）线面分析法。当形体被多个平面切割、形体的形状不规则或在某视图中形体不同部分的投

影重叠时，应用形体分析法往往难于读懂。这时，需要运用线、面投影理论来分析形体的表面形状、面与面的相对位置及面与面之间的交线，并借助形体构思来想象形体的形状。这种方法称为线面分析法。

（3）综合想象整体形状。搞清楚各截断面的形状和空间位置后，结合基本形体形状，并进一步分析视图中的线框及图线的含义，综合想象出整体形状。

读组合体的视图常常是以上两种方法并用，以形体分析法为主，线面分析法为辅。

任务 1.5 识读零件图

1. 零件图的内容及表示方法

零件图不仅反映了设计者的设计意图，而且表达了零件的各种技术要求，如尺寸精度、表面粗糙度等。一张完整的零件图应包括 4 个重要内容：一组视图、全部尺寸、技术要求和标题栏。

零件因在机器中所起的作用不同可分为 4 大类，即轴套类、轮盘类、叉架类和箱体类。不同种类的零件选择的表示方法不同。

主视图是零件视图中最重要的图形，主视图选择的正确、合理与否直接影响到整个表示方法的合理性。

零件主视图的选择原则：最能反映零件的内、外部结构形状特征；基本反映零件的工作或加工位置。

零件主视图的选择方法：选择主视图的投射方向；确定零件的安放位置；选取表达方法。

零件其他视图的选择方法：选择其他视图时，应注意选择主视图中没反映清楚的部分作为重点表示内容，尽量减少结构的重复表达。在主视图上已表达清楚的部分不要在其他视图中画出虚线。

2. 零件图中机加工工艺结构的表示

（1）表示倒角和倒圆。为了便于装配，零件应除去加工形成的锐边，在圆柱体端部应加工成倒角；在轴端、孔端、轮缘常作成 45° 倒角，轴肩转角处及轴承外圆端部常作成倒圆角；倒角和倒圆在零件图中应画出。当倒角尺寸很小时，也可在图中不表示，但应在技术要求中用文字说明，如“全部倒角 *C*0.5”或“锐边倒钝”。

（2）表示凸台和凹坑。为了减少加工表面的面积和保证零件之间按触性能好，应在零件上设计出凹坑或凸台，并在图中表示出来。

（3）表示退刀槽和砂轮越程槽。零件在切削加工时，为了进、退刀方便或使被加工表面完全加工，常在轴肩和孔的台阶部位作出退刀槽或砂轮越程槽。画零件图时应画出这些结构。

（4）表示钻孔结构。为了避免钻头因钻斜面而受力不均导致孔的轴线歪斜或钻头折断。应将钻孔端面设计成凸台或凹坑，画图时应画出该结构。钻盲孔时应画出钻头自然形成的 120° 锥尖。

3. 识读零件图

识读零件图就是要看懂工厂零件设计和加工时的各类图样，看懂零件的各视图投影关系，根据图样上的图形表达想象出该零件的空间结构与实际形状，同时完成与现场加工人员的技术对话。

识读零件图的内容具体包括：看懂零件的结构形状，分析零件的尺寸和技术要求，找出尺寸基准、重要尺寸和定位、定形尺寸；理解图样上各种符号、代号的含义，全面了解加工零件的质量要求。

读零件图的步骤：看标题栏，了解零件的名称、用途、材料、比例；分析表示方法，弄清各视图的关系及表示重点，看懂剖视图中的剖切位置及投射方向；分析形体，想象零件的整体结构与形状；分析尺寸和技术要求；归纳总结，全面读懂零件图。

任务 1.6 识读装配图

1. 装配图

用以表示机器或部件（统称装配体）等产品及其组成部分的连接、装配关系的图样称为装配图。设计、仿造或改装时，一般先画出装配图，再根据装配图画出零件图，装配图是表示设计思想，指导生产、安装使用、维修及进行技术交流的重要技术文件。

装配图必须包含以下 4 方面内容：一组表达装配体的图形；必要的尺寸；技术要求；零件序号、标题栏及明细栏。

2. 装配图表示方法

（1）两相邻零件的接触面和配合面只画一条线，但是，如果两相邻零件的基本尺寸不相同，即使间隙很小，也必须画成两条线。

（2）相邻两个或多个零件的剖面线应有区别，或者方向相反，或者方向一致但间隔不等，相互错开。

（3）对于紧固件以及实心的球、手柄、键等零件，若剖切平面通过其对称平面或轴线时，则这些零件均按不剖绘制；如需表明零件的凹槽、键槽、销孔等构造，可用局部剖视表示。

3. 装配图中的尺寸标注与零、部件编号及明细栏

（1）尺寸标注。装配图尺寸标注不需要注出每个零件的全部尺寸，一般只需标注规格尺寸、装配尺寸、安装尺寸、外形尺寸和其他重要尺寸 5 大类尺寸。

① 规格尺寸：说明部件规格或性能的尺寸，它是设计和选用产品时的主要依据。

② 装配尺寸：装配尺寸是保证部件正确装配，并说明配合性质及装配要求的尺寸。

③ 安装尺寸：将部件安装到其他零、部件或基础上所需要的尺寸，如地脚螺栓孔尺寸等。

④ 外形尺寸：机器或部件的总长、总宽和总高尺寸，它反映了机器或部件的体积大小，即该机器或部件在包装、运输和安装过程中所占空间的大小。

⑤ 其他重要尺寸：除以上 4 类尺寸外，在装配或使用中必须说明的尺寸，如运动零件的位移尺寸等。

（2）零、部件编号。为便于图纸管理、生产准备、机器装配和看懂装配图，对装配图上各零、部件都要编注序号和代号。

装配图中所有的零、部件都必须编注序号，规格相同的零件只编一个序号，标准化组件如滚动轴承、电动机等，可看作一个整体编注一个序号。

装配图中零件序号应与明细栏中的序号一致。

序号由指引线（细实线）、圆点（或箭头）、横线（或圆圈）和序号数字组成。具体要求如下：

① 指引线不与轮廓线或剖面线等图线平行，指引线之间不允许相交，但指引线允许弯折一次；

② 可在指引线末端画出箭头，箭头指向该零件的轮廓线；

③ 序号数字比装配图中的尺寸数字大一号或大两号。

对紧固件组或装配关系清楚的零件组，允许采用公共指引线。

（3）标题栏及明细栏。标题栏格式由前述的 GB/T 10609.1—2008 确定，明细栏则按 GB/T 10609.2—2009 规定绘制。

绘制和填写标题栏、明细栏时应注意以下问题。

① 明细栏和标题栏的分界线是粗实线，明细栏的外框竖线是粗实线，明细栏的横线和内部竖线均为细实线（包括最上一条横线）。

② 序号应自下而上顺序填写，如向上延伸位置不够，可以在标题栏紧靠左边自下而上延续。

③ 标准件的国标代号可写入备注栏。

1.如何识读零件图？从实际加工图纸中找出一幅零件图进行识读。

2.如何识读装配图？从实际加工图纸中找出一幅装配图进行识读。

项目二 公差配合

【学习目标】

1. 理解表面粗糙度的意义，并掌握其在实际中的应用；
2. 理解尺寸公差的意义，并掌握其在实际中的应用；
3. 理解形位公差的意义，并掌握其在实际中的应用。

任务 2.1　认识表面粗糙度

表面粗糙度是指零件加工后表面上具有较小间距与峰谷所组成的微观不平整度，如图 1.2.1 所示。它与加工方法、所用刀具以及工件材料等因素都有密切关系。表面粗糙度是评价零件表面质量的一项重要技术指标，对于零件的配合，耐磨性、抗腐蚀性，以及密封性都有显著影响。表面粗糙度是评定零件表面质量的重要指标之一。零件表面粗糙度要求越高（即表面粗糙度参数值越小），加工成本越高。因此，要注意对表面粗糙度的合理选用。

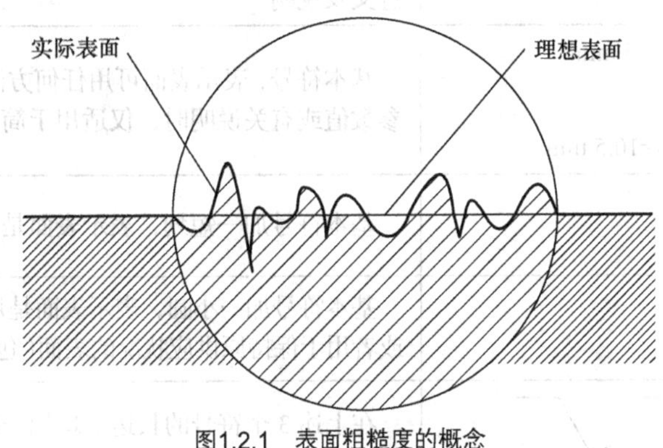

图1.2.1　表面粗糙度的概念

1. 表面粗糙度的评定参数

目前评定零件表面粗糙度最常用的评价参数有 *Ra*、*Ry*、*Rz* 3 个参数，如图 1.2.2 所示。

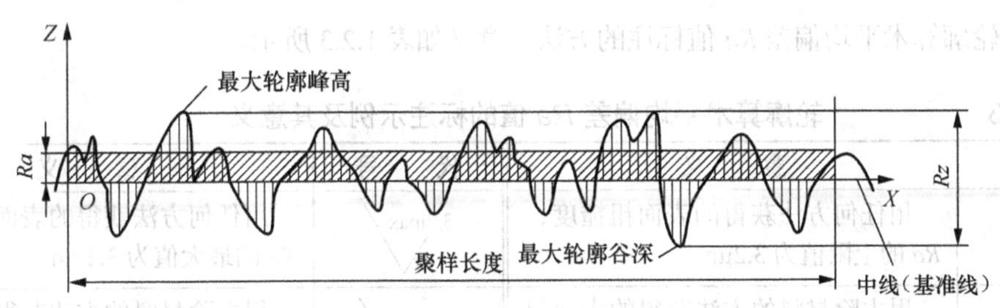

图1.2.2　表面粗糙度的评定参数

Ra——轮廓算术平均偏差。*Ra* 是指在一个取样长度内，被评定表面轮廓上各点至基准线之间距离绝对值的算术平均值，单位为 μm。

Ry——微观不平度十点高度。在取样长度内 5 个最大的轮廓峰高的平均值与 5 个最大的轮廓谷深的平均值之和，单位为 μm。

Rz——轮廓最大高度。*Rz* 是指在同一取样长度内，最大轮廓峰高和最大轮廓谷深的绝对值之和，单位为 μm。

国家标准推荐的 *Ra* 优先选用系列如表 1.2.1 所示。

表 1.2.1　　国家标准推荐的 *Ra* 优先选用系列　单位：μm

0.012	0.025	0.05	0.1	0.2	0.4	0.8
1.6	3.2	6.3	12.5	25	50	100

工程上常采用的是 *Ra*。显然 *Ra* 的数值越小，则表明零件表面越光滑。

国标规定，表面粗糙度代号是由规定的符号和有关参数值组成，零件表面粗糙度符号的画法及意义如表 1.2.2 所示。

表 1.2.2　　表面粗糙度符号的画法及意义

符　号	意义及说明
H_1=5 mm　H_2=10.5 mm　60°　60°	基本符号，表示表面可用任何方法获得。当不加注粗糙度参数值或有关说明时，仅适用于简化代号标注
	基本符号加一短划，表示表面是用去除材料方法获得
	基本符号加一小圆，表示表面是用不去除材料方法获得，或者用于保持原供应状况的表面（包括保持上道工序的状况）
	在上述 3 个符号的长边上均加一横线，用于标注有关参数和说明
	在上述 3 个符号上均加一小圆，表示所有表面具有相同的表面粗糙度要求

旧国标轮廓算术平均偏差 *Ra* 值标注的方法及意义如表 1.2.3 所示。

表 1.2.3　　轮廓算术平均偏差 *Ra* 值的标注示例及其意义

代　号	意　义	代　号	意　义
3.2	用任何方法获得的表面粗糙度，*Ra* 的上限值为 3.2μm	3.2max	用任何方法获得的表面粗糙度，*Ra* 的最大值为 3.2μm
3.2	用去除材料的方法获得的表面粗糙度，*Ra* 的上限值为 3.2μm	3.2max	用去除材料的方法获得的表面粗糙度，*Ra* 的最大值为 3.2μm
3.2	用不去除材料的方法获得的表面粗糙度，*Ra* 的上限值为 3.2μm	3.2max	用不去除材料的方法获得的表面粗糙度，*Ra* 的最大值为 3.2μm

2. 新国标粗糙度标注

（1）表面结构要求在图形符号中的注写位置如图 1.2.3 所示。

a——表面粗糙度参数的允许值（μm）；

b——加工要求、镀覆、表面处理或其他说明等；

c——取样长度（mm）或波纹度（μm）；

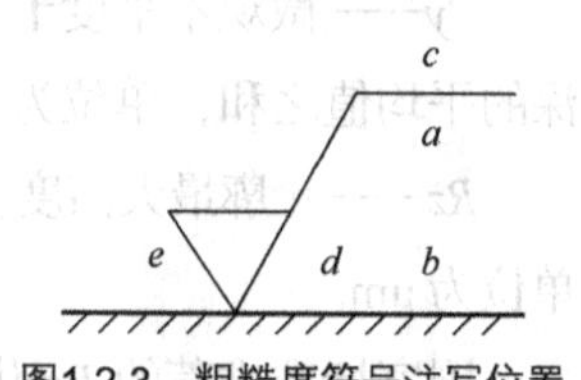

图1.2.3　粗糙度符号注写位置

d——加工纹理方向符号；

e——加工余量（mm）。

（2）表面粗糙度要求在图样中的标注方法。表面粗糙度符号中注写了具体参数代号及数值等要求后即称为表面结构代号。表面结构代号的标注需注意以下问题。

① 表面结构要求对每一个表面一般只标注一次，并尽可能标注在相应的尺寸及其公差的同一视图上。除非另有说明，所标注的表面结构要求是对完工零件表面的要求。

② 表面结构的注写和读取方向与尺寸的注写和读取方向一致。表面结构要求可注写在轮廓线上，其符号应从材料外指向材料表面。一般除了上表面和左表面以外的表面都需要引出标注，必要时，表面结构也可用带箭头的指引线引出标注，如图 1.2.4 所示。

③ 在不致引起误解时，表面结构要求可以标注在给定的尺寸线上，如图 1.2.5 所示。

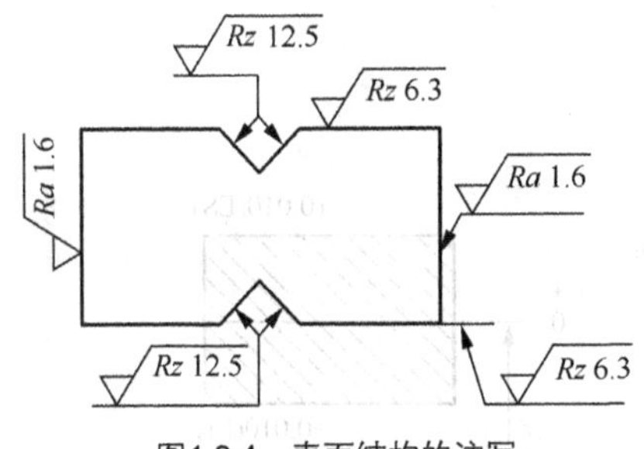

图1.2.4　表面结构的注写

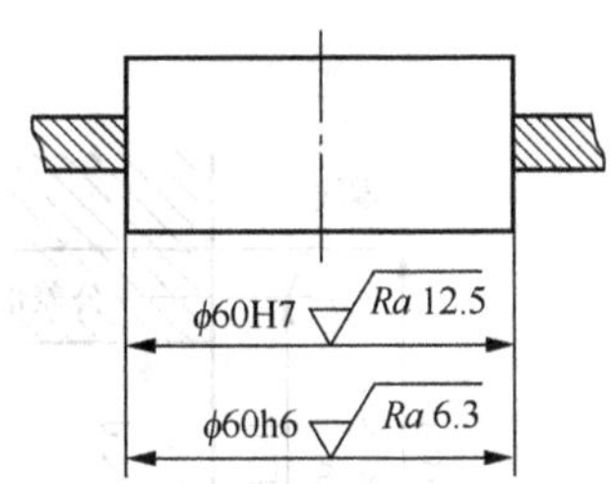

图1.2.5　标注在尺寸线上的粗糙度

（3）表面结构要求在图样中的简化注法。如果在工件的多数（包括全部）表面有相同的表面结构要求时，则其表面结构要求可统一标注在标题栏附近，如图 1.2.6 所示。

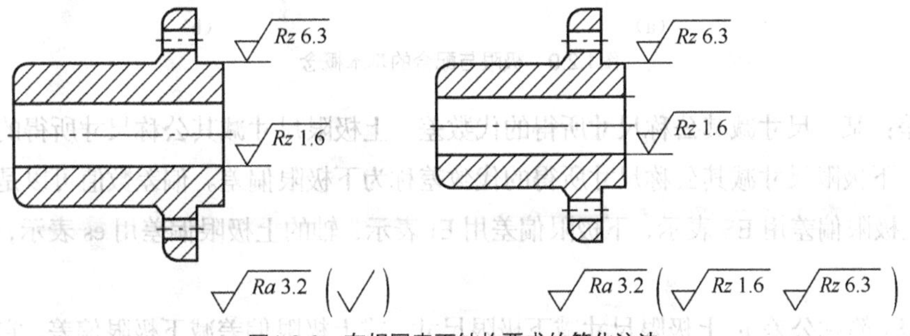

图1.2.6　有相同表面结构要求的简化注法

（4）多个表面有共同要求的注法。

① 用带字母的完整符号的简化注法，如图 1.2.7 所示。

② 只用表面结构符号的简化注法，如图 1.2.8 所示。

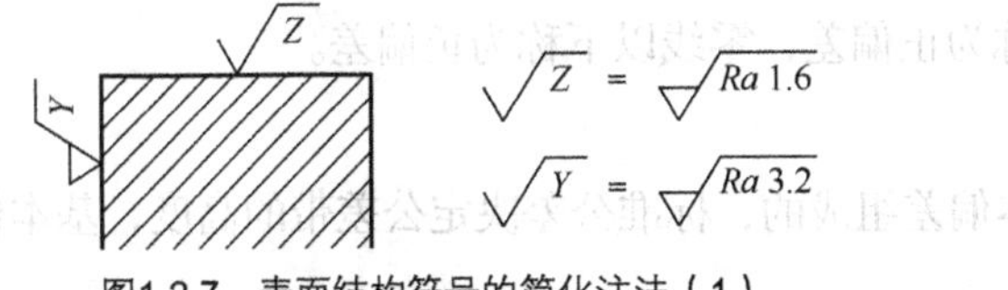

图1.2.7　表面结构符号的简化注法（1）

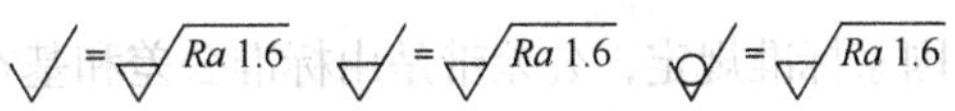

= Ra 1.6　= Ra 1.6　= Ra 1.6

图1.2.8　表面结构符号的简化注法（2）

任务 2.2 掌握公差与配合

1. 基本术语

互换性（Interchangeability）：指从加工完的一批规格大小相同的零件或部件中任取一件，不经任何辅助加工及修配，就能立即装配到机器或部件上，并能保证使用要求。

公称尺寸：设计给定的尺寸，如$\phi30$。

实际尺寸：通过测量获得的尺寸。

极限尺寸：允许尺寸变化的两个极端值。

极限尺寸又分为上极限尺寸和下极限尺寸。在图 1.2.9 中，上极限尺寸为$\phi30.010$，下极限尺寸为$\phi29.990$。

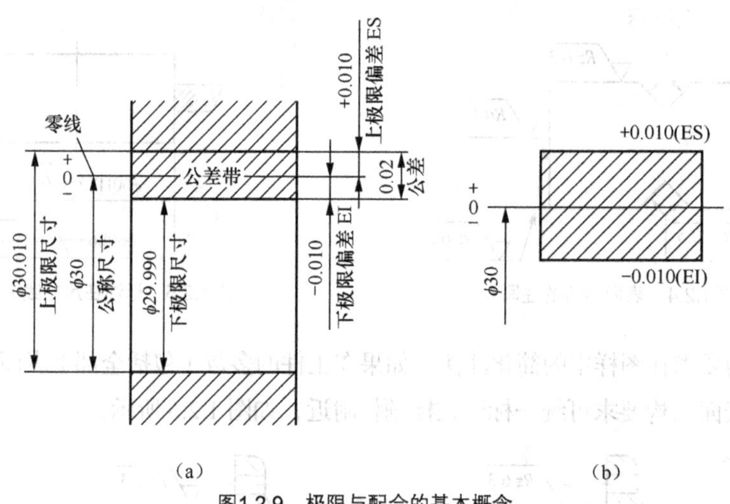

图1.2.9 极限与配合的基本概念

尺寸偏差：某一尺寸减其公称尺寸所得的代数差。上极限尺寸减其公称尺寸所得的代数差称为上极限偏差。下极限尺寸减其公称尺寸所得的代数差称为下极限偏差。偏差数值可以是正值、负值和零。孔的上极限偏差用 ES 表示，下极限偏差用 EI 表示；轴的上极限偏差用 es 表示，下极限偏差用 ei 表示。

尺寸公差（简称公差）：上极限尺寸减下极限尺寸，或上极限偏差减下极限偏差。它是允许尺寸的变动量，是一个正数。

2. 公差带和公差带图

公差带是代表上极限偏差和下极限偏差或上极限尺寸和下极限尺寸的两条直线所限定的一个区域。为了便于分析，一般将公差带与公称尺寸的关系画成简图，称为公差带图。以公称尺寸作为确定偏差的一条基准直线，称为零线。零线以上称为正偏差，零线以下称为负偏差。

3. 标准公差与基本偏差

国家标准规定，公差带是由标准公差和基本偏差组成的，标准公差决定公差带的高度，基本偏差确定公差带相对零线的位置。

（1）标准公差是由国家标准规定的公差值。其大小由两个因素决定，一个是公差等级，另一个是公称尺寸。标准公差代号用符号“IT”和数字组成，分 20 个公差等级，即 IT01、IT0、IT1～IT18。公差等级表示尺寸精确程度，数字大表示公差大，精度低；数字小表示公差小，精度高。同一公称尺寸，公差等级越大，公差值越大；同一公差等级，公称尺寸越大，公差值越大。

（2）基本偏差是用以确定公差带相对于零线位置的上极限偏差或下极限偏差。一般是以靠近零线的那个极限偏差作为基本偏差，基本偏差有正号和负号。

孔和轴的基本偏差代号各有 28 种，用字母或字母组合表示，孔的基本偏差代号用大写字母表示，轴的基本偏差代号用小写字母表示，如图 1.2.10 所示。

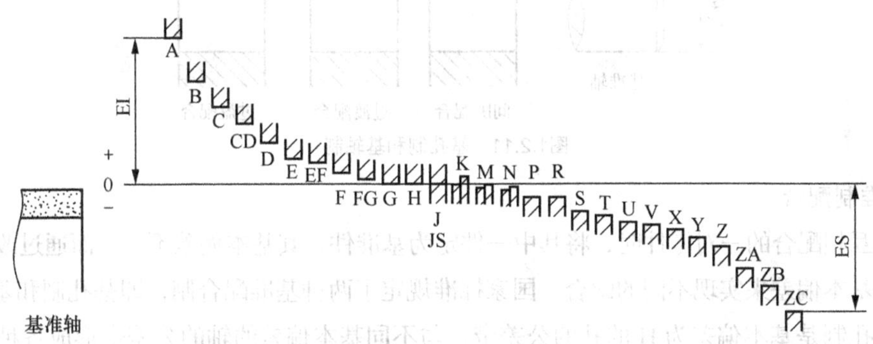

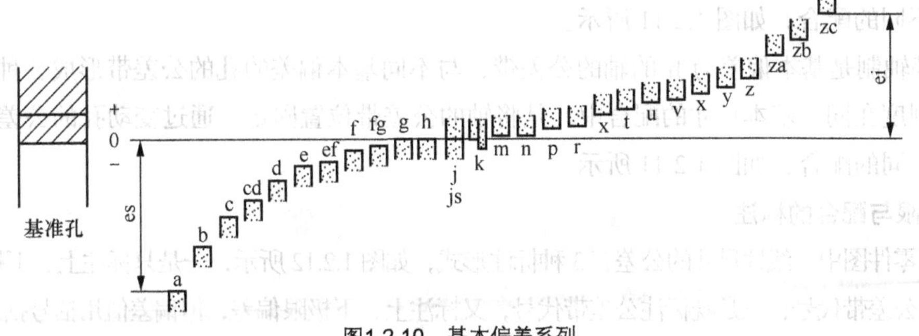

图1.2.10　基本偏差系列

4. 配合

基本尺寸相同时，相互结合的轴和孔公差带之间的关系称为配合。按配合性质不同，配合可分为间隙配合、过渡配合和过盈配合 3 类，如图 1.2.11 所示。

（1）间隙配合。孔的公差带完全在轴的公差带之上，任取其中一对孔和轴相配，都具有间隙（包括最小间隙为零）的配合。

（2）过盈配合。轴的公差带完全在孔的公差带之上，任取其中一对孔和轴相配，都具有过盈（包括最小过盈为零）的配合。

（3）过渡配合。孔和轴的公差带相互交叠，任取其中一对孔和轴相配合，可能具有间隙，也可能具有过盈的配合。

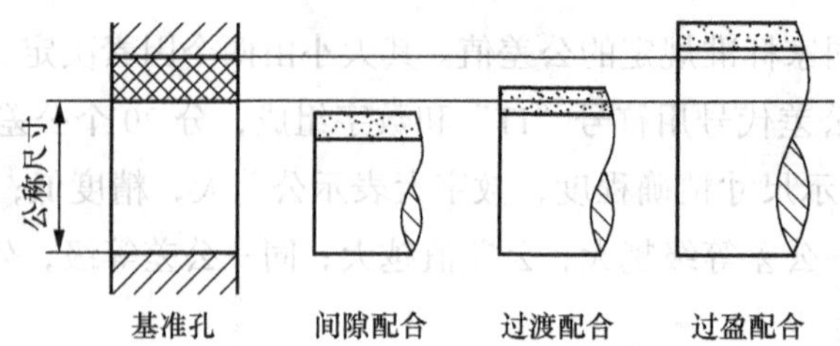

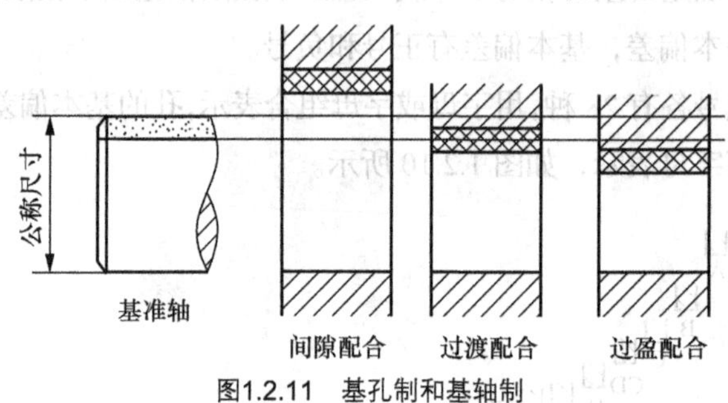

图1.2.11 基孔制和基轴制

5. 基准制配合

在加工互相配合的一对零件时，将其中一件定为基准件，其基本偏差不变，而通过改变另一个非基准件的基本偏差来实现不同的配合。国家标准规定了两种基准配合制，即基孔制和基轴制。

（1）基孔制是基本偏差为 H 的孔的公差带，与不同基本偏差的轴的公差带形成各种配合的制度。这种制度在同一基本尺寸的配合中，是将孔的公差带位置固定，通过变动轴的公差带位置，得到各种不同的配合，如图 1.2.11 所示。

（2）基轴制是基本偏差为 h 的轴的公差带，与不同基本偏差的孔的公差带形成各种配合的制度。这种制度在同一基本尺寸的配合中，是将轴的公差带位置固定，通过变动孔的公差带位置，得到各种不同的配合，如图 1.2.11 所示。

6. 极限与配合的标注

（1）在零件图中，线性尺寸的公差有 3 种标注形式，如图 1.2.12 所示，一是只标注上、下极限偏差；二是只标注公差带代号；三是既标注公差带代号，又标注上、下极限偏差，但偏差值用括号括起来。

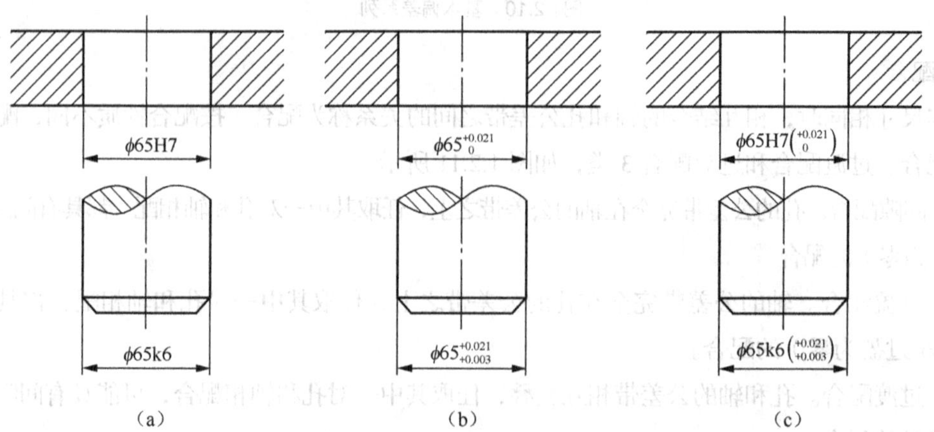

图1.2.12 零件图中尺寸公差的标注

（2）在装配图上一般只标注配合代号。配合代号用分数形式表示，分子为孔的公差带代号，分母为轴的公差带代号。对于与轴承等标准件相配的孔或轴，则只标注非标准件（配合件）的公差带代号。

任务 2.3 掌握形状与位置公差

决定零件大小的实际尺寸有尺寸误差存在，为了满足使用要求，由尺寸公差对其加以限制。同样，决定零件形状的几何要素（点、线和面）的实际形状及相互间的位置关系也存在误差，为满足使用要求，也要用相应的公差加以限制，这就是形状公差与位置公差。

形状误差是指实际要素和理想几何要素的差异；位置误差是指相关联的两个几何要素的实际位置相对于理想位置的差异。形状和位置误差的允许变动量称为形状和位置公差，简称形位公差。

要素是指零件上的特定部位，如零件表面上的点、线、面或中心线、对称线。

被测要素：给出的几何公差要素。

基准要素：用来确定被测要素的方向、位置和跳动的要素。

图样中，形位公差采用代号标注，当无法采用代号时，允许在技术要求中用文字说明。

形位公差的名称及符号如表 1.2.4 所示。

表 1.2.4　　形位公差的名称及符号

公差		特征项目	符号	有或无基准要求
形状		直线度	—	无
		平面度	▱	无
		圆度	○	无
		圆柱度	⌭	无
形状或位置	轮廓	线轮廓度	⌒	有或无
		面轮廓度	⌓	有或无

公差		特征项目	符号	有或无基准要求
位置	定向	平行度	//	有
		垂直度	⊥	有
		倾斜度	∠	有
		位置度	⌖	有或无
		同轴度 同心度	◎	有
		对称度	⌯	有
	跳动	圆跳动	↗	有
		全跳动	⌰	有

公差带：形位公差的公差带是指限制实际要素变动的区域，其大小由公差值确定，其公差带必须包含实际的被测要素。

根据被测要素的特征和结构尺寸，公差带有平面区域和空间区域两种。属于平面区域的公差带形式有：圆内的区域；两同心圆之间的区域；两等距曲线之间的区域；两平行直线之间的区域。属于空间区域的公差带形式有：圆柱面内的区域；两等距曲面之间的区域；两平行平面之间的区域；两同轴圆柱面之间的区域；球内的区域。

形位公差的标注：公差框格与基准符号。国标规定采用代号标注，用公差框格标注形位公差，

如图 1.2.13 所示。

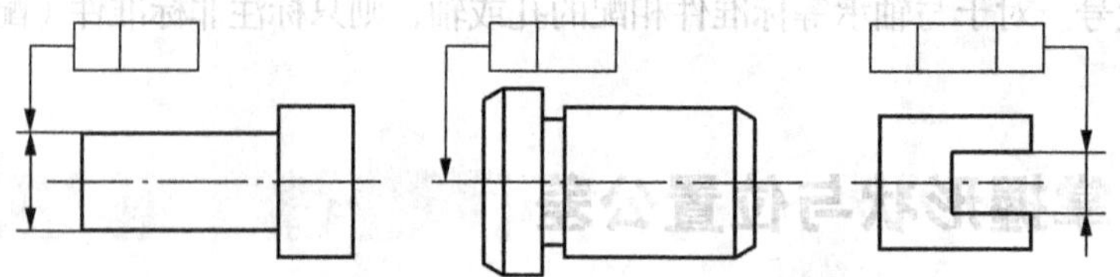

图1.2.13　被测要素为轴线或中心线时的标注

具体要求如下：

框格用细实线绘制，框格的高度为数字高度的两倍；框格可划分为两格或多格（有基准）；

框格中的数字、符号与图中的尺寸数字同高；

框格一端与带箭头的细实线相连，箭头指向直径或垂直指向公差带方向；

基准符号如图 1.2.14 所示。

被测要素的标注：当被测要素是轮廓线或表面时，指引线的箭头指向该要素的轮廓线或其延长线上，并应与尺寸线明显错开，如图 1.2.14（a）、（b）所示。箭头也可指向引出线的水平线，引出线引自被测面如图 1.2.14（c）所示。

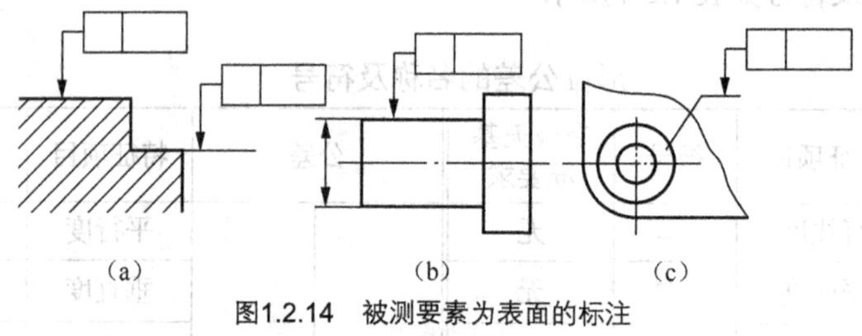

图1.2.14　被测要素为表面的标注

当被测要素是轴线或中心线时，箭头指向有两种情况，一是指引线箭头与该要素尺寸箭头对齐，此时仅说明该尺寸对应范围内的公差；二是指引线箭头直接指在轴线上，此时说明整条轴线的公差。

形位公差的简化标注：当同一被测要素有多项形位公差要求时，可用一个指引箭头连接几个公差框格，如图 1.2.15（a）所示。当多个被测要素具有相同公差要求时，可以从同一形位公差框格引出多个指引箭头，如图 1.2.15（b）所示。

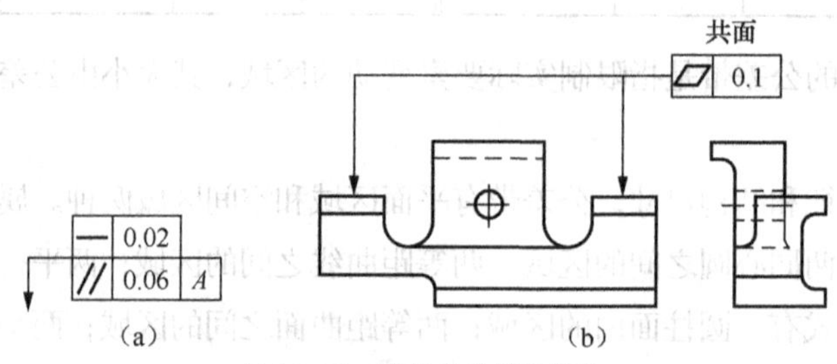

图1.2.15　形位公差简化标注

准要素的标注：基准要素的标注有以下两种方法。

基准要素的标注是用带基准符号的指引线将基准要素与公差框格另一端相连，如图 1.2.16（b）所示；当基准符号不便直接与公差框格连接时，应用基准代号，此时公差框格应增加第三格，并写上与基准符号圆圈内相同的字母代号，如图 1.2.16（a）所示。基准要素标注要求与被测要素指引线箭头的要求相同，同样分为轮廓线或表面及轴线或中心线。

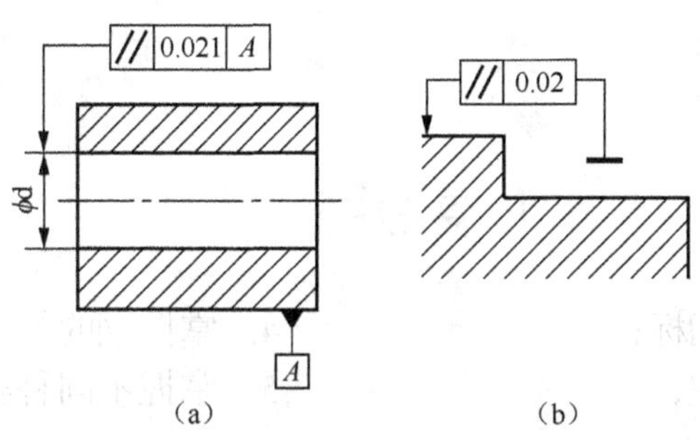

图1.2.16 基准要素的标注形式

图 1.2.17 所示为气阀阀杆的形位公差标注，当被测要素是轮廓要素时，从框格引出的指引线箭头应指在该要素的轮廓线或其延长线上，如杆身ϕ16 的圆柱度公差、两端对ϕ16 轴线的圆跳动公差。当被测要素是轴线等中心要素时，应将箭头与该要素的尺寸线对齐，如 M8×1 轴线对ϕ16 轴线的同轴度公差。图中基准 A 是指ϕ16 的轴线，故将基准符号与该要素的尺寸线对齐。

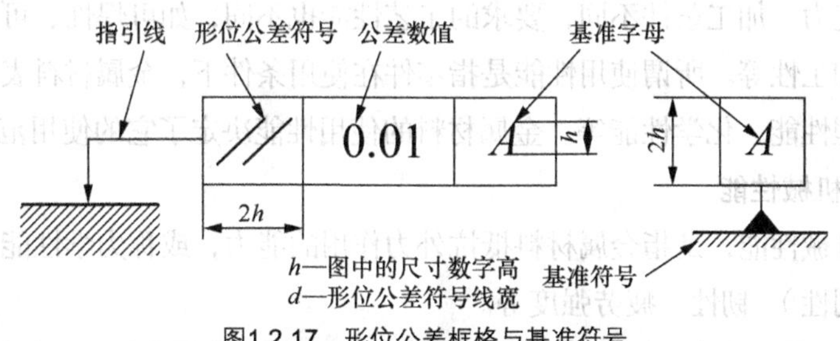

图1.2.17 形位公差框格与基准符号

除上述 3 方面的技术要求外，在零件图中还有关于对材料、材料热处理和表面处理的要求，零件表面缺陷的限定，以及加工方法、检验方法的具体要求等。在装配图中还有关于对机器或部件基本性能和质量指标，对装配工艺方面的要求，有关调试检测方面的规定，及其他必要的说明和注意事项等。这些技术要求的内容，如不能在视图中用数字或代号直接注出时，应在“技术要求”的标题下用文字说明，其位置应放在标题栏或明细栏的上方或左方。

1. 轴与孔的配合有几种？详细说明它们的概念。
2. 车加工时通常粗糙度参数值在什么范围？结合自己车加工工件的表面确定粗糙度参数值。

项目三 金属材料

【学习目标】

1. 掌握金属材料的性能指标；
2. 了解金属材料的热处理；
3. 了解钢的分类及性能；
4. 掌握钢的编号方法；
5. 掌握不同种类铸铁的性能。

任务 3.1 掌握金属材料性能指标

船舶是一个巨大而复杂的金属结构，船舶的坚实、可靠，均取决于造船材料的性能。

金属材料的性能一般分为工艺性能和使用性能两类。所谓工艺性能是指零件在加工制造过程中，金属材料在所采用的冷、热加工条件下表现出来的性能。金属材料的工艺性能决定了它在制造过程中加工成形的适应能力。加工条件不同，要求的工艺性能也不同，如可焊性、可锻性、铸造性能、热处理性能、切削加工性等。所谓使用性能是指零件在使用条件下，金属材料表现出来的性能，它包括机械性能、物理性能、化学性能等。金属材料的使用性能决定了它的使用范围与使用寿命。

1. 金属材料的机械性能

所谓金属材料机械性能，是指金属材料抵抗外力作用的能力，或称力学性能。机械性能包括强度、硬度、塑性（刚性）、韧性、疲劳强度等。

机器零件在使用过程中承受着各种不同的载荷，如静载荷、交变载荷与冲击载荷等，试样在载荷作用下，材料内部产生其大小与外力相等的抵抗力叫内力。单位横断面上的内力称为应力，用符号 σ 表示。

$$\sigma = F / S$$

式中：F——外力，N；

S——横断面面积，mm^2；

σ——应力，Pa。

与所受的载荷相对应，零件内部可产生拉应力、压应力、弯曲应力、剪切应力、扭转应力等，而零件的应力状态往往不是单一类型的，而是同时出现多种应力。

（1）强度：指金属材料抵抗产生塑性变形和断裂的能力。

衡量金属强度的指标常用以下 2 种。

① 屈服强度：是材料抵抗微量塑性变形的能力，用 σ_s 表示。当材料所受的力超过弹性极限到达某一值后，虽然外力不再增加而塑性变形继续发生，这种现象称为屈服。屈服阶段内的最低应力

称为屈服极限。

② 强度极限：指金属材料抵抗断裂的能力，也就是指材料从开始受力到断裂为止所能承受的最大应力值，称强度极限或抗拉强度或拉伸强度，用 σ_b 表示。σ_b 是材料最明显的强度特征，容易测定，且常用它和 σ_s 比较来衡量材料的安全性，是最基本的强度值。

（2）塑性：指在外力作用下金属材料产生塑性变形而不破坏的能力。

① 延伸率：用 δ 表示，指把试样的伸长量 L_1–L_0 除以试样的原始标距长度 L_0。

$$\delta = \frac{L_1 - L_0}{L_0} \times 100\%$$

式中：L_0——试样原始长度；

L_1——试样拉断后的长度。

② 断面收缩率：试样拉断后缩颈处截面积的最大缩减量与原始截面积的百分比，用 ψ 表示。

$$\psi = \frac{S_0 - S_1}{S_0} \times 100\%$$

式中：S_0——试样原始横断面积，mm^2；

S_1——试样拉断后的最小横断面积，mm^2。

ψ 与试样尺寸无关，它能准确反映金属材料的塑性。

工程上常按延伸率大小把材料分成两大类，即 $\delta > 5\%$的材料称为塑性材料，如钢、铜和率等；$\delta < 5\%$的材料称为脆性材料，如铸铁等。

（3）硬度：指金属材料的表面抵抗另一物体压陷、划痕、摩擦或切削等的能力。

硬度不是一个单纯的物理量或力学量，而是代表弹性、塑性、强度、韧性等一系列不同物理量的一个综合性指标。

金属材料的硬度测定是比较简单的，并且基本上属于无损检验，所以目前无论是在工厂企业，还是科研部门应用极为普遍。

常用的硬度测定法都是用一定的载荷把一定形状的压头压在金属表面上，然后测定压痕的面积或深度来确定硬度值。压痕越大或越深者，说明硬度越低。根据测量用的压头和压力的不同，可获得不同的硬度指标。常用硬度指标有以下 3 种。

① 布氏硬度：用 HB 表示。布氏硬度试验方法是用一直径为 D（mm）的淬火钢球或硬质合金球，在规定载荷 F（N）的作用下压入被测材料表面，保持一定时间后，卸除载荷，测量出材料表面压痕的直径 d（mm），由此计算出压痕面积 S（mm^2）。用载荷 F 除以压痕面积 S，求得单位面积上所承受的平均应力值，即为布氏硬度。

须注意在硬度值后习惯上不标注单位。

在实际测试时，硬度值不需计算，而根据载荷 F 及测出压痕直径 d 后查表，即可得硬度值。

② 洛氏硬度：用 HR 表示。洛氏硬度试验方法是用锥顶角为 120° 的金刚石圆锥体为压印器（它用于硬的材料）或淬火钢球为压印器（它用于较软的材料），在规定的载荷下压入被测试材料的表面，除去载荷后，根据压痕的深度来衡量材料的硬度值，其值直接从硬度机的分度盘上读出。

洛氏硬度试验法由于压痕较小，对已加工完的工件表面也可进行测试；缺点是由于压痕小，使得材料的成分和组织存在不均匀，可能产生误差。

（4）韧性：材料在冲击载荷作用下抵抗破坏的能力称为冲击韧性，简称韧性。通常用冲击韧性和冲击值来度量。

在能量不太大情况下，材料承受重复冲击的能力主要决定于强度，而不是决定于冲击韧性。

（5）疲劳强度：是指材料在无数次的交变载荷的作用下不发生疲劳断裂的最大应力。

影响疲劳极限的因素很多，除与材料本身的成分、组织状态、强度高低等内在因素有关外，还与外界因素有关。

由于疲劳微裂纹绝大多数是通过拉应力先从表面产生和发展的，因而采用表面强化处理，赋予表面一定的残余压应力来抵消一部分拉应力的影响，使成为提高疲劳极限的有效途径之一。

2. 金属材料的工艺性能

制造零件的金属材料要经受各种加工工艺，如铸造、锻造、焊接、热处理、切削加工等。不同的材料具有不向的工艺性能，确定零件的加工方法必须同所选材料结合起来统一考虑。

（1）铸造性：铸造性主要是指液体金属在浇铸过程中的流动性、凝固过程中的收缩性和偏析倾向等。

（2）可锻性：可锻性是指金属材料承受压力加工（狭义的指锻造）而变形的能力。它包括金属的塑性和变形抗力两个方面。塑性大和变形抗力小的材料可锻性就好。

常用的金属材料中，低碳钢较中、高碳钢的可锻性好，而铸铁不能锻造。

（3）可焊性：可焊性是指金属能否适应通常的焊接方法与工艺的能力。可焊性好的材料在用一般的焊接方法和工艺施焊时不易形成裂纹、气孔等缺陷，以及焊接强度与母材相近。

常用的金属材料中，以低碳钢的可焊性最佳。

（4）切削性：切削性是指金属是否容易被切削加工。切削性好的金属在切削时消耗动力少，刀具的寿命长，同时被加工表面的粗糙度值也较小等。灰铸铁和易切削钢的切削性能很好。

任务 3.2　认识钢的热处理工艺

钢的热处理是指通过钢在固态下的加热、保温和冷却，改变钢的内部组织，从而改善其性能的一种工艺方法。

由于对钢材热处理后要求的性能不同，热处理类型是多种多样的。但任何一种热处理工艺过程都包括加热、保温和冷却 3 个阶段，它可以在温度—时间坐标画出操作曲线，称为热处理工艺曲线（见图 1.3.1）。

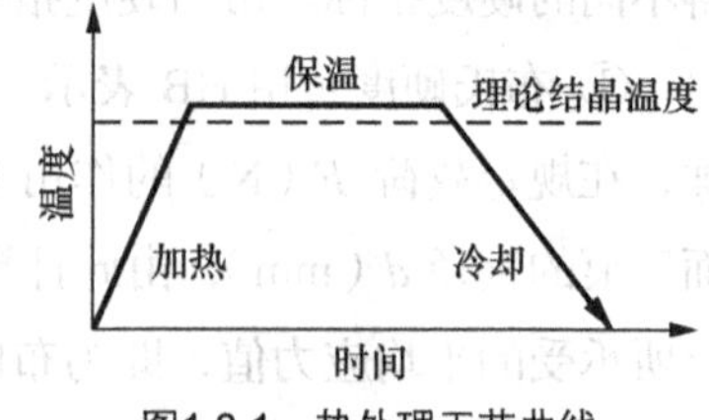

图1.3.1　热处理工艺曲线

1. 常见热处理种类

热处理工艺的种类很多，主要有：

- 普通热处理（即常规热处理）：包括退火、正火、淬火和回火；
- 表面热处理：包括表面淬火和表面化学热处理。表面淬火有火焰加热、感应加热及电接触加热等表面淬火；表面化学热处理有渗碳、氮化、氰化等。

（1）退火。把钢加热、保温后在炉中或在热灰中缓慢冷却的一种操作称为退火。一般作为热处理的最初工序。在某些情况下也可以作为热处理的最后工序。退火的目的主要是：

① 降低材料的硬度，改善切削加工；

② 消除组织缺陷，如铸造偏析、晶粒粗大及魏氏组织等；

③ 消除内应力，稳定尺寸，以防产生变形和开裂；

④ 作为预先热处理，为后续热处理做准备。

（2）正火。正火是将钢加热至 A_{c3} 或 A_{ccm}（见图 1.3.2）以上 30℃～50℃，保温后在静止空气中冷却的一种操作。与完全退火相比，其冷却速度较快，所得的组织比退火细，机械性能也有所提高。

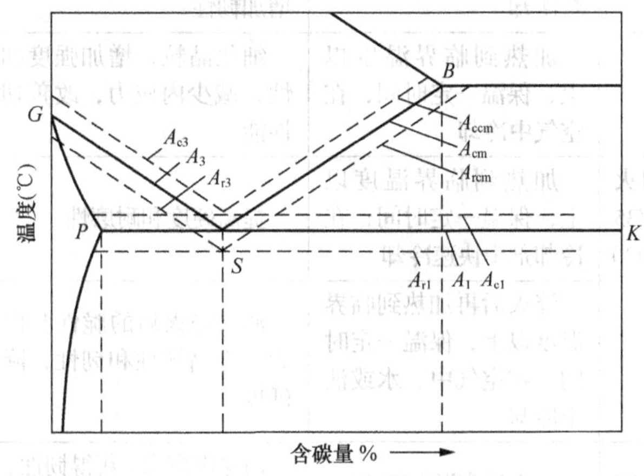

图1.3.2　钢在加热和冷却时临界温度

正火的目的：

① 细化组织，改善零件的铸造或锻造组织；

② 对于比较重要的零件，正火是作为预先热处理来用，以改善切削加工性，防止“粘刀”，提高表面粗糙度。另外，正火后由于组织比较均匀，可减少淬火时的开裂和变形倾向。

（3）淬火。淬火是将钢件加热到相变温度（A_{c1} 或 A_{c3}）以上，经保温后急速冷却（如在水中或油中）的一种操作，淬火可以获得高硬度的组织。

机器上的重要零件和工具、模具等都要通过淬火和随后的回火来获得使用时所需的机械性能。因此，可以说淬火的目的是为了使工件在回火后获得所需要的使用性能做好组织上的准备。

（4）淬火钢的回火。将淬火钢重新加热至 A_1 以下的一定温度，保温一段时间后在空气中冷却的操作称为回火。除等温淬火外，其余一切淬火钢都必须进行回火。由于淬火钢性脆且硬，不能使用，必须配以回火工序后才能发挥材料的使用性能，因此回火决定着钢的使用状态的组织和性能。

生产中为了消除淬火钢的应力，以及调配零件所需的使用性能，常采用以下 3 种回火方式。

① 低温回火：淬火钢在 150℃～250℃回火。低温回火的目的是消除淬火应力，提高韧性，保持硬度和高耐磨性。

② 中温回火：淬火钢在 350℃～500℃回火。中温回火的目的是为了提高零件的弹性及韧性等，多用于各种弹簧的热处理。

③ 高温回火：淬火钢在 450℃～650℃回火。零件淬火后再进行高温回火称为调质处理。高温回火的目的主要是为了使零件具有高韧性、中等硬度及高的强度和疲劳强度的综合机械性能。主要用来处理承受复杂载荷的中碳钢及中碳合金钢零件，如柴油机的曲轴、连杆等。

（5）常用热处理名词解释（见表 1.3.1）。

表 1.3.1 常用热处理名词解释表

名词	标注举例	说明	目的	应用
退火	Th	加热到临界温度以上，保温一定时间，随炉冷却	消除内应力，降低硬度，利于切削，细化晶粒，改善组织，增加韧性	适用于铸件、锻件或焊接件
正火	Z	加热到临界温度以上，保温一定时间，在空气中冷却	细化晶粒，增加强度和韧性，减少内应力，改善切削性能	用于低、中碳钢及渗碳零件
淬火	C48（淬火后回火 45～50 HRC）Y35（油冷 30～40 HRC）	加热到临界温度以上，保温一定时间，在冷却剂中快速冷却	提高硬度和耐磨性	用于中、高碳钢
回火	回火	淬火后再加热到临界温度以上，保温一定时间，在空气中、水或油中冷却	消除淬火后的脆性和内应力，提高塑性和韧性，降低硬度	高碳钢零件采用低温回火，弹簧采用中温回火
调质	T235（调质后硬度 220～250 HBS）	淬火后高温（450℃～650℃）回火	消除内应力，获得韧性、塑性和强度都较好的综合机械性能	用于重要的齿轮、轴和丝杠等零件
渗碳	S0.5-C59（渗碳深度 0.5，硬度 56～62 HRC）	将零件在渗碳剂中加热，使碳渗入钢表面，然后淬火回火	增加零件表面的硬度及耐磨性，提高材料的疲劳强度	适用于低碳钢和低碳合金钢
氮化	D0.3-900（氮化深度 0.3，硬度大于 850 HV）	将零件放入氮气内加热，使氮原子渗入钢表面	增加零件表面的硬度及耐磨性，提高材料的疲劳强度	适用于低碳钢和低碳合金钢

任务 3.3 了解钢的分类

钢的种类很多，为了便于生产、管理和选用，必须将钢分类。现行国家标准是按下面 3 种方法分类的。

1. 按用途分类

钢可以按用途分为以下 3 类。

（1）结构钢。凡用于制造各种机器零件以及各种工程结构的钢都称为结构钢。

（2）工具钢。工具钢可分为刃具钢、模具钢与量具钢等。

（3）特殊性能钢。这是具有特殊物理化学性能的钢，可分为不锈钢、耐热钢、耐磨钢、电工用钢等。

2. 按化学成分分类

按化学成分钢材可分为碳钢和合金钢两大类。

（1）碳钢。碳钢也叫碳素钢，是含碳量小于 2.11%的铁碳合金。实际上，碳钢中除含碳外还含有少量由冶炼过程带来的难以除净的硅、锰、硫、磷、氧、氮等杂质。

① 按含碳量又可分为低碳钢（含碳量＜0.25%）、中碳钢（含碳量 0.25%～0.6%）、高碳钢（含碳量＞0.6%）。

② 按钢的质量分类：主要根据钢中有害杂质磷和硫的含量划分为普通钢（含磷量≤0.045%，含硫量≤0.055%；或磷、硫含量均≤0.050%）；优质钢（磷、硫含量均≤0.040%）；高级优质钢（含磷量≤0.035%，含硫量≤0.030%）。

（2）合金钢。按合金元素含量又可分为低合金钢（合金元素总含量≤5%）、中合金钢（合金元素总含量为 5%～10%）、高合金钢（合金元素总含量＞10%）。此外，根据钢中所含主要合金元素种类不同，可以分为锰钢、铬钢、铬镍钢、铬锰钛钢等。

任务 3.4　掌握钢的编号方法

我国钢的编号方法能够简明地表达钢的类型、碳和主要合金元素的大致含量、钢的质量和用途。这里介绍优质钢和高级优质钢的命名原则，可归纳如下。

1. 用汉字或汉语拼音的第一个字母表示钢的种类

常用的字母有：T（碳素工具钢）、G（滚珠轴承钢）、A（高级优质钢）、F（沸腾钢）、Y（易切削钢）等。

2. 用数字表示钢的平均含碳量

不同类型的钢，含碳量的表示方法不同。结构钢的含碳量以平均含碳量的万分之几表示，即用两位数表示含碳量。合金工具钢和特殊钢的含碳量以千分之几表示，即用一位数字表示含碳量；当平均含碳量大于或等于 1.0%时，含碳量不标出。碳素工具钢的含碳量用 1～2 位数字表示，单位仍然是千分之几。合金元素的平均含量用百分之几表示。平均含量在 1.5%以下可以不标出数字。还有个别钢种不按这个规定编号，如滚动轴承钢 GCr15 中的 Cr 含量是用千分之几表示的，即含铬量为 1.5%。

3. 用汉字或化学符号表示合金元素

如滚动轴承钢 GCr15 中的 G 表示滚动轴承钢的“滚”字的汉字拼音第一个字母。

根据上述编号原则，就可以识别我国钢号的意义。例如，12Cr2Ni4A 表示平均含碳量为 0.12%，含铬量为 2%，含镍量约 4%的高级优质合金钢。这种钢在低碳范围内，又是中合金钢。所以它是一种强度高和韧性好的渗碳钢，可用来制造承受高负荷的大型零件，如齿轮、轴等。

任务 3.5　认识碳素结构钢

1. 普通碳素结构钢

碳素结构钢牌号由屈服点的拼音字母“Q”、屈服点、质量等级符号和脱氧方法符号 4 部分按顺序组成。例如，碳素结构钢 Q235－A·F 为屈服点为 235N/mm^2 的 A 级沸腾钢。

2. 优质碳素结构钢

优质碳素结构钢的硫、磷含量都限制在 0.040%以下。编号方法是采用两位数字表示钢中平均含碳量的万分之几。例如，含碳量为 0.40%（万分之四十）左右的优质碳素结构钢编号为 40 钢；含碳量为 0.08%左右的低碳钢称为 08 钢等。若钢中含锰较高，则在钢号后面附以锰的元素符号 Mn，如 15Mn、45Mn 等。

优质碳素结构钢主要用于制造各种机器零件，这些零件一般都要经过热处理以提高其机械性能。

08～25 钢属低碳钢。此类钢强度、硬度较低，塑性及焊接性良好。主要用于制作冲压件、焊接结构及强度要求不高的机械零件及渗碳件。

30～55 钢属中碳钢。此类钢具有较高的强度和硬度，其塑性和韧性随含碳量增加而降低，切削性能良好。此类钢经调质处理后，可获得较好的综合性能。主要用来制作受力较大的机械零件，如连杆、曲轴、齿轮、联轴器等。

60 钢以上牌号属于高碳钢。此类钢具有较高的弹性，但焊接性不好，切削性稍差，塑性低。主要用来制作具有较高强度、耐磨性和弹性的零件。

3. 碳素工具钢

这类钢的含碳量较高，一般为 0.65～1.35。通常碳素工具钢均属优质钢，它的硫、磷含量分别限制在 0.030%和 0.035%以下。若将硫、磷含量分别限制在 0.020%和 0.030%以下则为高级优质工具钢。

碳素工具纲的编号是以“T”（碳的汉语拼音字头）开头，后面标以数字表示含碳量的千分之几。例如，T8 就是代表平均含碳量为 0.8%的碳素工具纲；T12 则代表平均含碳量为 1.2%的碳素工具钢。若为高级优质碳素工具钢，则在编号最后加“A”，如 T8A、T13A 等。

4. 铸钢

铸造用碳钢一般用于制造形状复杂、力学性能要求较高的机械零件。由于零件形状复杂，很难用锻造或机械加工的方法制造。又由于力学性能要求较高，不能用铸铁来铸造。

铸钢的含碳量一般为 0.20%～0.60%，含碳量过高，则钢的塑性差，铸造时易产生裂纹。

铸钢的牌号是用铸钢两字汉语拼音字头“ZG”后面加两组数字组成，第一组数字代表屈服点值，第二组数字代表抗拉强度值。例如，ZG270—500 表示屈服点为 270 N/mm^2，抗拉强度为 500 N/mm^2 的铸钢。

任务 3.6 认识合金结构钢

合金结构钢包括低合金结构钢、合金渗碳钢、合金调质钢和滚动轴承钢。这类钢的编号是利用“两位数字”＋“元素符号”＋“数字”来表示。前面的两位数字代表钢中平均含碳量的万分之几，元素符号表示钢中所含的合金元素。元素后面的数字表示该元素的平均含量。其表示方法是：合金元素的平均含量小于 1.5%时，一般只标明元素而不标明含量。合金元素平均含量在 1.50%～2.49%，3.50%～4.49%等时，应相应地标以 2、4 等。例如，35CrMn2 钢，其平均含碳量为 0.35%，平均含铬量小于 1.5%，平均含锰量为 2%。又如，20MnCrT 钢，其平均含碳量为 0.20%，锰、铬、钛 3 种合金元素的含量均小于 1.5%。

合金结构钢按质量也分为优质钢（P＜0.04%，S＜0.04%）和高级优质钢（P＜0.035%，S＜0.03%），高级优质钢钢号末尾加“A”。例如，20Cr2Ni4WA 钢即属于高级优质钢。

1. 低合金结构钢

含碳小于 0.25%，并含有少量 Mn、Si、Cu、Nb、稀土等合金元素，且合金元素总量小于 2%，因其屈服极限超过普通低碳钢 25%以上，故又可称低合金高强度钢。

2. 合金渗碳钢

专门用作渗碳处理的低碳合金钢，所含主要合金元素为铬和镍。

合金渗碳钢是用来制造既要有良好耐磨性和耐疲劳性，又要承受冲击载荷作用，且有足够韧性和足够强度的零件，如柴油机的凸轮、活塞销等。

3. 合金调质钢

合金调质钢是用来制造一些如齿轮、连杆等受力复杂、既要有很高的强度，又要有很好的塑性、韧性的重要零件。此类钢含碳量一般为 0.25%～0.50%，含碳量过低则硬度不足，含碳量过高则韧性不足。

任务 3.7　认识合金工具钢

这类钢的编号方法与合金结构钢相似，仅含碳量的表示方法有所不同。当合金工具钢的平均含碳量大于等于 1.00%时，其含碳量不予标出。平均含碳量小于 1.00%时，以千分之几表示。例如 9Mn2V 钢，其平均含碳量为 0.9%，含锰为 2%，含钒量小于 1.5%。

1. 低合金工具钢

低合金工具钢中含碳量大于 0.7%，合金元素总量小于 5%，常用元素为 Cr、Mn、Si、W、Mo、V 等，它们的作用是：提高淬透性，增加钢的回火抗力，形成合金碳化物增强耐磨性。因此，这类钢可用来制造尺寸较大、形状复杂的低速加工工具。

2. 高速钢

高速钢的典型牌号为 W18Cr4V。

高速钢具有高的热稳定性，当切削温度高达 600℃时其硬度仍无明显下降，故可用于高速切削，所以名为高速钢。高速钢因含有大量的合金元素而具有很高的淬透性，能在空气中淬硬，故也称之为风钢。高速钢以其优异的性能在刀具材料中占有重要地位，它的性能是与其成分、锻造及热处理工艺分不开的。

3. 硬质合金

硬质合金是由难熔金属碳化物如碳化钨、碳化钛、碳化钽、碳化铌等与以钴或镍为胶结剂，用粉末冶金法制成的合金材料。由于硬质合金具有高硬度、高耐磨、耐腐蚀、耐高温和线膨胀系数低等一系列优点，在现代工业中成为不可缺少的工具材料。

任务 3.8　认识特殊钢

特殊钢是指具有特殊物理、化学性能的钢。属于这种类型的钢有不锈钢、耐热钢及磁钢等。

1. 不锈钢

在腐蚀性介质中具有高抗腐蚀性能的钢称为不锈钢。它具有抵抗空气、酸、碱溶液、淡水、海水或其他介质等的腐蚀能力。

船舶零件中常用的是Cr13型铬不锈钢与Cr18Ni9型铬镍船用不锈钢。

2. 耐热钢

耐热钢具有高的抗氧化性能和较高强度的钢。例如，15CrMo是典型的锅炉用钢，4Cr14Ni4WMo钢用于制造大型发动机的排气阀。

任务3.9 认识铸铁

铸铁是工业上广泛应用的一种铸造金属材料，它是以铁－碳－硅为主的多元铁基合金。工业上常用铸铁化学成分的大致范围为：2.5%～4.0%C、1.00%～3.00%Si、0.40%～1.50%Mn、0.01%～0.5%P、0.02%～0.20%S。有时为了提高铸铁的机械性能或物理、化学性能，还可以加入一定量的合金元素，制成合金铸铁。

铸铁的性能与其化学成分、金相组织密切相关。根据碳在铸铁中存在的相结构形式不同可将铸铁分为白口铸铁和灰口铸铁。

（1）白口铸铁。白口铸铁中的碳元素全部以渗碳体形态存在，因其断口特征呈白色而得名。白口铸铁是高硬度的脆性物，不能采用机械加工，不适用作承载的结构零件。

（2）灰口铸铁。灰口铸铁的碳元素大部分或全部以片状石墨形态存在，因其断面呈暗灰色而得名。

1. 灰口铸铁

灰口铸铁的牌号由“灰铁”两字汉语拼音字母字头“HT”及后面一组数字组成，数字表示其最低抗拉强度。

灰口铸铁的硬度和抗压强度主要由基体组织决定，石墨片对这些性能的影响不大，而灰口铸铁中会有比碳素钢更多的硅、锰等元素，这些元素可溶于铁素体而强化基体。所以灰铸铁的抗压强度与钢相差不多，从而使灰口铸铁广泛用作承受压载荷的零件，如机座、轴承座等。

石墨虽然降低铸铁的抗拉强度、塑性和韧性，但石墨的存在也赋予铸铁一系列其他优良性能，主要具有优良的铸造性、耐磨性、消振性、切削加工性和较低的缺口敏感性。

2. 球墨铸铁

球墨铸铁的牌号由“球铁”两字汉语拼音字母字头“QT”及后面两组数字组成，两组数字分别表示其最低抗拉强度和伸长率数值。

石墨呈球状分布的灰口铸铁称为球墨铸铁。它是在浇铸前往灰口铸铁铁水中加入少量的球化剂和孕育剂，而使石墨呈球状析出的。由于石墨呈球状，对基体的割裂作用大为减轻，球墨铸铁中金属基体组织的强度、塑性和韧性可以充分发挥作用。因而，机械性能比灰铸铁提高很多，近似于钢，但成本仍近于灰口铸铁。球墨铸铁还保留了灰口铸铁的优良铸造性能、切削加工性能、消振性能、耐磨性以及对缺口不敏感性等优点。它的生产工艺简单，生产周期短，又能像钢一样进行各种热处理以改善金属基体组织，进一步提高机械性能。因此，球墨铸铁一出现就引起了人们的极大重视，并得到了迅速发展。在造船业中已用球墨铸铁铸造一些受力复杂而强度、韧性、耐磨性又要求较高的零件，如螺旋桨和中、小型柴油机的曲轴、连杆等。

课业练习

1. 金属材料的机械性能有哪些?
2. 常用的热处理方式有哪些?
3. 碳素钢、合金钢、铸铁的各有什么性能?

项目四　常用量具

【学习目标】

1. 掌握游标卡尺的使用方法；
2. 掌握千分尺的使用方法；
3. 掌握百分表的使用方法；
4. 掌握万能角度尺的使用方法；
5. 掌握量具的维护保养措施。

任务 4.1　认识常用量具

量具是用来测量工件尺寸、角度、形状误差和相互位置误差的工具，为保证加工后的工件各项技术参数符合设计要求，在加工前后及加工过程中，都必须用量具进行测量。

通常量具的种类很多，常用的有游标卡尺、千分尺、百分表、塞尺、万能角度尺等。

任务 4.2　使用游标卡尺

目前最常用的游标卡尺是一种中等精度的量具，可以用来测量工件的长度、宽度、外径、内径、深度和孔距等，其结构如图 1.4.1 所示。其下量爪用于测量工件的外表面（外径或长度等），上量爪用于测量工件的内表面（孔径或槽宽），深度尺用于测量深度，测量时移动游标得到需要的尺寸，然后拧紧锁紧螺钉，以防测得的尺寸变动。

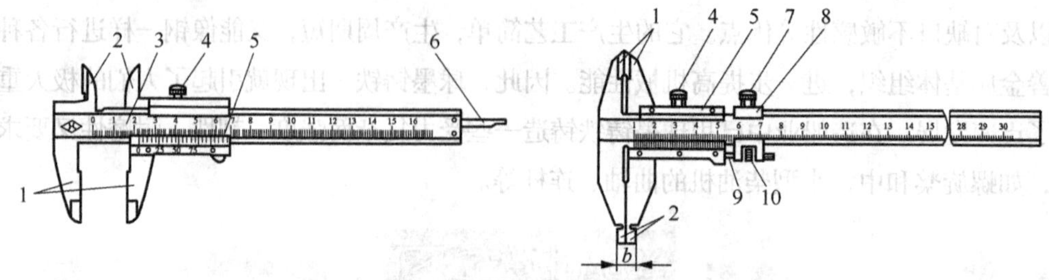

图1.4.1　游标卡尺

1—外量爪；2—内量爪；3—主尺；4—锁紧螺钉；5—副尺；6—深度尺；7—锁紧螺钉；8—微调装置；9—小螺杆；10—滚花螺母

游标卡尺的测量精度有 0.1mm、0.05mm、0.02mm 3 种，一般常用的是 0.02 mm。测量范围有 0～125mm，0～150mm，0～200mm，0～300mm 等。

下面以 0.02mm 精度的游标卡尺为例来说明游标卡尺的刻线原理及读数方法。

尺身每 1 格为 1mm，当两量爪合并时，尺身上的 49mm 恰好与游标上的 50 格对齐。游标上每 1 格 = 49mm/50 = 0.98mm，尺身与游标每 1 格相差为 1−0.98 = 0.02mm。

游标卡尺读数方法可分为以下 3 步。

（1）读出游标上零线相对应的尺身上的整数刻度值。

（2）在游标上找出与尺身刻线对齐的刻线，其格数与卡尺精度的乘积即为测量尺寸的小数部分。

（3）将尺身上的整数值和游标上的小数值相加，即可得完整的测量尺寸（见图 1.4.2）。

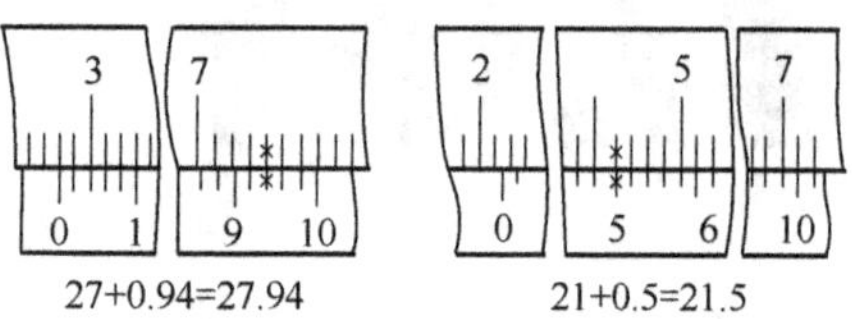

图1.4.2　游标卡尺的读数方法

用游标卡尺测量工件的方法如图 1.4.3 所示。使用时应注意下列事项。

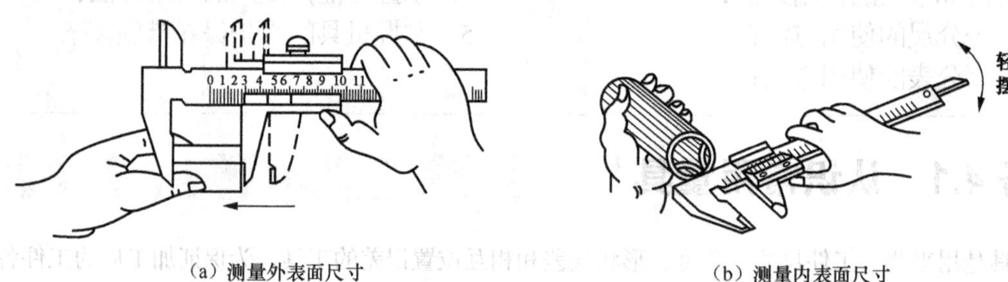

（a）测量外表面尺寸　（b）测量内表面尺寸

图1.4.3　游标卡尺的使用

（1）检查零线。使用前应先检查量具是否在检定周期内，然后擦净卡尺，使量爪闭合，检查尺身与游标的零线是否对齐。若未对齐，则在测量后应根据原始误差修正读数值。

（2）放正卡尺。测量内外圆直径时，尺身应垂直于轴线；测量内孔直径时，应使两量爪处于直径处。

（3）用力适当。测量时应使量爪逐渐与工件被测表面靠近，然后达到轻微接触。不能把量爪用力抵紧工件，以免变形和磨损，影响测量精度。读数时为防止游标移动，可锁紧游标，视线应该垂直于尺身。

（4）勿测毛坯面。游标卡尺仅用来测量已加工的表面，表面粗糙的毛坯件不能用游标卡尺测量。

图 1.4.4 所示为游标深度尺和游标高度尺，分别用于测量深度和高度。游标高度尺还用作精密划线。

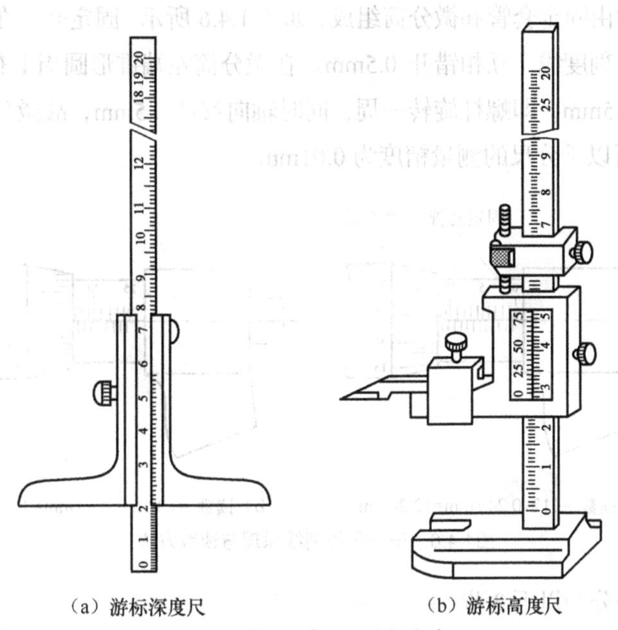

（a）游标深度尺　　（b）游标高度尺

图1.4.4　游标深度尺和游标高度尺

任务 4.3　使用千分尺

千分尺是一种比游标卡尺更精密的量具，测量精度为 0.01mm，测量范围有 0～25mm，25～50mm，50～75mm 等多种规格。常用的千分尺分为外径千分尺和内径千分尺等。外径千分尺的结构如图 1.4.5 所示。

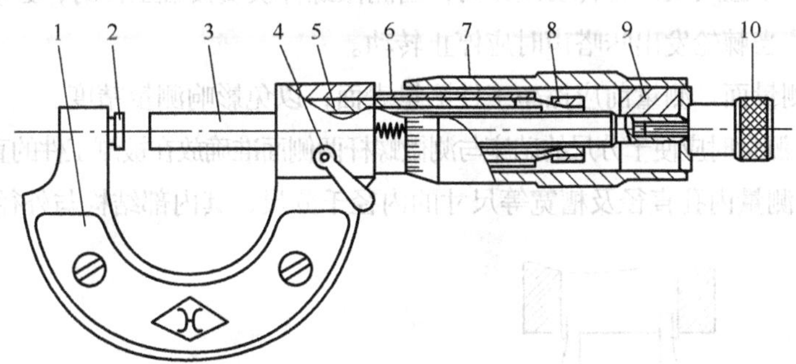

图1.4.5　外径千分尺

1—尺架；2—砧座；3—测微螺杆；4—锁紧装置；5—螺纹轴套；6—固定套管；7—微分筒；8—螺母；9—接头；10—棘轮

千分尺的测微螺杆 3 和微分筒 7 连在一起，当转动微分筒时，测微螺杆和微分筒一起沿轴向移动。内部的测力装置是使测微螺杆与被测工件接触时保持恒定的测量力，以便测出正确尺寸。当转动测力装

置时，千分尺两测量面接触工件，超过一定的压力时，棘轮 10 沿着内部棘爪的斜面滑动，发出嗒嗒的响声，就可读出工件尺寸。测量时为防止尺寸变动，可转动锁紧装置 4 通过偏心锁紧测微螺杆 3。

千分尺的读数机构由固定套管和微分筒组成，如图 1.4.6 所示。固定套管在轴线方向上有一条中线，中线上、下方都有刻度线，互相错开 0.5mm。在微分筒左端锥形圆周上有 50 等分的刻度线。因测微螺杆的螺距为 0.5mm，即螺杆旋转一周，同时轴向移动 0.5mm，故微分筒上每一小格的读数为 0.5/50 = 0.01mm，所以千分尺的测量精度为 0.01mm。

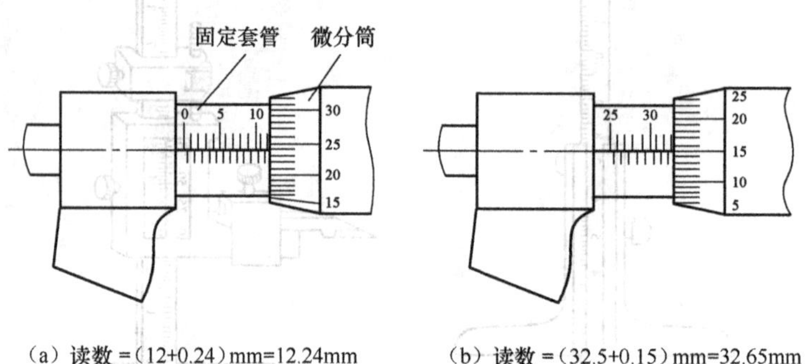

（a）读数 =（12+0.24）mm=12.24mm　　（b）读数 =（32.5+0.15）mm=32.65mm

图1.4.6　千分尺的刻线原理与读数方法

测量时，读数方法分为以下 3 步。

（1）先读出固定套管上露出的刻线的整毫米和半毫米数（0.5mm），注意看清露出的是上方刻线还是下方刻线，以免错读 0.5mm。

（2）看准微分筒上哪一格与固定套管纵向中线对准，将刻线的序号乘以 0.01mm，即为小数部分的数值。

（3）上述两部分读数相加，即为被测工件的尺寸。

使用千分尺应注意以下事项。

（1）校对零点。将砧座与螺杆接触，看圆同刻度零线是否与纵向中线对齐，如有误差修正读数。

（2）合理操作。手握尺架，先转动微分筒，当测微螺杆快要接触工件时，必须使用端部棘轮，严禁再次拧微分筒。当棘轮发出咔嗒声时应停止转动。

（3）擦净工件测量面。测量前应擦净工件测量表面，以免影响测量精度。

（4）不偏不斜。测量时应使千分尺的砧座与测微螺杆两侧面准确放在被测工件的直径处，不能偏斜。

图 1.4.7 所示为测量内孔直径及槽宽等尺寸的内径千分尺，其内部结构与外径千分尺相同。

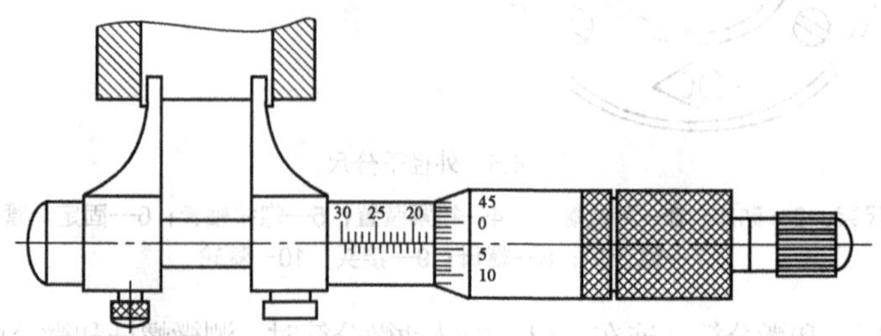

图1.4.7　内径千分尺

任务 4.4　使用百分表

百分表是一种指示量具，主要用于校正工件的装夹位置，检查工件的形状和位置误差及测量工件内径等。百分表的刻度值为 0.01mm，刻度值为 0.001mm 的叫千分表。

钟面式百分表的结构原理如图 1.4.8 所示。当测量杆 1 向上或向下移动 1mm 时，通过齿轮传动系统带动大指针 5 转一圈，小指针每格读数为 1mm。测量时指针读数的变动量即为尺寸变化值。小指针处的刻度范围为百分表的测量范围。钟面式百分表装在专用的表座上使用，如图 1.4.9 所示。

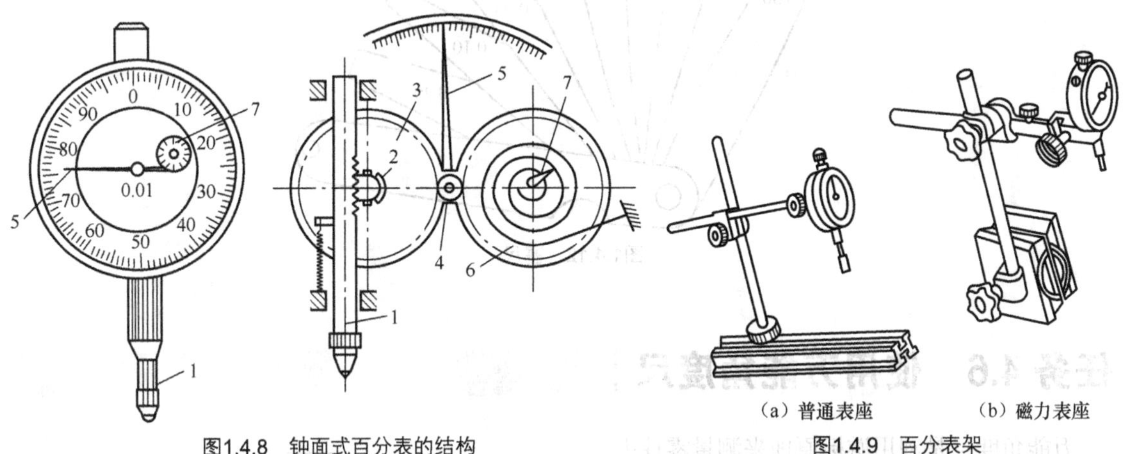

(a) 普通表座　(b) 磁力表座

图1.4.8　钟面式百分表的结构

1—测量杆；2，4—小齿轮；3，6—大齿轮；5—大指针；7—小指针

图1.4.9　百分表架

图 1.4.10 所示为杠杆式百分表，图 1.4.11 所示为测量内孔尺寸的内径百分表。

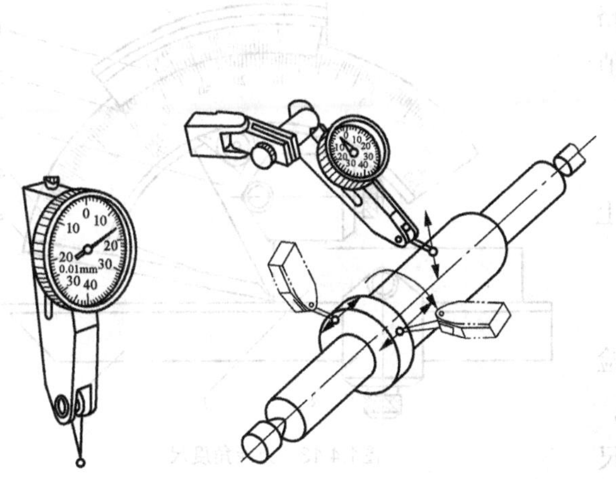

(a) 杠杆式百分表　(b) 测量径向和端面圆跳动

图1.4.10　杠杆式百分表

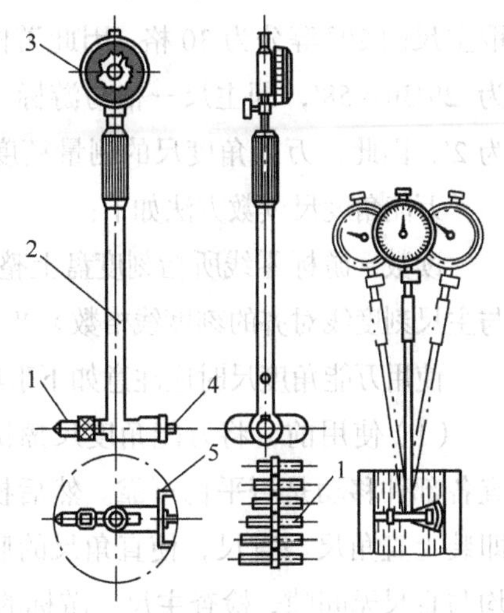

图1.4.11　杠杆式百分表

1—可换测头；2—接管；3—百分表；4—活动头；5—定心桥

任务 4.5　认识塞尺

塞尺如图 1.4.12 所示，它由一组薄钢片组成，它们的厚度为 0.03～0.3mm，用于测量两贴合面之间较小的间距尺寸。

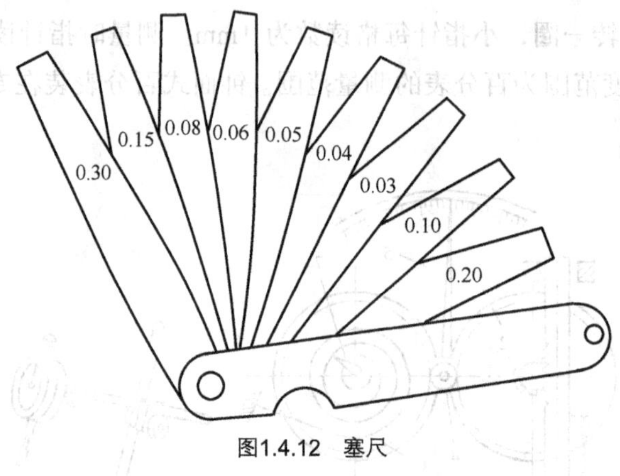

图1.4.12　塞尺

任务 4.6　使用万能角度尺

万能角度尺是利用游标原理来测量零件内、外角度的量具，其结构如图 1.4.13 所示。

万能角度尺的刻线原理与读数方法与游标卡尺相同，主刻度线每格为 1°，游标的刻线是取主尺的 29°等分为 30 格，因此游标刻线 1 格为 29/30 = 58′，即主尺一格与游标一格的差值为 2′，因此，万能角度尺的测量精度为 2′。

万能角度尺读数方法如下：

读数 = 游标零线所指刻度盘上整数+游标上与主尺刻度线对齐的刻度线格数 × 2′

使用万能角度尺时应注意如下事项。

（1）使用前，将万能角度尺擦拭干净，检查各部件移动是否平稳可靠。然后校对零位，即装上直角尺与直尺，使直角尺的底边及基尺均与直尺无间隙，检查主尺与游标的“0”线是否对准。

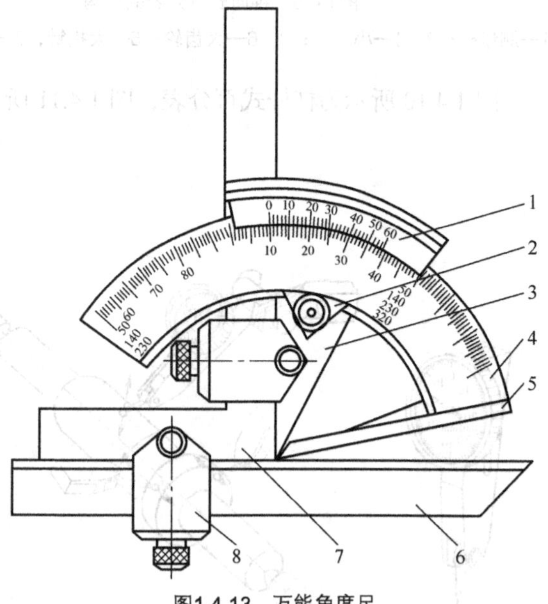

图1.4.13　万能角度尺

1—游标；2—制动器；3—扇形板；4—主尺；5—基尺；6—直尺；7—直角尺；8—卡块

（2）调整好零位后，通过改变基尺、直角尺、钢直尺的相互位置来测量 0°～140°的工件角度，如图 1.4.14 所示。

图 1.4.14（a）所示为将被测件放在基尺和直尺的测量面之间，用于测量 0°～50° 的工件角度。

图 1.4.14（b）所示为把钢直尺和卡块卸下来，并把直角尺往下移，将被测件放在基尺和直角尺的测量面之间，用于测量 50°～140° 的工件角度。

图 1.4.14（c）所示为把钢直尺和卡块卸下来，直角尺往上推，并将直角尺和基尺的测量面紧贴在被测件的表面上，用于测量 140°～230° 的工件角度。

图 1.4.14（d）所示为把钢直尺、直角尺和卡块都卸下来，直接用基尺和扇形板的测量面测量，用于测量 230°～320° 的工件角度。

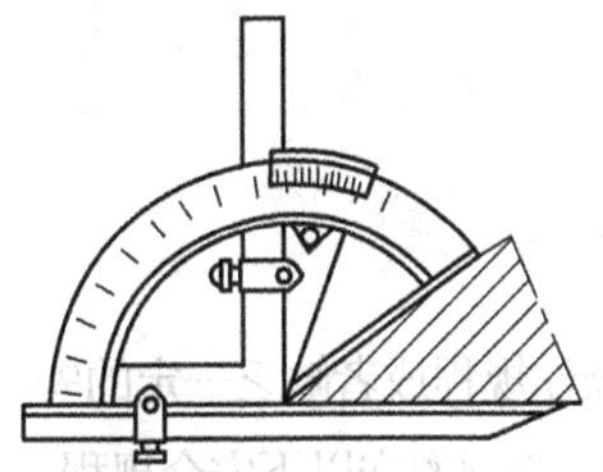
（a）测量 0°～50°的工件角度

（b）测量 50°～140°的工件角度

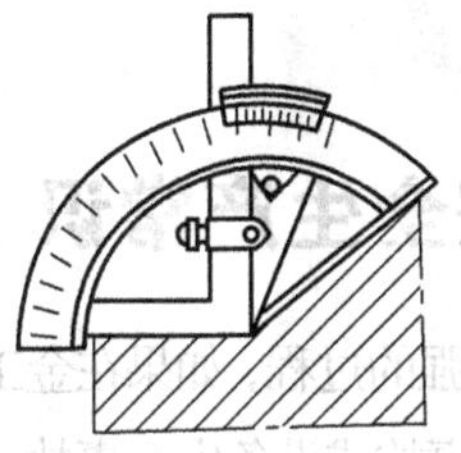
（c）测量 140°～230°的工件角度

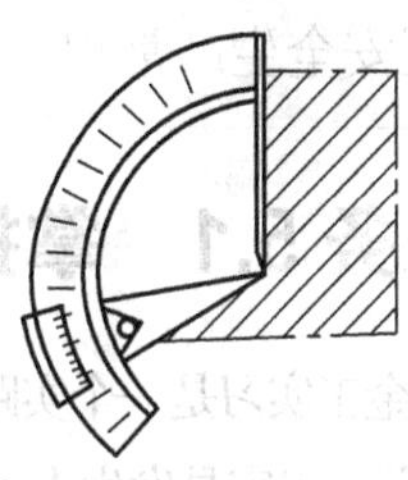
（d）测量 230°～320°的工件角度

图1.4.14　万能角度尺的应用

（3）操作时，应先松开制动器上的螺母，移动主尺坐标进行粗调整，然后转动游标背面的把手进行细调整，直至万能角度尺的两侧量面与被测工件的表面紧密接触，最后拧紧制动器上的螺母并读数。

任务 4.7　维护保养量具

量具是用来测量工件尺寸的工具、在使用过程中应加以精心维护和保养，以便能保证零件的测量精度，延长量具的使用寿命。因此，必须做到以下几点。

（1）使用前应该擦拭干净，用完后也必须接拭干净，并涂油后放入专用量具盒内。

（2）不能随便乱放、乱扔，应放在规定的地方。

（3）不能用精密量具去测量毛坯尺寸、运动着的工件或温度过高的工件，测量时应用力适当，不能过猛、过大。

（4）量具如有问题，不能私自拆卸修理，应交工具室或指导教师处理。精密量具必须定期送计量部门鉴定。

1. 量具在使用过程中应满足哪些要求？
2. 怎样正确地使用和保养量具？

安全生产常识

【学习目标】

掌握安全生产常识。

任务 5.1 掌握安全生产常识

金工实习是一个实践性很强的过程，如果在金工实习过程中不遵守工艺操作规程或者缺乏一定的安全知识，很容易发生人身安全事故或设备安全事故。因此，在进行金工实习时，必须遵守以下安全规程。

（1）听从指导教师的指导，按指导教师的要求操作。

（2）在指定地点工作，不得随便离岗走动，打闹嬉戏。

（3）进入操作场地时要穿工作服、工作鞋，戴好工作帽和其他必要的劳保用品。女同学要将长头发压入帽内，严禁戴手套操作机床，不准穿拖鞋、凉鞋、高跟鞋进入操作场地。

（4）机械设备未经许可严禁擅自动手操作。

（5）设备使用前要检查，发现损坏或其他故障应停止操作并及时报告。

（6）操作机器前须了解该设备的安全操作规程，并严格按照操作规程操作。

（7）开动机床后，人不要站在旋转件的切线方向，更不能用手触摸还在旋转的工件或刀具，严禁在开动机床的过程中测量工件尺寸。

（8）不准用手直接清除铁屑。

（9）使用电器设备时，必须严格遵守操作规程，防止触电。使用完毕后应及时切断电源。万一发生事故，应立即关闭设备电源。

（10）若发生了人身、设备事故，应立即报告，不得隐瞒，以防事故扩大。

（11）要做到文明生产，工作结束后关闭电源，清除铁屑，擦拭机床。例如，加润滑油；使用的工件、工具、量具、原材料应摆放整齐；工作场地要保持整洁。

（12）下课离开实训室时，必须切断电源，并关好门窗。

熟记金工实习的安全生产常识。

模块二

车工操作训练

项目一　车工入门知识

【学习目标】

1. 了解车工的工作内容；
2. 了解常用车床的型号、规格和主要部件的名称和作用；
3. 了解车床各部分传动系统；
4. 掌握文明安全生产知识；
5. 了解金属切削基本知识。

任务 1.1　了解车削加工的工艺范围

车削加工就是在车床上利用车刀等刀具加工工件的各种回转表面以及回转体端面。其加工范围很广，如图 2.1.1 所示，有外圆、端面、内孔、圆锥面、成形面等的加工。车削加工还可以进行车槽和切断、钻中心孔、钻孔、铰孔、车螺纹、滚花、盘绕弹簧等工作。若配合相应的附件和夹具，还能进行抛光、研磨、磨削、镗削等加工。

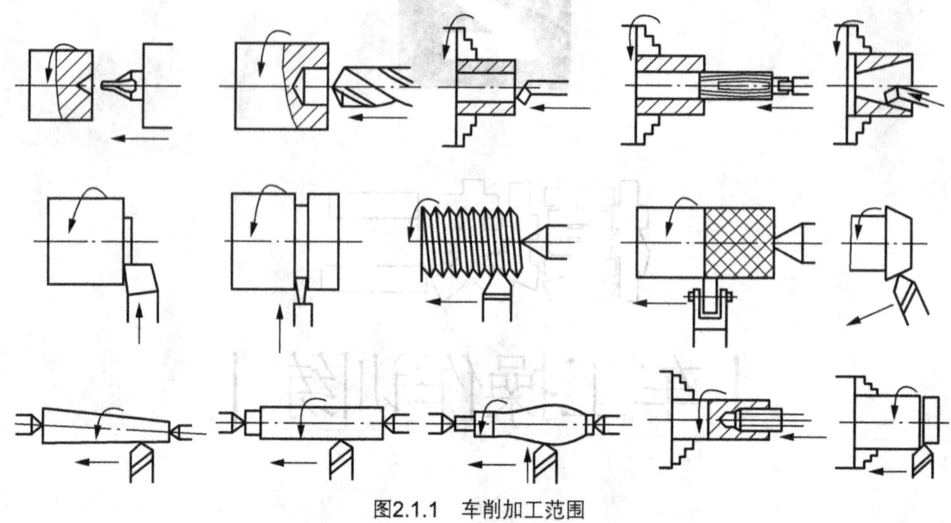

图2.1.1 车削加工范围

任务 1.2 了解卧式车床的主要部件名称和用途

1. 车床种类

常见车床的种类有普通车床、立式车床、自动及半自动车床、仪表车床、数控车床等。普通车床主要用于回转体直径较小工件的粗加工、半精加工和精加工；立式车床主要用于回转体直径较大工件的粗加工、半精加工和精加工；自动及半自动车床主要用于成批或大量生产的形状较复杂的回转体工件的粗加工、半精加工和精加工；仪表车床主要用于回转体直径小的仪表零部件粗加工、半精加工和精加工；数控车床主要用于单件小批量生产，零件形状较复杂，一般车床难加工的粗加工、半精加工和精加工。

2. 车床型号

我国机床型号由汉语拼音字母和数字组成，分别表示车床的类、组、系及主要参数，结构特性，改进顺序号等。其中，车床共有“0～9”10 个组，“0”表示仪表车床，“1”表示单轴自动车床，“2”表示多轴自动、半自动车床，“3”表示回轮、转塔车床，“4”表示曲轴及凸轮轴车床，“5”表示立式车床，“6”表示落地及卧式车床，“7”表示仿形及多刀车床，“8”表示轮、轴、辊、锭及铲齿车床，“9”表示其他车床。

例如，CA6140 含义如下：“C”表示机床类别代号，为车床类；“A”表示结构物性代号，由机床制造厂自行制定；“6”表示组别代号，6 表示普通车床组；“1”表示系别代号，1 表示普通车床型；“40”表示主参数折算值，表示床身最大回转直径，为最大的车削直径的 1/10，说明该车床的最大车削直径为 400mm。

3. 卧式车床的主要部件和用途

图 2.1.2 所示为 CA6140 卧式车床的外形结构，其主要部件和用途介绍如下。

（1）主轴箱。车床的主要部件，主轴箱内装有主轴和主传动的变速机构。调整主轴箱外手柄的位置，可使主轴得到不同的转速。车床主轴为空心结构，通过卡盘、顶尖、夹具装夹工件，使工件按规定的转速旋转，以实现主运动。

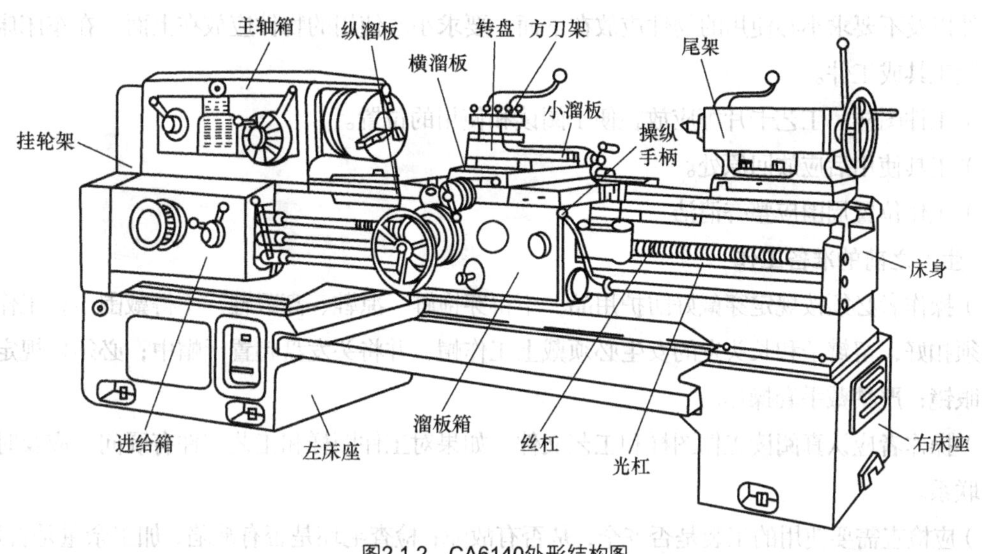

图2.1.2　CA6140外形结构图

（2）挂轮箱。挂轮箱将主轴的运动传给进给箱。通过改变挂轮的齿数，可以选择车削螺纹或蜗杆，或车削非标准螺纹。

（3）进给箱。进给箱将主轴的旋转运动，经过挂轮架上的齿轮传给光杠或丝杠。利用其内部的变速机构，改变光杠或丝杠的转速，从而改变刀具的进给速度。

（4）溜板箱。溜板箱接受光杠（或丝杠）传过来的运动，通过操纵溜板箱的手柄及按钮，可以驱动刀架部件实现车刀的纵向、横向进给运动或车螺纹运动。

（5）光杠和丝杠。将进给箱的运动传送给溜板箱。光杠转动使刀具作进给运动，丝杠转动则用于车削螺纹。

（6）拖板和刀架。在溜板箱上面有大、中、小三层托板，大拖板放在床身上，中拖板使刀具作横向移动，小拖板下装有转盘可旋转角度，用以加工锥体，刀架用来装夹车刀。

（7）尾座。尾座可以沿着车床导轨作纵向调整移动以适应装夹或加工不同长度的工件的要求。在工作前，尾座必须固定在车床导轨的适当位置。尾座套筒上根据需要可以安装后顶尖或各种孔加工刀具。摇动手轮使套筒移动，用后顶尖顶紧工件或进行刀具的纵向进给，实现支撑工件或对工件进行孔加工。

（8）床身。床身是车床的基础支撑件，用于支撑、连接车床的各个部件，并保证各部件在工作时有准确的相对位置。

（9）冷却部分。通过冷却泵将切削液加压后经冷却嘴喷射到切削区域。

应用附件和夹具，还能进行抛光、研磨、磨削、镗削等加工。

任务 1.3　掌握车工的安全、文明生产知识

1. 物品摆放要求

（1）工作时所用的工、夹、量具和工件等物品，应尽可能地靠近和集中在操作者周围，但不能

因此妨碍操作者自由活动。工具应放在固定位置，常用的工具应放近一些，不常用的工具放远一些。重的物件以及不要求小心使用的物件应放在下面，要求小心使用的物件应放在上面。在车床床面上不准放置工具或工件。

（2）工件图样、工艺卡片等应放在便于阅读和使用的位置。

（3）工具使用后应放回原处。

（4）工作位置周围应整齐清洁。

2. 生产之前的准备工作

（1）操作者必须按规定穿戴好防护用品，不得穿拖鞋、凉鞋、高跟鞋，不得戴围巾；工作服的纽扣必须扣好，留辫子和长头发的女生必须戴上工作帽，并将头发盘起置于帽中；必须按规定穿戴好防护眼镜；严禁戴手套操作。

（2）操作者应认真阅读工件图样和工艺文件。如果对工件图样和工艺文件有疑问，应及时与指导老师联系。

（3）应检查需要使用的工装是否齐全，是否有故障；检查毛坯是否有缺陷，加工余量是否足够；检查车床各部分机构是否完好，检查手柄是否在规定的空位上。

（4）对所有加油孔进行润滑，应特别注意对丝杠、导轨等部位进行润滑。

（5）将车床启动，使车床主轴低速空转 3～5min，让润滑油到达润滑部位；注意观察车床的传动机构工作运转是否正常，检查车床自动进给的互锁机构是否正确、灵敏。

（6）应定期检查和更换润滑油。

3. 在工作时应做到的事项

（1）操作者应负责保管好自己使用的机床，未经指导老师许可，不准别人操作使用。机床开动后，操作者若有事需要离开工作岗位时，必须先停机并切断电源。机床若发生异常现象、故障或事故，应立即停机，切断电源，并及时报告指导老师。

（2）工件装卸前必须切断机床电源，除了装卸工件外，严禁将卡盘专用扳手放在卡盘上；主轴变速前必须先停机；变换进给箱手柄的位置在低速下或停车进行。

（3）为了保护丝杠的精度，除了车削螺纹外，不得使用丝杠自动进给。

（4）装夹较重的工件时，应该用木板保护床面。

（5）使用切削液时，要在车床导轨上涂上润滑油，冷却泵中的切削液应定期调换。

（6）在切削过程中，当发现切屑形状过长而缠绕到工件或刀具上，或有碎断屑影响生产安全时，操作者应及时改变切削用量或刀具的几何参数。清除切屑时，要使用专用工具，不得直接用手拉、擦，也不得用量具去钩。

（7）爱护量具，保持量具清洁，避免磕碰。量具应在工件静止状态下使用，严禁在工件加工中使用。使用量具时，移动尺框和微动装置要用力均匀、适当，切不可用力过猛。量具在使用过程中不要和工具、刀具放在一起，以免被碰坏。量具使用后，应安放在量具专用盒内。

（8）工件装夹后卡盘扳手必须随手取下，棒料伸出主轴后端过长应使用料架或挡板。

（9）工件、毛坯等放于适当位置，以免从高处落下伤人。

（10）车刀用钝后，应及时刃磨，不能继续使用已经过度磨损的车刀，以免增加机床负荷；也不允许将还可以使用的刀具丢弃，以免造成浪费。

（11）车床上各种零部件及防护装置不得随意拆除，车床附件要妥善保管，保持完好。

4. 工作结束后的注意事项

（1）清除车床上及车床周围的切屑和切削液，将车床擦净后，按规定在需要润滑防锈的部位加润滑油。

（2）将床鞍摇至床尾一端，各手柄放到空挡位置，切断电源。

（3）将用过的工件擦干净，放回原位，不得放在潮湿的地方，以免生锈。对需要防锈的工件应涂油。

（4）把不再需要用的工、夹、量具等送还工具室。

任务 1.4　了解金属切削的基本知识

1. 切削运动

机床带动刀具和工件作相对运动以切除坯件上的多余材料，形成工件新的表面，获得在形状精度、位置精度、尺寸精度和表面质量上都符合要求的工件。刀具和工件之间的这种形成工件新表面的运动叫切削运动。根据切削运动在切削过程中所起的作用，切削运动可以分为主运动和进给运动，如图 2.1.3 所示。

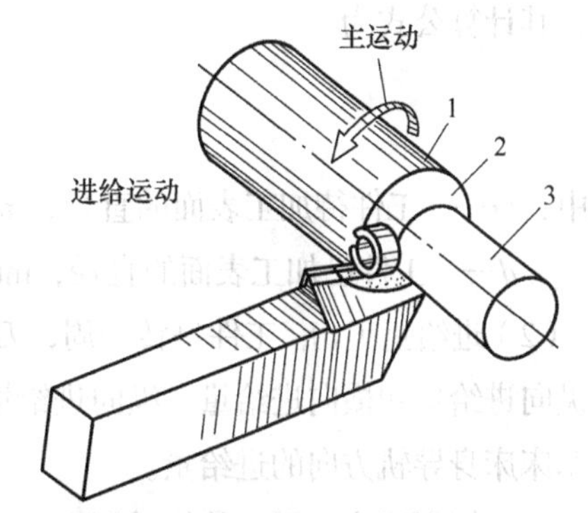

图2.1.3　车削运动和工件上的表面

1—待加工表面；2—过渡表面；3—已加工表面

（1）主运动：切除金属的基本运动。切除坯件上的多余材料使之变为切屑，并形成工件新表面所必需的运动。其特点是速度最高，消耗功率最多。车削的主运动是工件的旋转运动。

（2）进给运动：使新的金属层不断投入切削，以形成完整形面的运动。其特点是在切削过程中速度低，消耗动力少。车削的进给运动包括刀具平行于工件轴线方向的纵向进给运动和刀具垂直于工件轴线方向的横向进给运动等。

切削加工中，主运动只有一个，而进给运动可能是一个或几个。

2. 切削时的 3 个表面

车刀在车削工件时，使工件上形成 3 个表面，即已加工表面、待加工表面和过渡表面，如图 2.1.3 所示。

（1）已加工表面：工件上已经切去切屑的表面。

（2）待加工表面：工件上即将切去切屑的表面。

（3）过渡表面：工件上车刀刀刃正在切削的表面，它是已加工表面和待加工表面之间的表面，又称切削表面。

切断和切槽时，工件上只有已加工表面和过渡表面，如图 2.1.4 所示。

3. 切削用量

切削用量包括切削深度、进给量和切削速度（见图 2.1.5）。以车削外圆时的切削用量为例，说明如下。

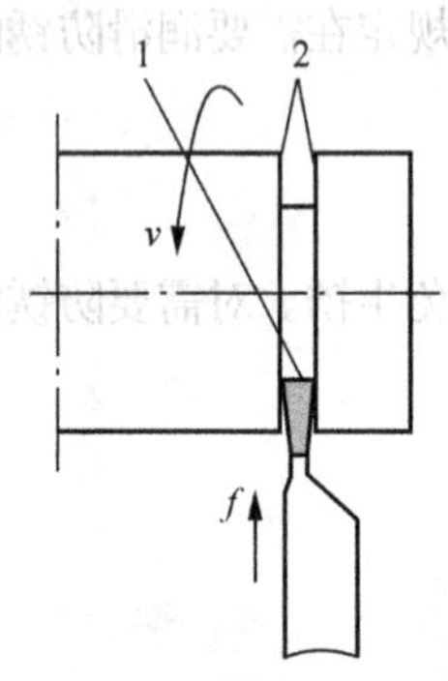

图2.1.4 切槽加工的表面

1—过渡表面；2—已加工表面

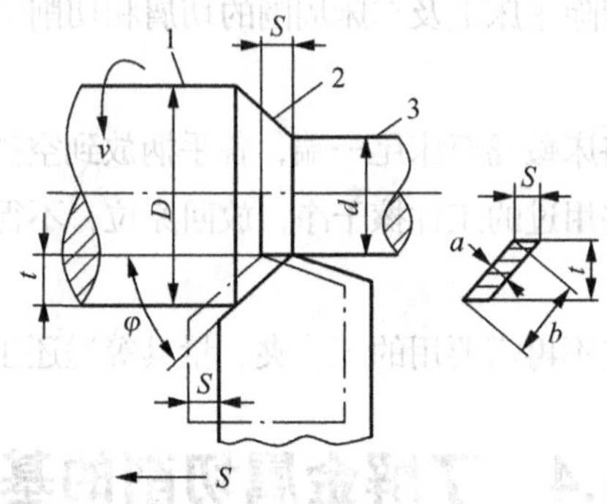

图2.1.5 车削的切削用量

1—待加工表面；2—过渡表面；3—已加工表面

（1）切削深度（t）：工件待加工面与已加工面之间的垂直距离，即每次车削车刀切入工件的深度，其计算公式为

$$t = \frac{D-d}{2} \tag{2.1.1}$$

式中：D——工件待加工表面的直径，mm；

d——工件已加工表面的直径，mm。

（2）进给量（s）：工件每转一周，刀具沿进给运动方向移动的距离，单位是 mm/r。进给量又分为纵向进给量和横向进给量：纵向进给量是指沿车床床身导轨方向的进给量；横向进给量是指垂直于车床床身导轨方向的进给量。

（3）切削速度（v）：单位时间内，刀具与工件沿主运动方向相对移动的距离，计算公式为

$$v = \frac{\pi D n}{1000} \tag{2.1.2}$$

或

$$v \approx \frac{Dn}{318} \tag{2.1.3}$$

式中：n——车床主轴转速，r/min；

D——工件待加工表面的直径，mm。

任务 1.5 掌握卧式车床操作基本要点

1. 刻度盘及刻度盘手柄的使用

在车削工件时，必须熟练地使用大、中、小拖板的刻度盘。

加工外圆时，车刀向工件中心移动为进刀，远离中心为退刀。而加工内孔时则刚好相反。

进刻度时，必须慢慢将刻度线转到所需的格数，如图 2.1.6（a）所示。如果刻度盘手柄转过了头，或试切后发现尺寸不对而需要将车刀退回时，由于丝杠与螺母之间有间隙，刻度盘转动时存在空行程，因此不能直接退回到所要的刻度，如图 2.1.6（b）所示，必须向相反方向退回全部空行程，再转到所需要格数，如图 2.1.6（c）所示。

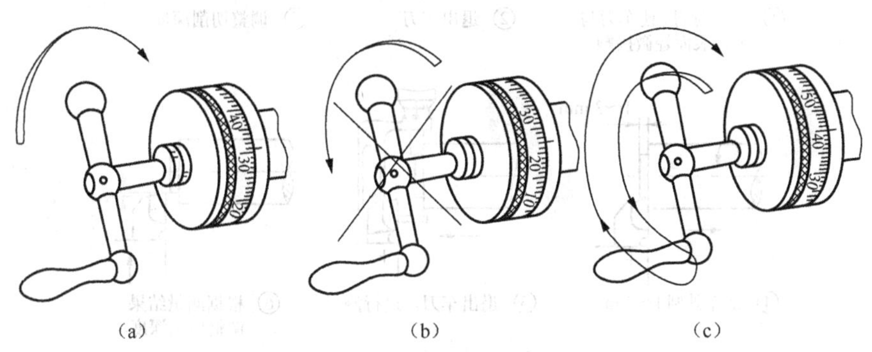

（a）　（b）　（c）

图2.1.6　消除刻度盘空行程的方法

大、小拖板刻度盘主要用于控制工件长度方向的尺寸。与加工圆柱面不同的是大、小拖板移动了多少，工件的长度尺寸就改变了多少。

2. 切削用量的选择

（1）切削深度 t 的选择。粗车时，加工余量较多，应尽可能选用较大的切削深度，把加工余量分几次车掉。但不可选得过大，否则会产生振动，容易造成车床和车刀的损坏。对于精度要求较高的工件，应留有半精车和精车余量。半精车余量为 1～3mm，精车余量为 0.1～0.5mm。

（2）进给量 s 的选择。切削深度选定以后，进给量应选取大些。粗车时，在允许的情况下，进给量选得尽量大些，一般 s=0.3～0.8mm/r；精车时，可以选小些，一般 s=0.08～0.3mm/r。

（3）切削速度 v 的选择。当切削深度和进给量选好以后，切削速度尽量取得大些，可以根据下列因素具体考虑。

① 车刀材料。使用硬质合金车刀可比高速钢车刀的切削速度高数倍。

② 工件材料。切削强度和硬度较高的工件时，切削速度应选择得低些。脆性材料如铸铁，切削速度也应取得小些。

③ 表面粗糙度。要求表面粗糙度等级高的工件，如用硬质合金车刀车削，切削速度应取得较高；如用高速钢车刀车削，切削速度应取得较低，要避免产生积屑的切削速度。

④ 切削深度和进给量。切削深度和进给量增大时，应适当降低切削速度。反之，切削速度可适当提高。

3. 车削的一般方法与步骤

（1）试车。工件在车床上安装以后，要根据工件的加工余量决定走刀次数和每次走刀的切削深度。半精车和精车时，为了准确的定切深，保证工件加工的尺寸精度，必须要采用试切的方法。试切的方法与步骤如图 2.1.7 所示。

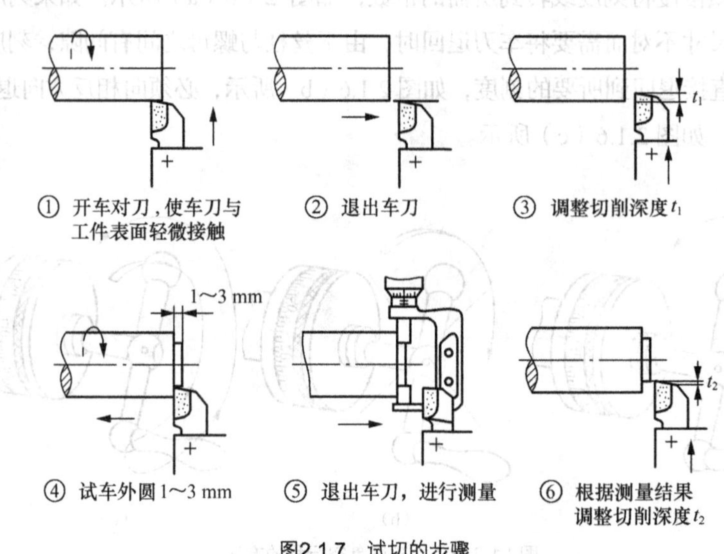

图2.1.7 试切的步骤

图中①～⑤项是试切的一个循环。如果尺寸合格了，就按这个切深将整个表面加工完毕。如果尺寸还大，就要自第⑥项重新进行试切，直到尺寸合格才能继续车削。

（2）粗车。粗车的目的是尽快地从工件上切去大部分加工余量，使工件接近最后的形状和尺寸。粗车要给精车留有合适的加工余量，而精度和粗糙度要求都很低。

粗车时要优先选用较大的切深，其次根据实际情况，适当加大进给量，最后确定切削速度。切削速度一般采用中等或中等偏低的数值。

粗车铸件时，因工件表面有硬皮，第一刀切深应大于硬皮厚度，如图 2.1.8 所示。

选择切削用量时还要看工件安装是否牢靠。若工件夹持的长度小，或表面凹凸不平，切削用量也不宜过大。

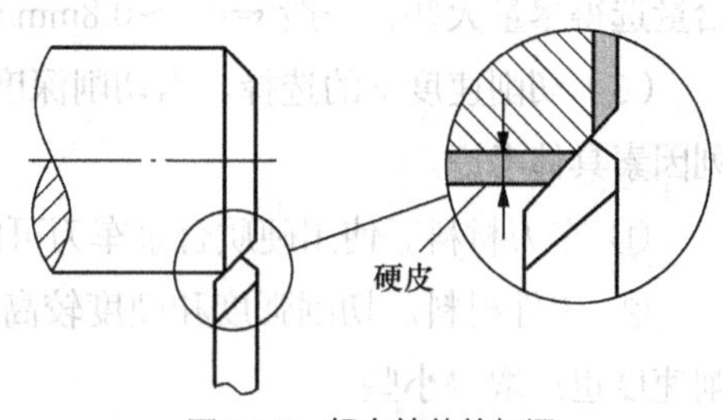

图2.1.8 粗车铸件的切深

总的来说，粗车时选择切削用量，应该把切削深度放在第一位，其次是进给量，第三是切削速度。

（3）精车。精车（或半精车）的目的是要保证零件的尺寸精度和表面粗糙度。提高表面粗糙度等级的措施主要有以下几点。

① 选择合适的车刀几何形状，应当采用较小的主偏角或副偏角，或刀尖磨有小圆弧。

② 如果车刀选用较大的前角，应把刀刃磨得锋利些，用油石把前面和后面磨光，也可降低表面粗糙度。

③ 合理选择精车时的切削用量。

实践证明，较高的切速（v=100m/min 以上）或较低的切速（v=6m/min 以下）都可获得较高的粗糙度等级。选用较小的切深有利于获得较高的粗糙度等级，但如果切深过小，工件上原来凹凸不平的表面可能没有完全切掉，也得不到满意的粗糙度。采用较小的进给量时也可以提高表面粗糙度等级。总之，也应将切削速度放在第一位，进给量放在第二位，最后根据工件尺寸来确定切深。

④ 合理的使用冷却润滑液也有助于降低表面粗糙度。

结合所操作的卧式车床具体型号，掌握下列基本操作。

1. 车床主轴的正转、反转、停车操作。
2. 车床主轴的变速操作。
3. 车床手动、自动纵向、横向进给操作。
4. 改变车床进给量操作。

车刀刃磨及安装练习

【学习目标】

1. 了解车刀的种类和车刀的材料；
2. 了解常用车刀各部分的名称和几何角度；
3. 了解车刀刃磨的重要意义；
4. 初步掌握 90° 车刀的刃磨方法；
5. 掌握砂轮的使用方法和文明安全生产知识。

任务 2.1　认识车刀

1. 车刀的类型及作用

在生产加工过程中，由于工件的形状、大小和加工要求不同，所用车刀也不相同。车刀的种类很多，按照用途可分为外圆车刀、镗孔刀、切断刀和螺纹车刀等几类，如图 2.2.1 所示。

（1）外圆车刀。外圆车刀主要用来车削工件外圆、平面、台阶和倒角。常用外圆车刀有以下两种形状。

① 90° 车刀：用来车削工件的外圆、台阶和端面，分为左偏刀和右偏刀，常用的是右偏刀，如图 2.2.1（a）所示。

② 45° 车刀：用来车削工件的外圆、端面和倒角，如图 2.2.1（b）所示。

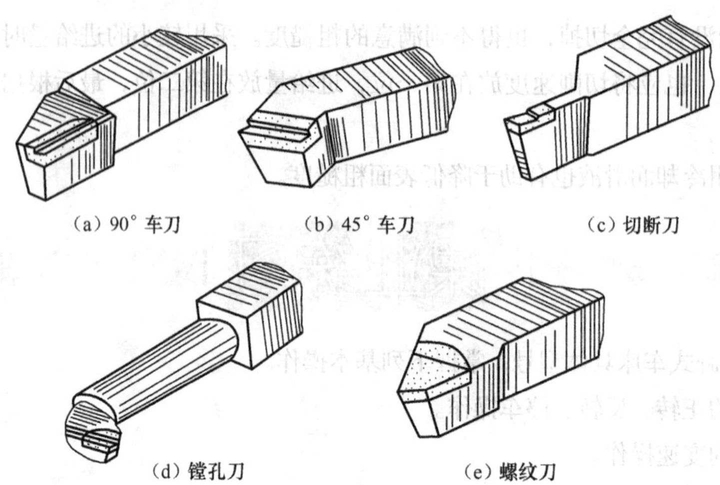
(a) 90° 车刀 (b) 45° 车刀 (c) 切断刀

(d) 镗孔刀 (e) 螺纹刀

图2.2.1 常用车刀

（2）切断刀。切断刀又叫割刀，用来切断工件，也可用来切槽，如图 2.2.1（c）所示。

（3）镗孔刀。镗孔刀用来加工内孔。根据工作需要分为通孔刀和不通孔刀，如图 2.2.1（d）所示。

（4）螺纹车刀。如图 2.2.1（e）所示，螺纹车刀用来车削螺纹，分为三角形螺纹车刀、梯形螺纹车刀、方牙螺纹车刀等。

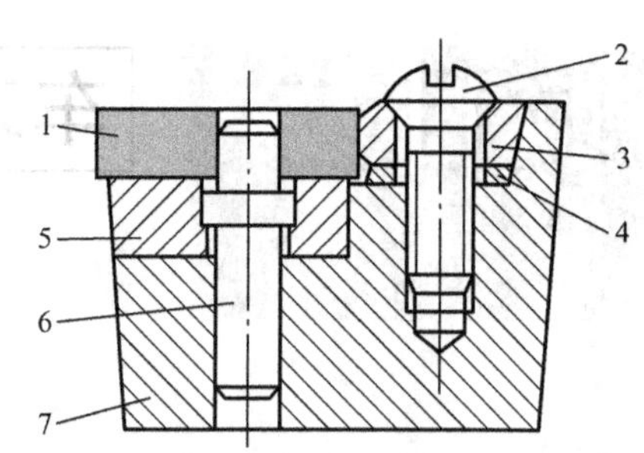

图2.2.2 螺钉－楔块夹紧式不重磨车刀

1—刀片；2—夹紧螺钉；3—楔块；4—弹簧垫片；5—垫片；6—圆柱销；7—刀杆

（5）硬质合金不重磨车刀（又称可转位车刀）。硬质合金刀片焊接在刀体上，不但会使硬度下降，而且容易产生裂纹，影响车刀寿命，同时还浪费大量刀体材料。而不重磨车刀一般用机械方法夹固在刀杆的刀槽内，如图 2.2.2 所示。刀刃磨损后不需重磨，换一个刀刃即可继续车削，不但缩短了换刀和刃磨车刀等辅助时间，还提高了刀杆利用率，因而有很大的优势。常见的不重磨车刀和刀片形状如图 2.2.3 所示。

2. 车刀材料性能

车刀切削部分在切削过程中，承受着很大的切削力或冲击力，并且在很高的切削温度下工作，因而要求车刀材料必须具备以下的基本性能。

（1）高硬度。车刀材料的硬度必须高于工件材料的硬度。常温硬度一般要求在 HRC60 以上。

（2）耐磨性好。车刀的耐磨性是表示车刀材料抵抗磨损的能力。一般刀具材料的硬度越高，耐磨性越好。

（3）热硬性好。热硬性是指车刀在高温下仍能保持高硬度的性能。高温下硬度越高则热硬性越好。

（4）足够的强度和韧性。车刀材料必须具有足够的强度和韧性，才能在切削过程中，承受较大的切削力或冲击力而不致发生脆性断裂和崩刃。

此外，车刀还必须具备良好的刃磨性能，在刃磨过程中不致于退火、脆裂崩刃等。

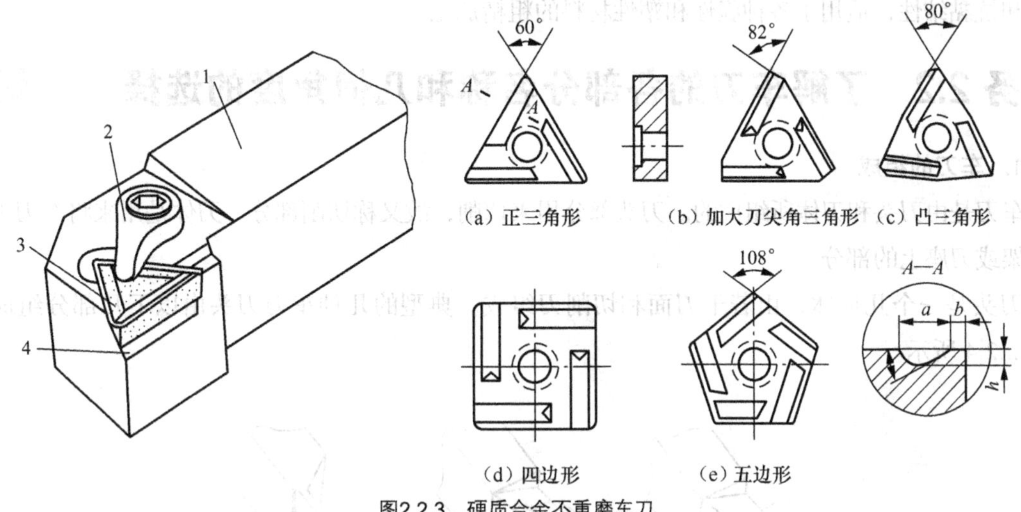

图2.2.3　硬质合金不重磨车刀

1—刀杆；2—夹紧装置；3—刀片；4—刀垫

3. 常用的车刀材料

目前最常用的刀具材料有高速钢和硬质合金两种。

（1）高速钢。又称风钢、白钢，是一种含钨、铬、钒等合金元素较多的工具钢。其热硬性较好，其切削速度一般为 25～30 m/min，比过去使用的碳素工具钢高出 2～3 倍，所以称其为高速钢。

（2）硬质合金。硬质合金是用钨和钛的碳化物粉末加钴作为结合剂的粉末冶金制品。其硬度较高，耐磨性很好，热硬性较高，即使在 800℃～1000℃高温下仍能保持良好的切削性能。因此，使用硬质合金车刀，可选用比高速钢车刀高几倍甚至几十倍的切削速度，并能车削高速钢无法切削的难加工材料。

硬质合金的缺点是韧性较差、性较脆、怕冲击。但这一缺陷可以通过刃磨合理的切削角度来弥补。所以硬质合金是目前应用最广泛的一种车刀材料。

硬质合金按其成分不同，主要有钨钴合金和钨钛钴合金两大类。

① 钨钴类硬质合金：代号为 YG。这类硬质合金的坚韧性较好，适于加工脆性材料（如铸铁、脆性铜合金）或冲击性较大的工件。

钨钴类硬质合金按不同的含钴量分为 YG3、YG6、YG8 等牌号，牌号中的数字越大，表示含钴量越高，其承受冲击的性能就越好。

② 钨钛钴类硬质合金：代号为 YT。这类硬质合金耐磨性和抗黏结性较好，能承受较高的切削温度，在高温下比钨钴合金耐磨，适合用来加工钢类或其他韧性较好的塑性材料，但不宜用于加工脆性材料。

钨钛钴类硬质合金按不同的含碳化钛量分成 YT5、YT14、YT15、YT30 等牌号，牌号中数字越大、碳化钛含量越高，热硬性越好，但坚韧性越差。

③ 钨钛钽钴类硬质合金：代号为 YW。这类合金既有 YG 类的韧性，又有 YT 类的耐磨性、热

硬性和抗黏结性，适用于各种脆性和塑性材料的粗精加工。

任务 2.2 了解车刀的各部分名称和几何角度的选择

1. 车刀的组成

车刀是由刀头和刀体所组成的。刀头部分用来切削，故又称切削部分。刀体是用来将车刀夹固在刀架或刀座上的部分。

刀头是一个几何体，由若干刀面和切削刃组成。典型的几种车刀刀头由以下几部分组成，如图 2.2.4 所示。

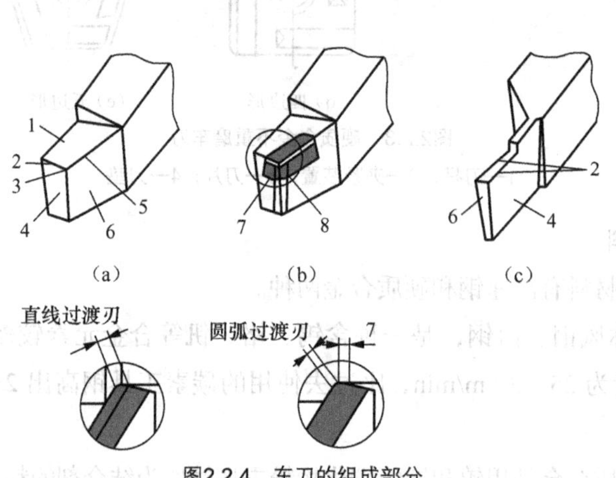

图2.2.4 车刀的组成部分

1—前面；2—副刀刃；3—刀尖；4—副后面；5—主刀刃；6—主后面；7—修光刃；8—过渡刃

（1）前面：切屑排出时所经过的刀面。

（2）后面：后刀面又分为主后面和副后面。主后面是车刀相对着过渡表面表的刀面；副刀面是车刀相对着已加工表面的刀面。

（3）主刀刃：前面与主后面的交线，担负着主要切削工作。

（4）副刀刃：前面与副后面的交线，担负着次要的切削工作。

（5）刀尖：主切削刃与副切削刃的交点。

（6）过渡刃：主刀刃与副刀刃之间的刀刃，如图 2.2.4（b）所示。过渡刃有直线型和圆弧型两种，圆弧型过渡刃又称为刀尖圆弧。一般硬质合金车刀刀尖圆弧半径 r=0.5～1 mm。

（7）修光刃：副刀刃前端一窄小的平直刀刃。装刀时必须使修光刃与走刀方向平行，修光刃长度必须大于进给量，才能起到修光作用。

所有车刀都有上述组成部分，但数目不完全相同。典型的外圆车刀是由三面二刃一刀尖组成，如图 2.2.4（a）所示。切断刀就由四面三刃二刀尖组成，见图 2.2.4（c）。此外，刀刃可以是直线的，也可以是曲线的，如车制特形面的成形刀的刀刃就是曲线的。

2. 确定车刀角度的辅助平面

为了确定和测量车刀的几何角度，需要设想 3 个辅助平面作为基准，即切削平面、基面和截面，如图 2.2.5 所示。

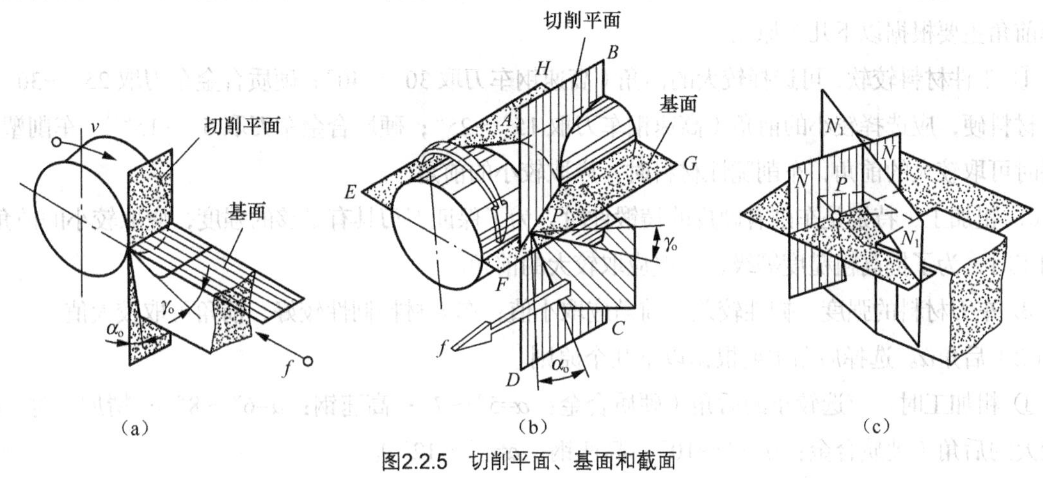

图2.2.5　切削平面、基面和截面

（1）切削平面。通过刀刃上某一选定点，切于工件加工表面的平面。图 2.2.5（b）中的 *ABCD* 平面即为 *P* 点的切削平面。

（2）基面。通过刀刃上某一选定点，垂直于该点切削速度方向的平面。图 2.2.5（b）中的 *EFGH* 平面即为 *P* 点的基面。

（3）截面。通过刀刃上某一选定点，而且垂直于主刀刃在基面上的投影的平面，称为主截面。图 2.2.5（c）中通过 *P* 点的 $N-N$ 截面为主截面。同理，N_1-N_1 截面为副截面。

3. 车刀的角度及作用

车刀切削部分共有 6 个独立的基本角度：前角γ_0、主后角α_0、副后角α_1、主偏角φ、副偏角φ_1和刃倾角λ。

在截面内测量的角度有：

- 前角γ_0：前面与基面之间夹角，主要作用是使车刀刃口锋利，减少切削变形和摩擦力，排出切屑，使切削顺利。但前角过大又会削弱刀头强度，且会产生“扎刀”现象。
- 后角α：后面与切削平面之间的夹角。在主截面内测量的为主后角α_0，在副截面内测量的为副后角α_1。它们的主要作用是减少车刀后面与工件之间的摩擦。

在基面内测量的角度有：

- 主偏角φ：主刀刃在基面上的投影与走刀方向之间的夹角。它的主要作用是可以改变刀具与工件的受力情况和刀头的散热条件。
- 副偏角φ_1：副刀刃在基面上的投影与背离走刀方向之间的夹角，主要作用是减少副刀刃与工件已加工表面之间的摩擦。

在切削平面内测量的角度有：

- 刃倾角λ：主刀刃与基面之间夹角。它的作用是可以控制切屑的排出方向；当刃倾角为正值时，可增加刀头的强度和当车刀受冲击时保护刀尖。

4. 车刀角度的初步选择

（1）前角γ_0。前角的大小与工件材料、加工性质和刀具材料有关，但影响最大的是工件材料。选择前角主要根据以下几个原则。

① 工件材料较软，可选择较大的前角（高速钢车刀取 30°～40°；硬质合金车刀取 25°～30°）；工件材料硬，应选择较小的前角（高速钢车刀取 15°～25°；硬质合金车刀取 5°～15°）。车削塑性材料时可取较大的前角，车削脆性材料时，应取较小的前角。

② 粗加工，特别是车削有硬皮的铸锻件时，为了保证刀刃具有足够的强度，应取较小的前角；精加工时，为了提高粗糙度等级，一般应取较大的前角。

③ 车刀材料的强度、韧性较差，前角应取小值；车刀材料韧性较好，前角可取较大值。

（2）后角α。选择后角主要根据以下几个原则。

① 粗加工时，应选较小的后角（硬质合金：α=5°～7°；高速钢：α=6°～8°）；精加工时，应取较大的后角（硬质合金：α=8°～10°；高速钢：α=8°～12°）。

② 工件材料较硬，后角宜取小值；工件材料较软，则后角取大值。

副后角α_1一般磨成与后角α相等。但在切断刀等特殊情况下，为了保证刀具的强度，α_1应选用很小的数值。

（3）主偏角φ。选择主偏角主要原则如下。

① 工艺系统（车床、工件、刀具、夹具）刚性较好时，选用较小的主偏角；当工艺系统刚性较差时，应选用较大的主偏角。如车削细长轴时，可选取φ=75°～93°。

② 加工很硬的材料，如冷硬铸铁和较硬的合金钢，宜取较小的主偏角。

③ 主偏角还受到工件形状的限制，如加工台阶轴之类的工件，车刀主偏角必须等于或大于 90°；加工中间切入的工件，一般采用 45°～60° 主偏角。

④ 单件小批生产则经常选取通用性较好的 90° 车刀。

（4）副偏角φ_1。选择副偏角的主要原则如下。

① 在不引起振动的情况下，副偏角取得小些，可以降低工件的表面粗糙度，增加刀尖强度。一般外圆车刀φ_1=6°～8°。

② 精车时副偏角应取得更小些，必要时可磨出一段φ_1=0° 的修光刃。

③ 车削高强度高硬度的材料或断续切削时，应取较小的副偏角（φ_1=4°～6°）。

（5）刃倾角λ。选择刃倾角的主要原则如下。

① 粗车一般钢料和灰口铸铁时，选用λ=0°～5°。

② 精车时，为了使切屑流向待加工表面，保证粗糙度，常选用λ=−5°～−3°。

③ 断续切削有冲击负荷时，选用λ=5°～15°；冲击性特别大时，刃倾角λ可取得更大。

任务 2.3　掌握车刀的刃磨

车刀经过一段时间的使用会产生磨损，使切削力和切削温度增高，工件表面粗糙度值增大，所以需及时刃磨车刀。车刀刃磨得好坏，直接影响到切削能否顺利进行，并影响工件的加工精度和表面粗糙度，同时还影响车刀的使用寿命。因此，如何正确地掌握车刀的刃磨是十分重要的。

1. 砂轮的选择

砂轮的特性由磨料、粒度、硬度、结合剂和组织 5 个因素决定。

（1）磨料。常用的磨料有氧化铝、碳化硅、金刚石 3 大类。船上和工厂常用的是氧化铝砂轮和碳化硅砂轮。氧化铝砂轮较软，适用于刃磨高速钢车刀和硬质合金车刀的钢料刀杆部分。碳化硅砂轮的磨粒硬度比氧化铝砂轮的高，性脆而锋利，并且具有良好的导热性和导电性，适用于刃磨硬质合金。

（2）粒度。粒度表示磨粒大小的程度，数字越大则表示磨粒越细。粗磨车刀应选磨粒号数小的砂轮，精磨车刀应选号数大的砂轮。船上常用的是粒度为 46～80 号的砂轮。

（3）硬度。砂轮的硬度是反映磨粒在磨削力作用下，从砂轮表面上脱落的难易程度。刃磨高速钢车刀和硬质合金车刀时应选软或中软的砂轮。

刃磨高速钢车刀时，应选用粒度为 46～60 号的软或中软的氧化铝砂轮；刃磨硬质合金车刀时，应选用粒度为 60～80 号的软或中软的碳化硅砂轮。

2. 车刀的刃磨

90° 车刀刃磨的步骤如图 2.2.6 所示。

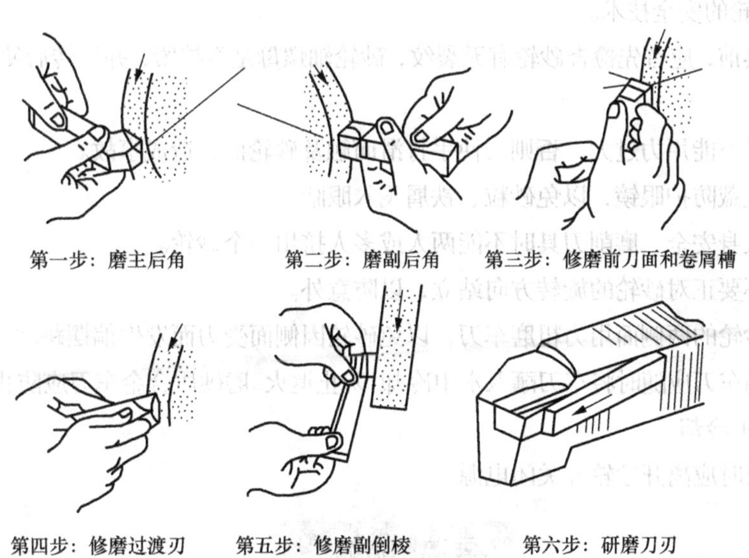

图2.2.6　车刀刃磨步骤

卷屑槽（见图 2.2.7）的作用是使切屑进行第二次变形，以便保证已加工表面的粗糙度和排屑顺利进行。卷屑槽的宽度与进给量和切削深度有关。进给量大、切削深度大，槽应当宽；反之，槽应当窄。磨卷屑槽的方法是利用砂轮的边角圆弧，车刀作直线运动。因此，磨卷屑槽时应选择边角圆弧适中的砂轮。

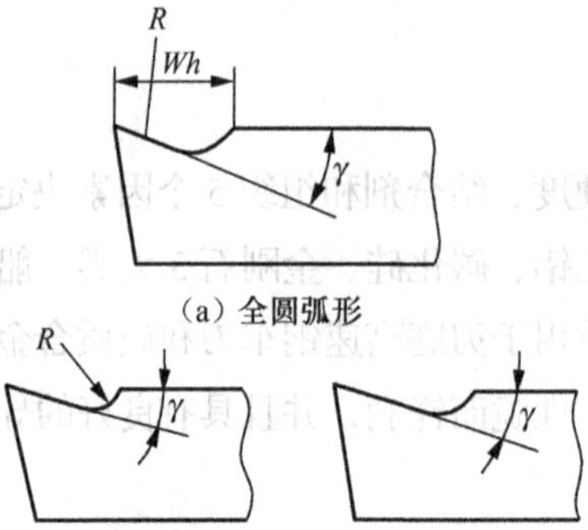

(a) 全圆弧形

(b) 折线型　　(c) 圆弧直线型

图2.2.7　卷屑槽的形状

3. 注意事项

（1）刃磨时应注意以下事项。

① 握刀姿势要正确，重心在脚跟，手指要稳定，不能抖动。

② 磨高速钢车刀时要经常冷却，以免车刀退火，降低了硬度。

③ 磨硬质合金车刀时不能快速冷却，否则会因突然受冷却而使刀片碎裂。

④ 刃磨时车刀要左右移动，否则会使砂轮表面不平，产生凸凹槽现象。

（2）使用砂轮的安全技术。

① 刃磨刀具前，应首先检查砂轮有无裂纹，砂轮轴螺母是否拧紧，并试转后使用，以免砂轮碎裂飞出伤人。

② 刃磨刀具不能用力过大，否则会使手打滑而触及砂轮面，造成事故。

③ 磨刀时应戴防护眼镜，以免砂粒、铁屑飞入眼睛。

④ 为保障人身安全，磨削刀具时不能两人或多人挤用一个砂轮。

⑤ 磨刀时不要正对砂轮的旋转方向站立，以防意外。

⑥ 不要在砂轮的两侧面用力粗磨车刀，以免砂轮因侧面受力而发生偏摆跳动。

⑦ 磨高速钢车刀应随时将车刀蘸入水中冷却，防止退火。磨硬质合金车刀应防止刀片产生裂纹，可将刀体蘸入水中冷却。

⑧ 刃磨结束时应离开砂轮并关闭电源。

刃磨 90° 车刀，并注意以下几个问题。

1. 正确选择砂轮。

2. 刃磨步骤。

3. 安全注意事项。

项目三　手动走刀车削外圆和端面

【学习目标】

1. 掌握车刀和坯料的安装；
2. 用手动走刀均匀地移动大拖板、中拖板、小拖板，按图样要求车削工件；
3. 用划针盘校正工件；
4. 熟悉卡尺测量外圆的方法；
5. 掌握试切试测的方法车削外圆。

任务 3.1　安装车刀

车刀安装得是否正确，直接影响切削的顺利进行和工件的加工质量。车刀安装见图 2.3.1。在安装车刀时，必须注意以下几点。

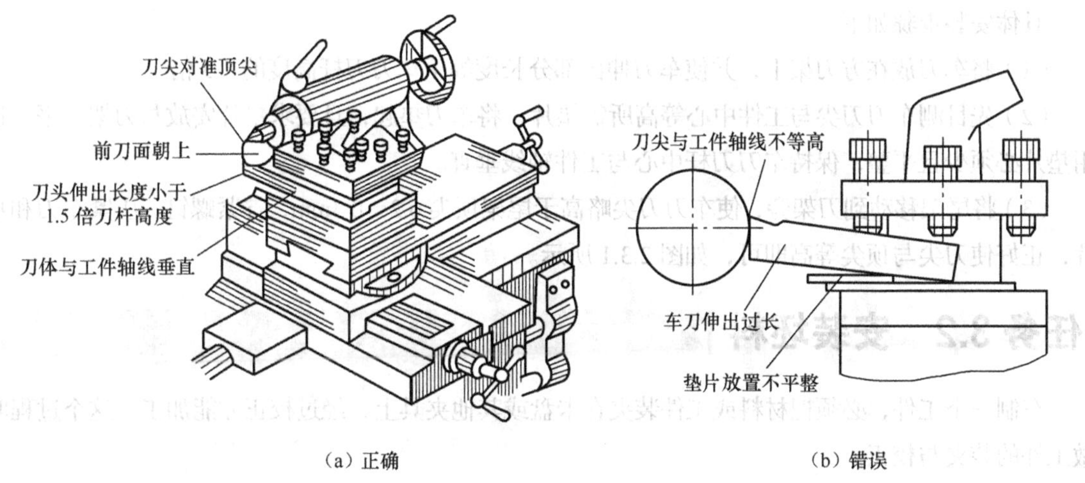

图2.3.1　车刀的安装

（1）车刀安装在刀架上，其伸出长度一般不超过刀杆厚度的 1～1.5 倍，以免产生振动，影响工件表面粗糙度，甚至使车刀损坏。

（2）车刀下面的垫片要平整，垫片应与刀架对齐（见图 2.3.2），数量要尽量少，以防止产生振动。

（3）车刀刀尖一般应装得与工件中心线等高。使车刀刀尖对准工件中心，可用以下方法：

① 根据车床主轴中心高度，用钢尺测量的方法装刀；

② 根据尾座顶尖的高低把车刀装准；

③ 把车刀靠近工件端面用目测估计车刀的高低，然后紧固车刀，试车端面，再根据端面的中心装准车刀。

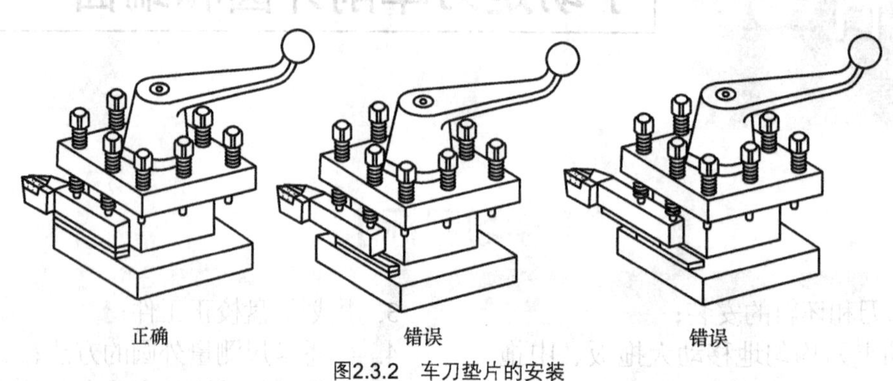

图2.3.2　车刀垫片的安装

（4）安装车刀时，刀杆轴线应与进给方向垂直，否则会使主偏角和副偏角发生变化。

（5）安装车刀时，至少要有两个螺钉将车刀压紧。

（6）车端面时，还要严格保证车刀的刀尖对准工件中心，以防工件端面中心留有凸头。

（7）当用偏刀车削台阶时，必须使车刀的主切削刃跟工件轴线成 90° 或大于 90° 的角度，否则，车出的台阶跟工件中心线不垂直。

具体安装步骤如下。

（1）将车刀放在方刀架上，并使车刀伸出部分长度等于车刀刀杆高度的 1.5 倍。

（2）先目测车刀刀尖与工件中心等高所需垫片，将车刀垫起，且要求垫片安放与刀架齐平，选用垫片必须少且平整，保持车刀刀杆中心与工件轴线垂直。

（3）将尾架移动到刀架旁，使车刀刀尖略高于尾架顶尖 0.2～0.3mm，拧紧螺钉，压紧车刀和垫片，正好使刀尖与顶尖等高即可，如图 2.3.1 所示。

任务 3.2　安装坯料

车制一个工件，必须把材料或工件装夹在卡盘或其他夹具上，经过校正才能加工，这个过程叫做工件的装夹与校正。

1. 三爪卡盘装夹工件

三爪卡盘装夹工件能自动定心，一般情况下不需要校正，定位和夹紧同时完成，用于圆钢、六角钢及已加工的外圆。卡爪伸出卡盘的长度不能超过卡爪长度的一半，若工件直径过大，则应采用反爪装夹。三爪卡盘有正反两副卡爪，有的只有一副，可正反使用。图 2.3.3（a）所示为正爪装夹，图 2.3.3（b）所示为反爪装夹。

2. 四爪卡盘装夹工件

四爪卡盘夹紧力大，但工件调整较困难，适于装夹大型或形状不规则的工件。四爪卡盘有正爪和反爪两种，反爪用来装夹直径较大的工件。

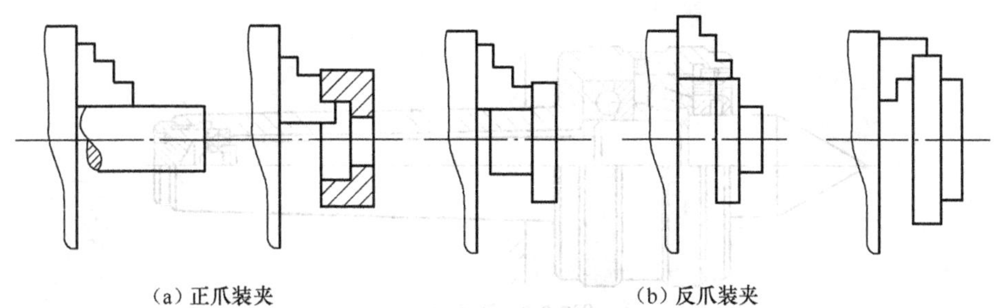

图2.3.3　三爪卡盘装夹工件

3. 一夹一顶装夹工件（卡盘、顶尖）

对于较重的工件，可使用一端夹住，另一端用后顶尖顶住的装夹方法。为了防止工件轴向窜动，可在卡盘内装一个限位支承，或用工件台阶作为限位，如图 2.3.4 所示。这种装夹方法比较安全，能承受较大的轴向切削力，因此在维修零件、粗加工及半精加工中应用得很广泛。

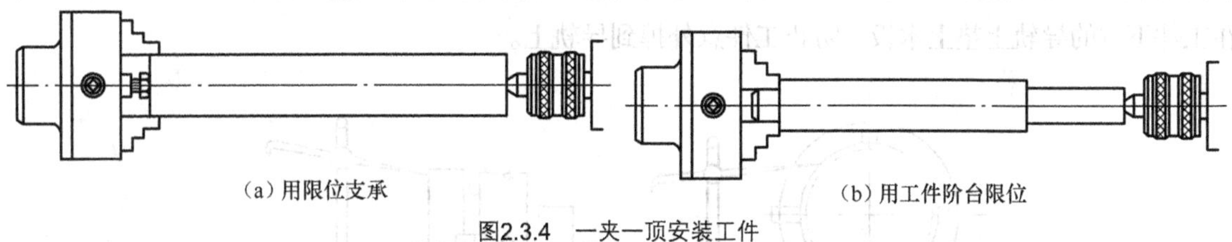

图2.3.4　一夹一顶安装工件

使用时，先将工件的一端钻好中心孔，然后将钻有中心孔的一端套入后顶尖，固定尾座，另一端用卡盘将工件夹紧。

用顶尖安装工件，工件在装夹前一定要将总长取好，并在工件的两端面上钻出中心孔。

顶尖的作用是定中心、承受工件的重量和切削力。顶尖分死顶尖和活顶尖两种，其锥顶角都是 60°。

死顶尖：在车削过程中，死顶尖与工件中心孔产生剧烈摩擦而发生高热。在高速切削时，碳钢顶尖和高速钢顶尖（见图 2.3.5（a））往往容易退火，因此目前多数使用镶有硬质合金的顶尖（见图 2.3.5（b））。死顶尖定心正确且刚性好；缺点是发热较大，过热时会把中心孔或顶针“烧坏”。因此它适用于低速、加工精度要求较高的工件。

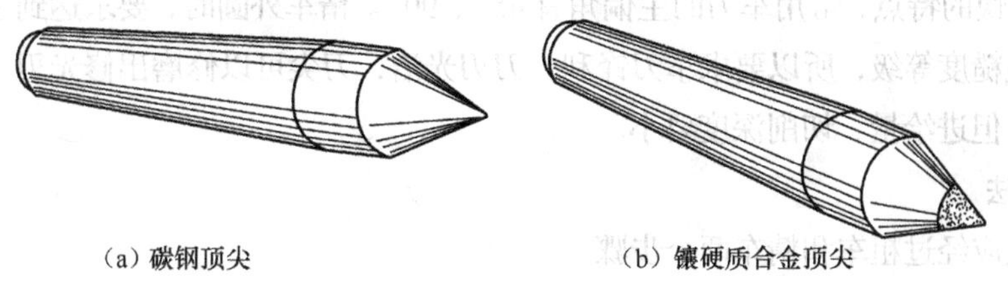

图2.3.5　死顶尖

活顶尖：活顶尖（见图 2.3.6）内部装有滚动轴承，工作时顶尖与工件一起转动，因此能承受很高的旋转速度。但由于活顶尖存在一定的装配积累误差，支承刚性较差；以及当滚动轴承磨损后，会使顶尖产生径向摆动，从而降低加工精度，故活顶尖适用于粗车及一般零件的加工。

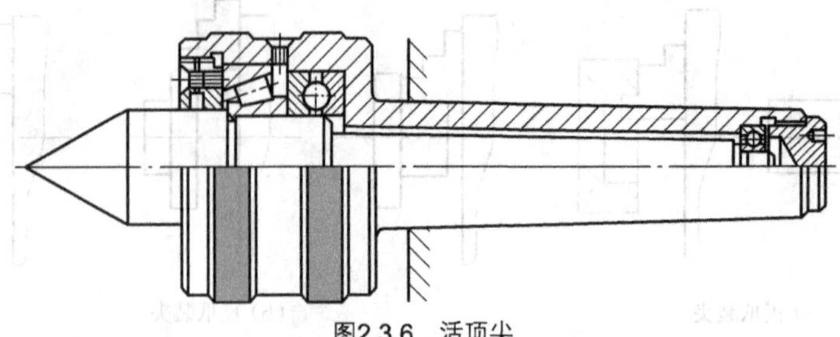

图2.3.6 活顶尖

顶尖安装前，必须把锥柄和锥孔擦干净。顶尖卸下时，应摇动尾座手轮，使尾座套筒退回，将顶尖顶出。严禁用铁器敲打。

装夹毛坯面及粗加工时，一般用划针盘校正工件，既要校正端面基本垂直于轴线，又要校正工件回转轴线与机床主轴线基本重台，如图 2.3.7 所示。在调整过程中，始终要保持相对的两个卡爪处于夹紧状态，再调整另一对卡爪。两对卡爪交错调整，每次的调整量不宜太大（1～2mm 以下），并在工件下方的导轨上垫上木板，防止工件意外掉到导轨上。

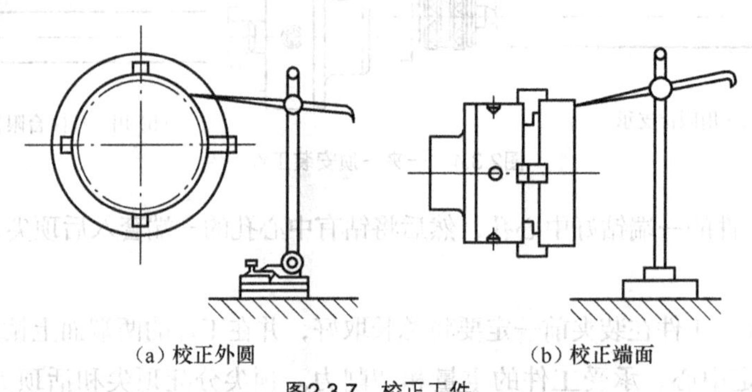

（a）校正外圆　（b）校正端面

图2.3.7 校正工件

任务 3.3 手动走刀车削外圆

1. 选择车刀

外圆车削使用的车刀也分为外圆粗车刀和外圆精车刀两种。外圆粗车刀应能适应粗车外圆时切削深度大、走刀快的特点，常用车刀的主偏角有 45°、90°。精车外圆时，要求达到工件的尺寸精度和较高的表面粗糙度等级，所以要求车刀锋利，刀刃光洁，刀尖可以修磨出修光刃。车削时切削速度可稍快一些，但进给量、切削深度要小。

2. 车削方法

车外圆一般应经过粗车和精车两个步骤。

粗车时，若加工余量较小，切削深度 t 等于粗车余量，进给量 s=0.3～1.2mm/r，最后根据 t、s、刀具及工件材料等来确定切削速度，一般切削速度 v=10～80m/min。工件材料较硬选小值，较软选大值；采用高速钢车刀选小值，采用硬质合金车刀时选大值。

精车时，先选较高的切削速度（v≥100m/min 硬质合金车刀）或低的切削速度（v≤5m/min 高速钢车刀)，取较小的进给量，最后根据工件尺寸确定切削深度 t=0.5～1mm。手动粗车削、精车削外圆方法如下。

(1) 启动机床，使刀尖与工件外圆表面轻微接触(对刀)。

(2) 摇动溜板箱手轮，使刀具向右移离开工件(退刀)。

(3) 顺时针转动中滑板手柄，根据刻度盘调整切削深度 t(进刀)。

(4) 摇动溜板箱手柄，向左移试切 1～3mm(试切)。

(5) 向右退刀、停车，测量试切尺寸(测量)。

(6) 重复调整切削深度 t，以手动进给车出外圆(调整)。

车外圆操作注意事项如下。

(1) 在调节切削深度时，利用中拖板进给手柄上刻度盘准确地控制尺寸。

(2) 注意手柄必须慢慢地转动以便刻线对准位置，若不小心摇过头，绝对不能简单地退回到所需位置，必须多退几十小格再转到所需位置，以消除间隙。

(3) 精车前，要注意工件的温度，应待工件冷却后再精车。

(4) 精车时要准确地测量出工件的外径，应正确使用外径千分尺。

任务 3.4 手动走刀车削端面

1. 选择车刀

车削端面，通常使用 90°车刀和 45°车刀两种。

(1) 90°车刀：90°车刀又称 90°偏刀，分为两种(见图 2.3.8)，车右面阶台的车刀叫右偏刀，即从尾座向床头方向车削的车刀。车左面阶台的车刀叫左偏刀，也就是从床头向尾座方向车削的车刀。

常用右偏刀车削工件的外圆、端面和阶台，如图 2.3.9(a)所示。左偏刀一般用来车削左向阶台，也适用于车削直径较大和长度较短的工件的端面和外圆，如图 2.3.9(b)所示。

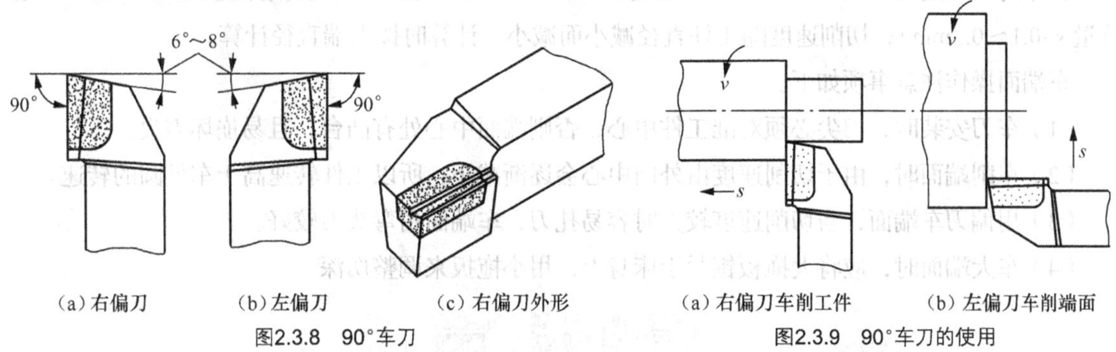

(a) 右偏刀　(b) 左偏刀　(c) 右偏刀外形

图2.3.8 90°车刀

(a) 右偏刀车削工件　(b) 左偏刀车削端面

图2.3.9 90°车刀的使用

(2) 45°车刀的使用：45°车刀也分为左偏、右偏两种。除了可以车削外圆、端面以外，还可以进行倒角，如图 2.3.10 所示。

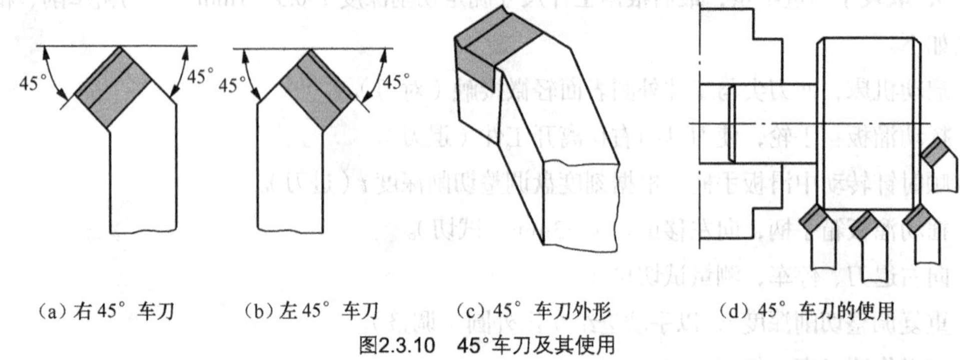

（a）右 45° 车刀　（b）左 45° 车刀　（c）45° 车刀外形　（d）45° 车刀的使用

图2.3.10　45°车刀及其使用

2. 安装车刀

车端面时，除了前面所讲的车刀安装时应注意的几点以外，车刀的刀尖应严格的对准工件中心，否则会使工件端面中心处留有凸头。当使用硬质合金车刀时，车到工件中心时会使刀尖立即崩掉，如图 2.3.11 所示。

此外，用偏刀车削阶台时，还必须使车刀的主刀刃与工件表面成 90° 或大于 90°，否则，车出来的阶台会与工件轴线不垂直。

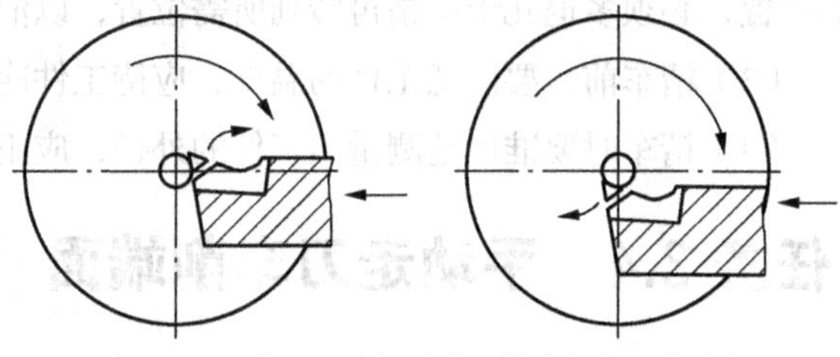

图2.3.11　车刀刀尖不对准工件中心使刀尖崩碎

3. 车削方法

手动走刀车削端面的方法和使用的车刀如下。

（1）用弯头刀车端面。

（2）用右偏刀从外向中心车端面。

（3）用右偏刀从中心向外车端面。

（4）用左偏刀车端面。

（5）用端面车刀车端面。

粗车时，切削深度 $t=2\sim5$mm，进给量 $s=0.3\sim0.7$mm/r；精车时，切削深度 $t=0.2\sim1$mm，进给量 $s=0.1\sim0.3$mm/r；切削速度随工件直径减小而减小，计算时按大端直径计算。

车端面操作注意事项如下。

（1）车刀安装时，刀尖必须对准工件中心，否则端面中心处有凸台，且易崩坏刀尖。

（2）车削端面时，由于切削速度由外向中心会逐渐减小，所以工件转速高于车外圆的转速。

（3）用偏刀车端面，当切削速度较大时容易扎刀，车端面用弯头刀较好。

（4）车大端面时，应将大拖板锁紧于床身上，用小拖扳来调整切深。

手动走刀车削外圆和端面，并详细描述操作步骤。

项目四 自动走刀车削外圆和端面

【学习目标】

1. 掌握用自动走刀车削外圆和端面的方法；
2. 掌握调整自动走刀手柄位置的方法；
3. 熟悉接刀车削外圆和控制两端平行度的方法；
4. 表面粗糙度的控制方法。

任务 4.1 认识车床的自动走刀

1. 自动走刀的操作过程

普通车床大多数带有自动走刀功能，自动走刀与手动走刀相比较有很多优点，如操作者省力、走刀均匀、加工后工件表面粗糙度小等。但自动走刀是机械传动，操纵者对车床手柄位置必须相当熟悉，否则在紧急情况下容易损坏工件和设备。使用自动走刀车削工件的过程如图 2.4.1 所示。

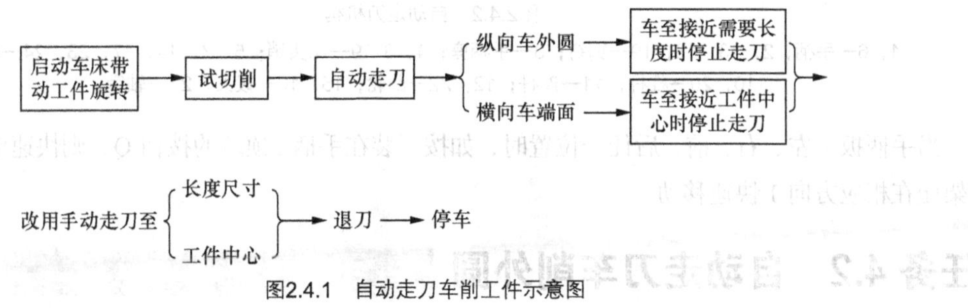

图2.4.1 自动走刀车削工件示意图

2. 普通车床自动走刀的操纵机构

图 2.4.2 所示为 CA6140 车床的自动走刀机构，向左或向右扳动手柄 1，使手柄座 3 绕销钉 2 摆动时（销钉 2 装在轴向固定的轴 23 上），手柄座下端的开口通过球头销 4 拨动轴 5 轴向移动，再经杠杆 10 和连杆 11 使凸轮 12 转动，凸轮上的曲线槽又通过销钉 13 带动轴 14 以及固定在它上面的拨叉 15 向前或向后移动。拨叉拨动离合器 M_7，使之与轴ＸＸⅣ的相应空套齿轮啮合，于是纵向机动进给运动接通，刀架相应地向左或向右移动。

向前或向后扳动手柄 1，通过手柄座 3、轴 23，使凸轮 22 转动，又通过嵌入凸轮曲线里的销钉 19 使杠杆 20 绕轴销 21 摆动，再经另一销钉 18 带动轴 24 及拨叉 16 轴向移动，拨动禽合器 M_8，使之与轴ＸＸⅦ上空尝齿轮啮合，横向机动进给接通，刀架相应地向前或向后移动。手柄扳至中间直

立位置时，离合器 M_7 和 M_8 处于中间位置，机动进给传动链断开。

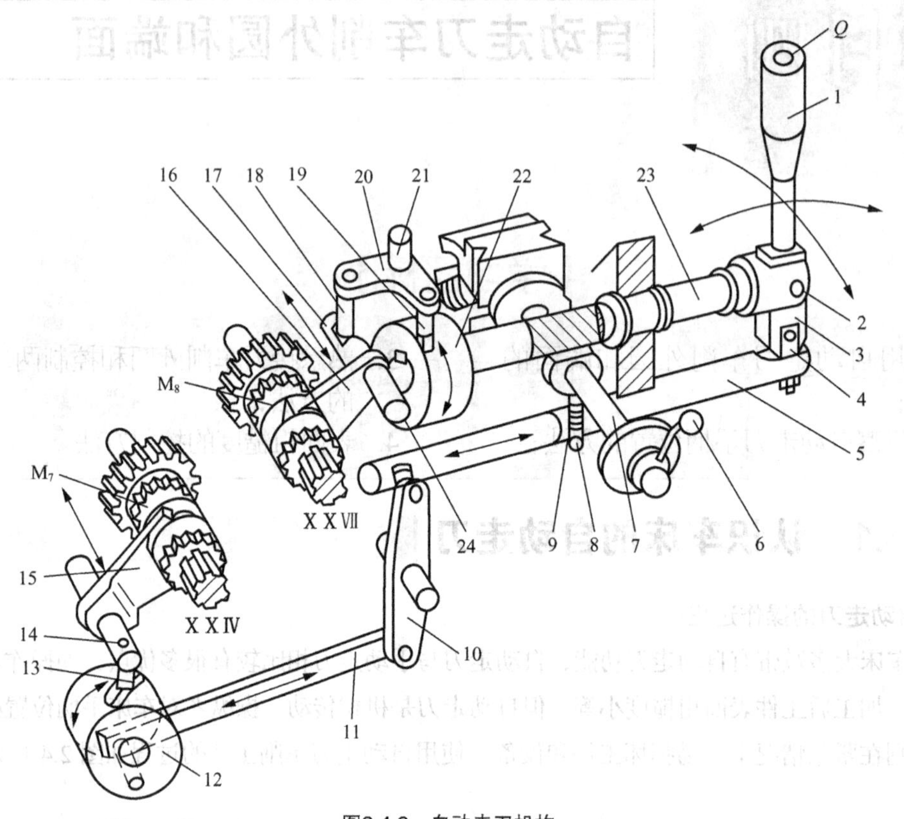

图2.4.2 自动走刀机构

1，6—手柄；2，13，18，19—销钉；3—手柄座；4，8，9—球头销；5，7，14，17，23，24—轴；10，20—杠杆；11—连杆；12，22—凸轮；15，16—拨叉；21—轴销

当手柄扳至左、右、前、后任一位置时，如按下装在手柄1顶端的按钮Q，则快速电动机启动，刀架便在相应方向1快速移动。

任务 4.2 自动走刀车削外圆

（1）正确安装工件和车刀后，选择切削用量，使各手柄处于正确位置。启动车床，使工件旋转。

（2）进行外圆车削，摇动大拖板、中拖板手柄，使车刀刀尖将接触工件右端外圆表面。

（3）不动中拖板、摇动大拖板使车刀向尾座方向移动（距工件断面 3～5mm）。

（4）按选定的吃刀深度，摇动中拖板使车刀作横向进刀。

（5）纵向车削工件 3～5mm，不动中拖板手柄，纵向退出车刀，停车测量工件。与图纸要求尺寸比较，得出需要修正的吃刀深度，根据中拖板刻度盘的刻度调整吃刀深度。然后用自动走刀，把工件的多余金属车去。

（6）车削到需要长度时，停止走刀，退出车刀，然后停车（注意是先退刀后停车，否则会造成车刀崩刃）。

任务 4.3 自动走刀车削端面

（1）选择端面刀，进行端面车削，摇动大拖板、中拖板手柄，控制车刀刀尖将要接触工件右端面的外圆处。

（2）不动中拖板手柄，摇动大拖板使刀尖向卡盘方向移动（距工件右端面最长处 2～4mm）。

（3）不动大拖板使之稳定，使小拖板自动进给作径向切削，直到刀尖到达中心位置停止、退刀，重复以上端面加工过程直至平整。

采用自动走刀车削外圆和端面，详细描述操作步骤并体会与手动走刀操作的区别。

车削台阶工件

【学习目标】

1. 掌握车削台阶工件的方法；
2. 巩固用划针盘校正工件；
3. 进一步掌握用钢板尺、游标卡尺测量尺寸的方法。

任务 5.1 了解车削台阶工件的要求

车台阶实际上就是车外圆和车端面的组合加工。其加工方法与车外圆没有什么显著的区别。一般情况下，需要配合的表面要求平整、光洁、尺寸精确，不需要配合的表面则要求按自由公差加工即可。

台阶工件通常与其他零件结合使用，因此它的技术要求一般有以下几点。

（1）各挡外圆之间的同轴度；

（2）外圆和台阶平面的垂直度；

（3）台阶平面的平面度；

（4）外圆和台阶平面相交处的清角；

（5）台阶面的粗糙度的要求。

任务 5.2　选择以及安装车刀

车削台阶工件，通常使用 90° 外圆右偏刀。车刀的装夹应根据粗车、精车和余量的多少来区别。如粗车时余量多，为了增大背吃刀量，减小刀尖压力，车刀装夹取主偏角小于 90° 为宜，一般为 85°～90°，如图 2.5.1（a）所示。精车时为了保证台阶平面和轴心线垂直，取主偏角大于 90° 为宜，一般为 93° 左右，如图 2.5.1（b）所示。否则车出的端面不平整，且与已加工表面也不垂直。

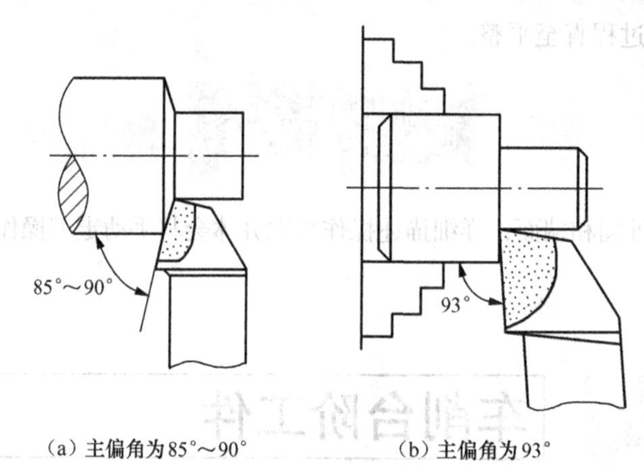

（a）主偏角为 85°～90°　（b）主偏角为 93°

图2.5.1　车刀安装

任务 5.3　车削台阶工件

1. 车削台阶工件的方法

车台阶实质上是车外圆与车端面的组合加工，其试切加工方法与车外圆相同。

车低台阶（台阶高度小于 5mm）时，车刀主切削刃垂直于工件的轴线，台阶可一次走刀车出，如图 2.5.2（a）所示。

车高台阶（台阶高度大于 5mm）时，车刀主切削刃与工件轴线约成 95° 角。分层纵向进给切削，最后一次纵向进给时，车刀刀尖应紧贴台阶端面横向退出，以车出 90° 角台阶，如图 2.5.2（b）所示。

2. 台阶工件的控制方法与测量

（1）台阶的尺寸控制方法常用的有两种。

① 刻线痕。先用钢尺等量具量出台阶长度尺寸（大批生产可用样板），用车刀刀尖在台阶的位置处车刻出细线，然后再车削，如图 2.5.3 所示。

② 用大拖板刻度盘控制。大拖板的刻度 1 格等于 1mm，车削时的长度误差一般在 0.3mm 左右。纵向走刀时利用大拖板刻度盘即可控制台阶的长度尺寸。

（2）端面与阶台的测量。端面的要求最主要的是平直、光洁，其平直度可用钢尺或刀口直尺来检查，如图 2.5.4 所示。

台阶外圆长度的测量方法有 3 种，可以用钢尺、内卡钳、游标卡尺和深度游标卡尺来测量（见图 2.5.5），对于批量较大或精度较高的台阶工件可以用样板测量（见图 2.5.5（d））。

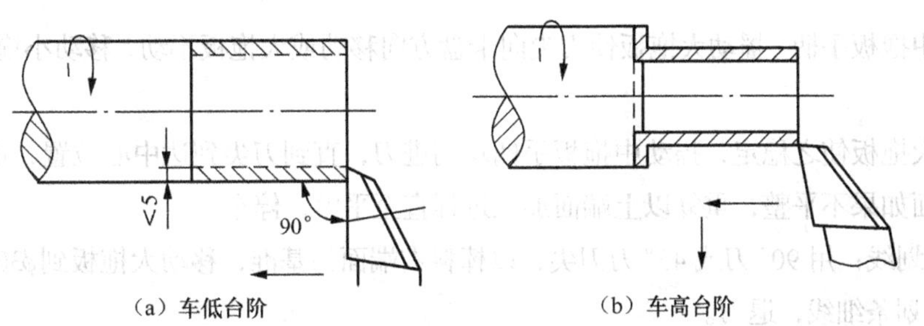

（a）车低台阶　　（b）车高台阶

图2.5.2　车削台阶示意图

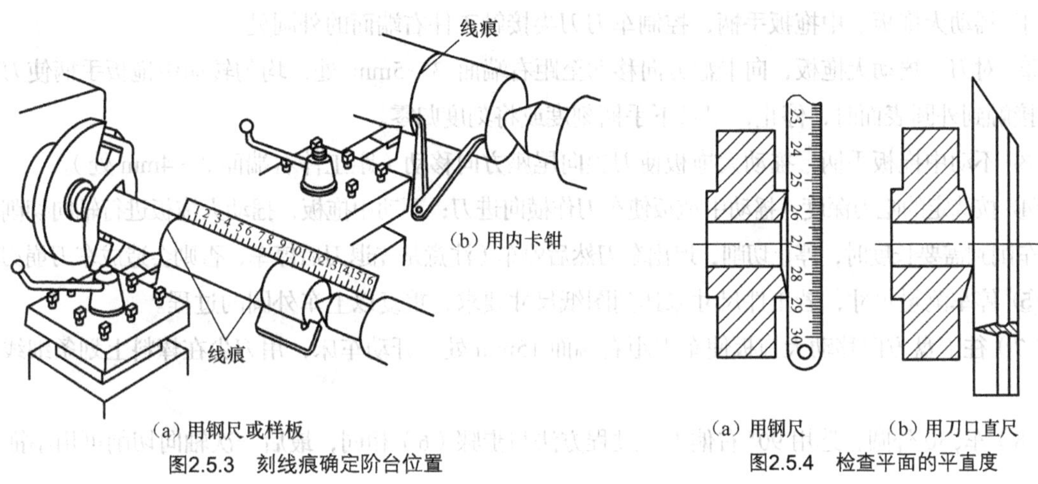

(a) 用钢尺或样板　　(b) 用内卡钳

图2.5.3　刻线痕确定阶台位置

(a) 用钢尺　　(b) 用刀口直尺

图2.5.4　检查平面的平直度

3. 综合操作步骤

（1）分析图纸（见图 2.5.6），确定工艺路线，准备刀具、量具。

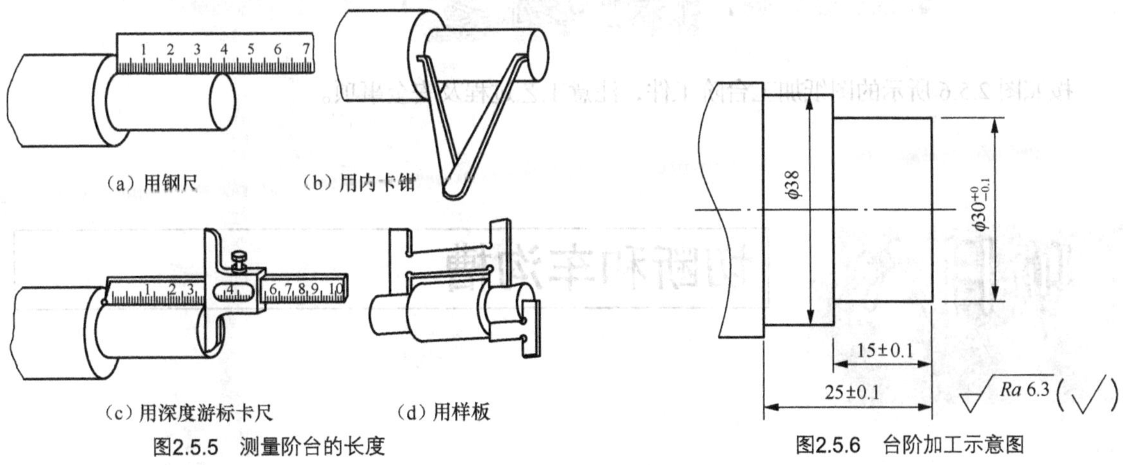

(a) 用钢尺　　(b) 用内卡钳

(c) 用深度游标卡尺　　(d) 用样板

图2.5.5　测量阶台的长度

图2.5.6　台阶加工示意图

（2）正确安装外圆车刀，端面车刀以及切断刀。选择切削用量，调整各手柄至正确位置。

（3）用三爪卡盘装夹ϕ39 棒料，伸出长度 45～60mm。开动车床，使工件旋转。

（4）车端面，选用 45° 刀或右偏刀。

① 摇动大拖板、中拖扳手柄，控制车刀刀尖将要接触工件右端面。

② 不动中拖板手柄，摇动大拖板使刀尖向卡盘方向移动或大拖板不动，移动小拖板，进切削深度 0.5～2mm。

③ 不动大拖板使之稳定，摇动中拖板手柄均匀进刀，直到刀尖到达中心位置，退刀。

④ 右端面如果不平整，重复以上端面加工过程直至平整，停车。

（5）车刀划线：用 90° 刀或 45° 刀刀尖，以棒料右端面为基准，移动大拖板到ϕ30mm 处开动车床，在棒料上划条细线，退刀。

（6）车ϕ38±0.1mm 外圆，选用右偏刀。

① 摇动大拖板、中拖扳手柄，控制车刀刀尖接触工件右端面的外圆处。

② 对刀。摇动大拖板，向卡盘方向移动至距右端面 3～5mm 处，均匀转动中拖板手柄使刀尖轻轻接触到外圆表面时，停止，记录下手柄刻度或将刻度归零。

③ 不动中拖板手柄，摇动大拖板使刀尖向尾座方向移动（距工件右端面 2～4mm 处）。

④ 按选定的吃刀深度，摇动中拖扳使车刀作横向进刀；不动中拖板，摇动大拖板进行轴向切削，直到车削到需要长度时，停止切削，退出车刀然后停车（注意是先退刀后停车，否则会造成车刀崩刃）。

⑤ 停车测量尺寸，若工件尺寸未达到图纸尺寸要求，重复以上车外圆的过程。

（7）往卡盘方向移动大拖板使车刀距右端面 15mm 处，开动车床，用刀尖在棒料上划条细线，退刀。

（8）车ϕ30 外圆，选用 90° 右偏刀（过程方法与步骤（6）相同，最后一次轴向切削可用小拖板进刀）。

（9）完成后停车。

课业练习

按照图 2.5.6 所示的图纸加工台阶工件，注意工艺过程及安全事项。

项目六 切断和车沟槽

【学习目标】

1. 了解切断刀和切槽刀的种类和用途；
2. 熟悉切断刀和切槽刀的刃磨方法；
3. 初步掌握矩形槽车削方法和测量方法。

任务 6.1　认识切断刀

在车削加工中，当零件的毛坯是棒料而且很长时，需要把它事先按照要求长度切断，然后进行车削；或是在车削完成后把工件从原材料上切下来，这样的加工方法叫做切断。

切断刀前面的刀刃是主刀刃，两侧刀刃是副刀刃。一般切断刀的刀头狭长，主刀刃较窄。目前常用的切断刀有下面几种。

1. 高速钢切断刀

高速钢切断刀的参数及外形如图 2.6.1 所示。

前角：切断中碳钢材料时，$\gamma_0=20^\circ\sim30^\circ$；

切断铸铁时，$\gamma_0=0^\circ\sim10^\circ$；

主后角$\alpha_0=6^\circ\sim8^\circ$；

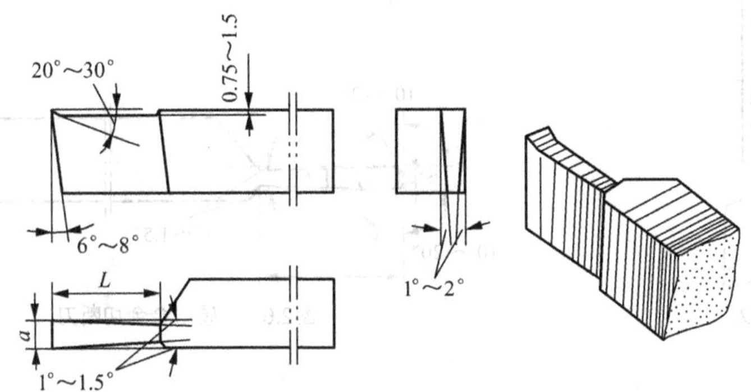

图2.6.1　高速钢切断刀

切断刀有两个对称的副后角$\alpha_1=1^\circ\sim2^\circ$。它的作用是减少刀具副后面与工件两侧面的摩擦；主刀刃不能磨得太宽，以免浪费工件材料及因切削力过大而引起振动，但磨得太窄又容易使刀头折断。主刀刃的宽度与工件直径有关，可用下面的经验公式计算：

$$a=(0.5\sim0.6)\sqrt{D} \tag{2.6.1}$$

式中：a——主刀刃宽度，mm；

D——工件直径，mm。

刀头长度L不宜太长，长度太大容易引起振动和使刀头折断，刀头长度可按下式计算。

$$L=h+(2\sim3) \tag{2.6.2}$$

式中：L——刀头长度，mm；

h——切入深度，mm。切断实心工件时，切入深度等于工件半径（见图 2.6.2）。

为了使切削顺利，切断刀的前面应磨出一个卷屑槽，一般深度为 0.75～1.5 mm，但长度应超过切入深度。

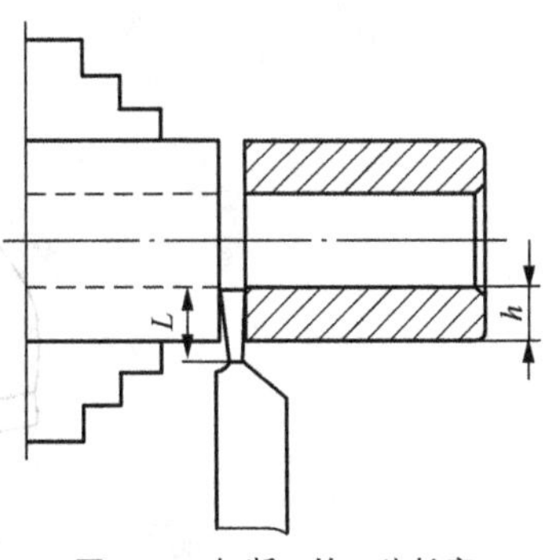

图2.6.2　切断刀的刀头长度

切断时，为了防止切下的工件端面有一个小凸头，以及带孔工件不留边缘，可以把主刀刃略磨斜些，如图 2.6.3 所示。

2. 硬质合金切断刀

一般切断时，由于切屑和槽宽相等，容易堵塞在槽内。为了使切屑顺利排出，可把主刀刃两边倒角或把主刀刃磨成人字形，如图 2.6.4 所示。高速切断时产生的热量很大，必须加注充分的切削液。为了增加刀头的支承强度，可把切断刀的刀头下部做成凸圆弧型（鱼肚形）。

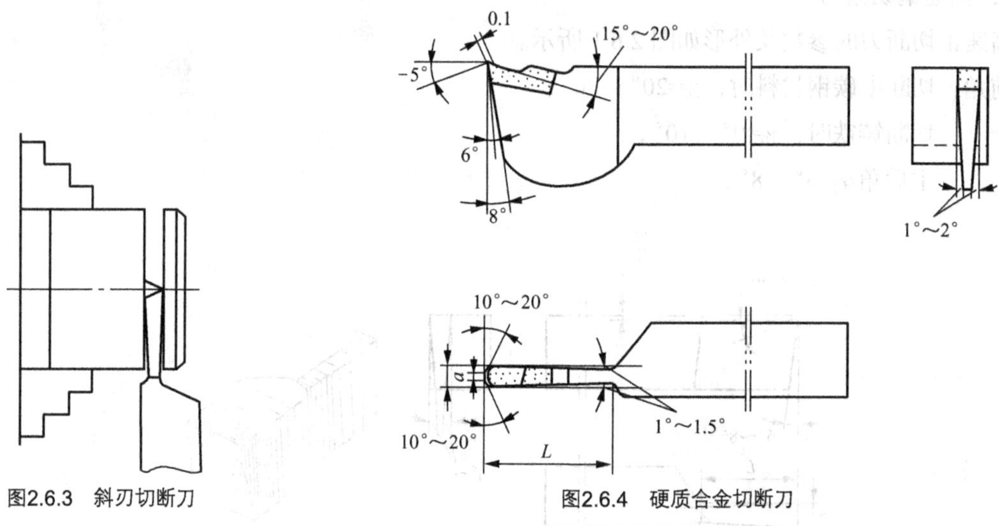

图2.6.3 斜刃切断刀　　图2.6.4 硬质合金切断刀

任务 6.2 刃磨切断刀

刃磨切断刀时，应先磨两副后面，以获得两侧副偏角和两侧副后角。刃磨时必须保证两副后面平直、对称，并得到需要的主刀刃宽度。其次磨主后面，保证主刀刃平直，最后磨切断刀前面的卷屑槽，具体尺寸由式（2.6.1）、式（2.6.2）决定。为了保护刀尖，可以在两边刀尖处各磨一个小圆弧过渡刃。刃磨后，用角尺或钢尺检查两侧副后角的大小，如图 2.6.5 所示。

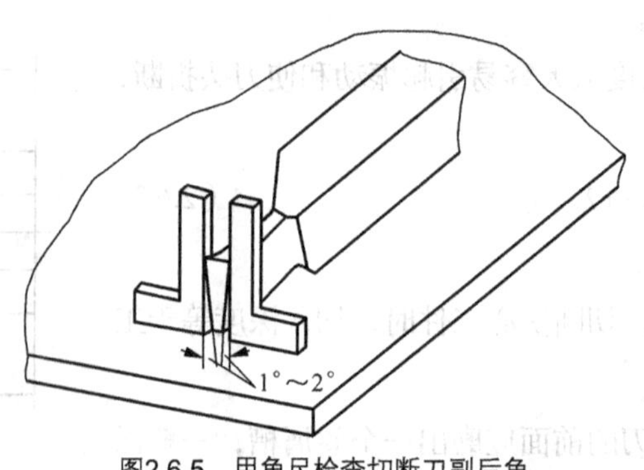

图2.6.5 用角尺检查切断刀副后角

任务 6.3 安装切断刀、切槽刀

1. 安装切断刀

（1）切断刀伸出不宜过长，以增加刀具刚性。

（2）刀尖中心线与工件轴线垂直，保证两侧副偏角φ_1对称。

（3）切断刀刀尖的安装高度与车床主轴中心等高，若刀尖装得过低或过高，切断处均有凸起部分，刀具易折断。

（4）刀具底面应平整，保证两侧副后角α_1'对称，如图 2.6.6 所示。

2. 安装切槽刀

切槽刀的安装与切断刀的安装基本相同，如图 2.6.7 所示。

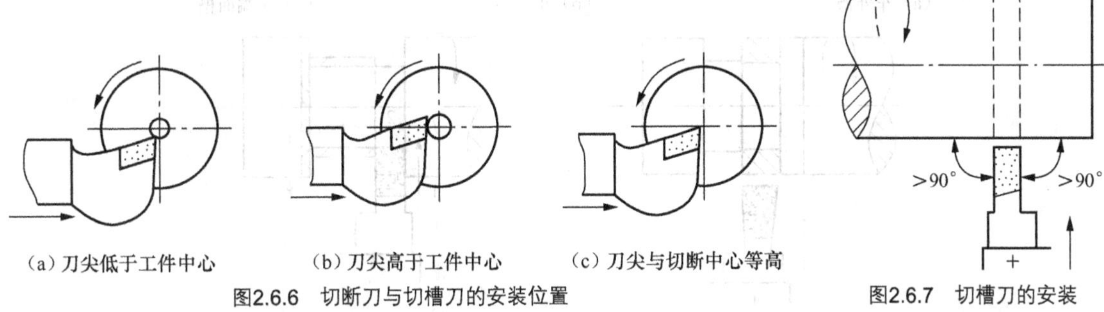

（a）刀尖低于工件中心　（b）刀尖高于工件中心　（c）刀尖与切断中心等高

图2.6.6　切断刀与切槽刀的安装位置

图2.6.7　切槽刀的安装

任务 6.4 切断操作

（1）切断位置应靠近卡盘，工件伸山长度大时，用顶尖顶住或用中心架支撑工件，以增加工件刚性。

（2）切削用量的选择：高速钢车刀切钢件时，切削深度 t 等于切断的刀宽，进给量 s=0.05～0.1mm/r，切削速度 v = 20～42m/min；切铸铁件时，进给量 s=0.1～0.2mm/r，切削速度 v=15～24m/min。硬质合金车刀切钢件时，进给量 s = 0.1～0.2mm/r，切削速度 v=70～120m/min；切铸铁件时，进给量 s = 0.15～0.25mm/r，切削速度 v=60～100m/min。

（3）切断时用自动进给，接近工件切断前，改用手动进给。实心件切断至ϕ2～ϕ3mm 时，停车折断工件；空心工件切断前用铁钩钩好工件内孔，工件被切断后用铁钩钩起。

（4）切断深度较小时，采用直进法一次进给切断，切断深度较大时，采用左右借刀法切断，如图 2.6.8 所示。

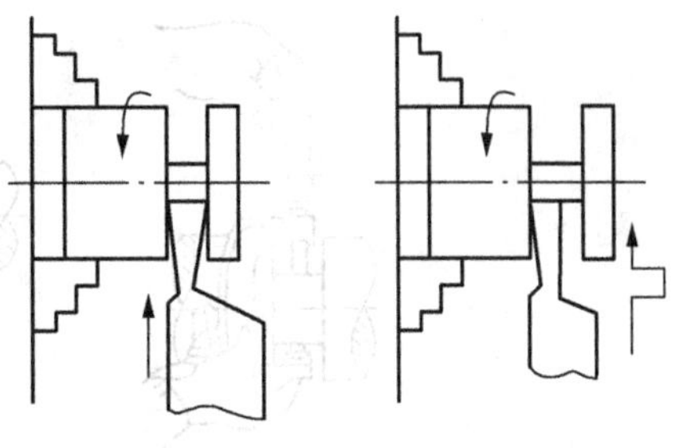

（a）直进法切断　（b）左右借刀法切断

图2.6.8　切断方法

任务 6.5 切槽操作

切槽与切断操作方法相似，可参照切断方法切槽。槽宽较窄时，用刃磨与槽宽相等的切槽刀一次车出，如图 2.6.9（a）、（b）、（c）所示。槽宽较宽时，一般采用先分段横向粗车，槽深留 0.5mm 余量。最后一次车到所需槽的深度，然后进行纵向精车至槽宽的另一端，如图 2.6.9（d）、（e）所示。

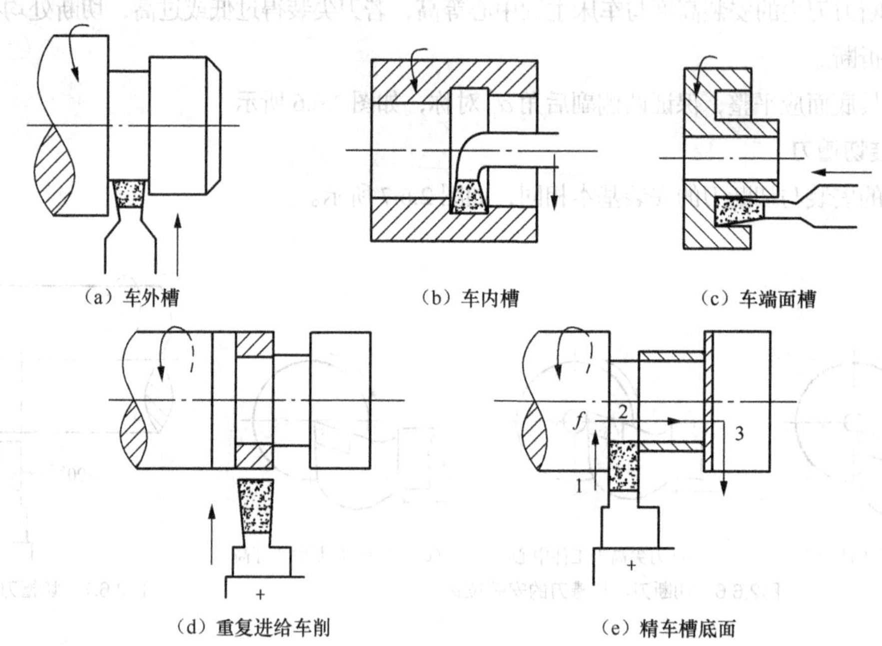

（a）车外槽　（b）车内槽　（c）车端面槽

（d）重复进给车削　（e）精车槽底面

图2.6.9　切槽方法

任务 6.6 检查和测量沟槽

较窄槽的宽度利用切槽刀宽度测量，槽深度利用中拖板刻度来测量，即切槽刀接触外圆时的刻度值至切深处的刻度值之差，即为槽深。还可以用千分尺、游标卡尺和样板测量槽的深度和宽度，如图 2.6.10 所示。

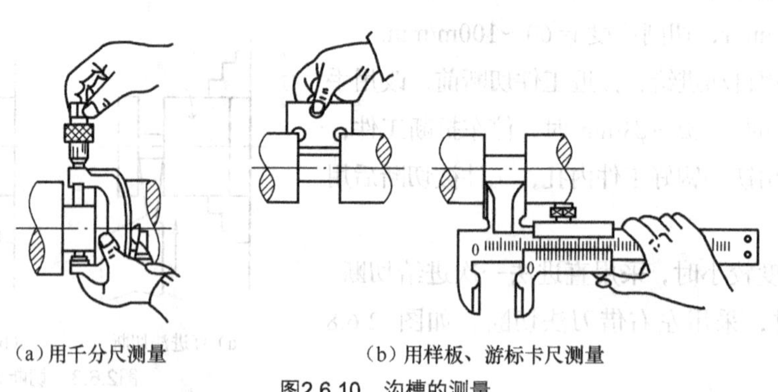

（a）用千分尺测量　（b）用样板、游标卡尺测量

图2.6.10　沟槽的测量

任务 6.7　沟槽车削与切断综合操作

在依照图 2.5.6 加工出来的工件的基础上，按照图 2.6.11 所示的要求进行沟槽与切断的综合练习操作。具体操作步骤如下。

（1）分析图纸（见图 2.6.11），确定工艺路线，准备刀具、量具。

（2）正确安装车刀。选择切削用量，调整各手柄至正确位置。

（3）用三爪卡盘正确装夹坯料。开动车床，使工件旋转。

（4）用切断刀，在距右端面 5.5mm 处切槽。

（5）固定大拖板，摇动中拖板手柄手动控制凹槽直径。退刀后停车，测量尺寸，若凹槽尺寸未达到图纸尺寸要求，重复以上切槽的过程。

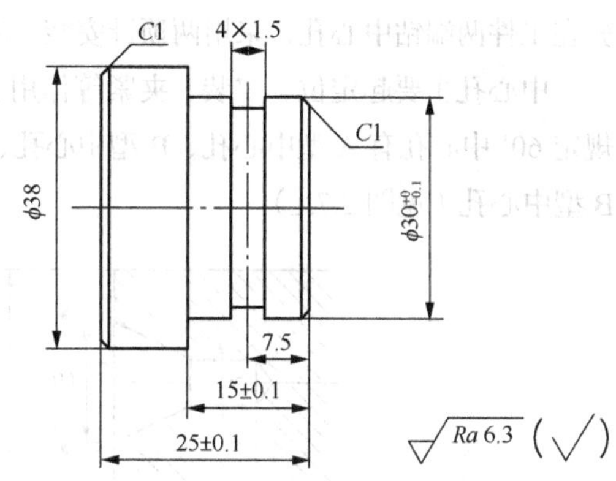

图2.6.11　沟槽与切断加工示意图

（6）换 45° 偏刀，利用小拖板对有关部位进行 $C1$ 倒角。退刀后停车。

（7）换切断刀，选择适当的转速，摇动大拖板，用钢板尺或游标深度尺测量工件右端面到切断刀右刀尖的距离，保证工件的长度为 25～26mm，然后开动车床，手动切断后停车。

（8）将切下来的工件反过来装夹，换 45° 偏刀，选用适当的转速，通过车削端面来控制工件的总长为 25±0.1mm，在有关部位进行倒角。退刀后停车。

按照图 2.6.11 所示的图纸进行沟槽车削与切断操作，注意工艺过程及安全事项。

钻孔和镗孔

【学习目标】

1. 了解中心孔的作用、种类规格；
2. 掌握中心钻的装夹及中心孔的钻削方法；
3. 了解钻头的装拆方法和钻孔方法；
4. 熟悉切削用量的选择和冷却液的使用；
5. 初步掌握内孔的加工方法和测量方法。

任务 7.1 认识中心孔

在车削过程中，需要多次装夹才能完成车削工作的轴类零件，以及车削较长的轴类零件，一般先在工件两端钻中心孔，采用两顶针安装，确保安装定心准确，便于装卸和车削操作。

中心孔主要起定位、安装、夹紧等作用。按《机械制图中心孔表示法》（GB / T459.5—1999）规定 60° 中心孔有 A 型中心孔、B 型中心孔、C 型中心孔和 R 型中心孔 4 种，其中常用的有 A 型、B 型中心孔（见图 2.7.1）。

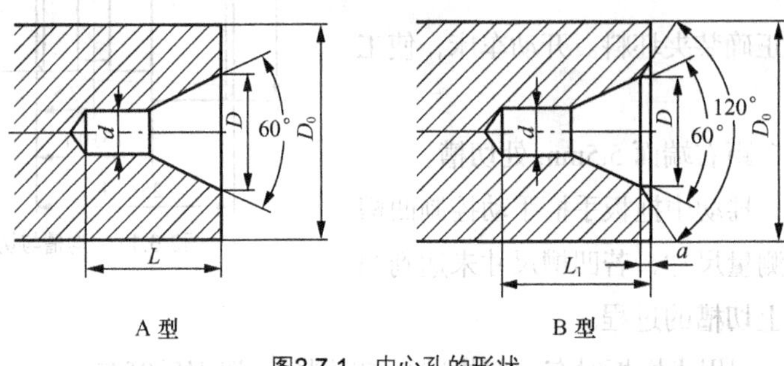

图2.7.1 中心孔的形状

A 型中心孔（不带护锥）：由圆柱孔和圆锥孔两部分组成。圆锥孔与顶尖配合，用来定中心、承受工件重量和切削力；圆柱孔用来储存润滑油和保证顶尖的锥面和中心孔的圆锥面配合贴切，不使顶尖的尖端触及工件，保证定位正确。

B 型中心孔（带护锥）：是在 A 型中心孔的端部另加上 120° 的圆锥孔，用以保护 60° 锥面不致碰毛，并使端面容易加工。

任务 7.2 加工中心孔

直径在 6mm 以下的中心孔通常用中心钻（见图 2.7.2）直接钻出来。

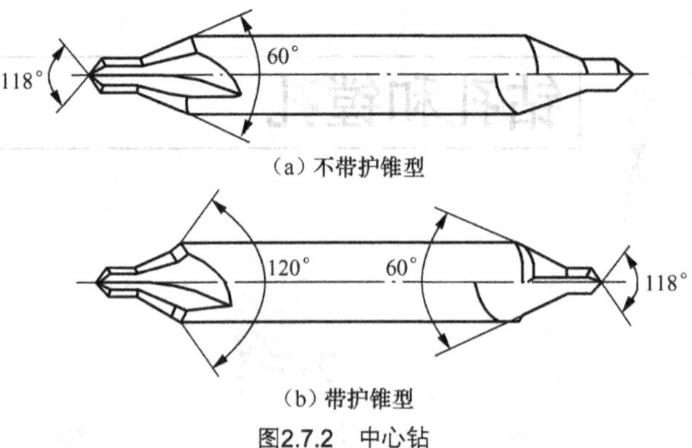

图2.7.2 中心钻

常用的钻中心孔的方法是在车床上钻中心孔，即把工件夹在卡盘上，尽可能伸出短些，校正后车平端面。把中心钻装到钻夹头中夹牢，并直接或用锥形过渡套插入车床尾座套筒锥孔中。然后缓慢均匀的摇动尾座手轮，使中心钻钻入工件端面，如图 2.7.3 所示，待钻到尺寸后，略微停一下，使中心孔圆整后再退出；或手动轻轻进给，将 60° 圆锥面切下薄薄一层切屑，这样可以提高中心孔的粗糙度等级。钻中心孔的过程中要进行充分的冷却润滑，还应注意勤退刀，及时清除切屑。

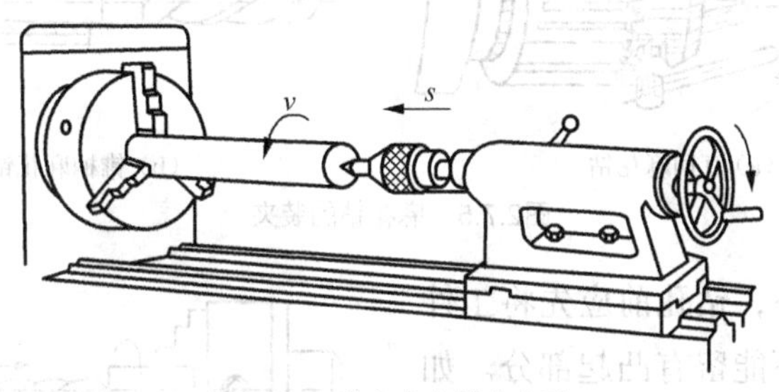

图2.7.3 在车床上钻中心孔

任务 7.3 认识麻花钻

麻花钻由工作部分、颈部和柄部构成，如图 2.7.4 所示。

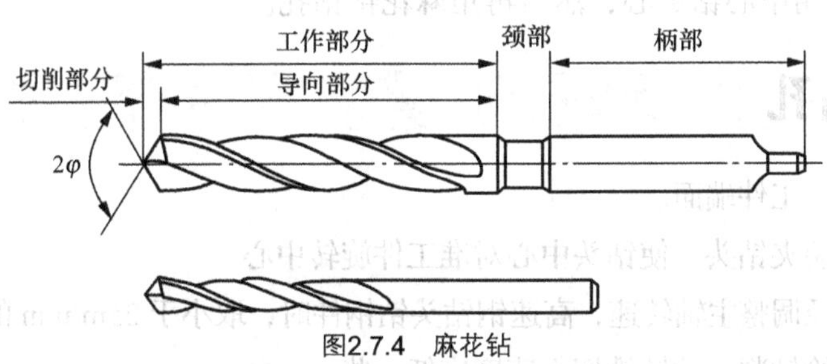

图2.7.4 麻花钻

（1）工作部分：工作部分包括切削部分和导向部分。切削部分起切削作用；导向部分在钻削过程中起到保持钻削方向、修光钻削表面的作用，也是后备切削部分。

（2）颈部：通常在麻花钻的颈部标有麻花钻直径、材料牌号和商标。直径小的直柄麻花钻没有明显的颈部。

（3）柄部：夹持麻花钻的柄部部分，起装夹定心作用，钻削时传递转矩。麻花钻的柄部有锥柄和直柄两种。

任务 7.4 装卸钻头

圆柱直柄麻花钻先用钻夹头装夹，再将钻夹头的锥柄插入车床尾座锥孔内，如图 2.7.5（a）所示。

圆锥柄的麻花钻可直接装在车床尾座套锥孔内。锥柄的锥度一般是采用莫氏锥度。莫氏锥度分 0、1、2、3、4、5、6 号 7 种，一般常用的为 2、3、4 号。如果钻头锥柄是莫氏 3 号，而车床尾座套筒锥孔是莫氏 4 号，那么可以加一只莫氏 4 号钻套，这样就能装入尾座套筒锥孔内。卸钻套时，不许用锤敲击，而必须用楔铁打出，以免损坏钻套。锥柄麻花钻可直接或用莫氏变径套过渡插入尾座锥孔，如图 2.7.5（b）所示。

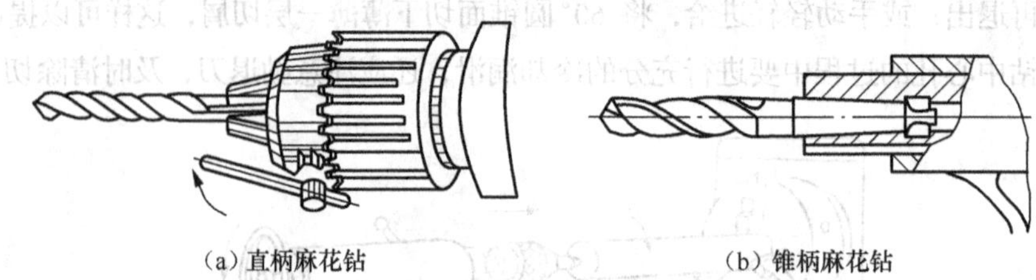
（a）直柄麻花钻　（b）锥柄麻花钻

图2.7.5　麻花钻的装夹

为确保钻头正确定心，钻孔前应先将工件端面车平，工件中心处不能留有凸起部分。如图 2.7.6 所示，在用较长钻头钻孔时，为了防止钻头晃动，在刀架上夹一支铜棒或挡铁，轻轻支撑钻头头部，使它对准工件的旋转中心，当钻头钻削到一定深度后便可退出铜棒或挡铁。在钻削小孔前，可先用中心钻定心，然后再用麻花钻钻孔。

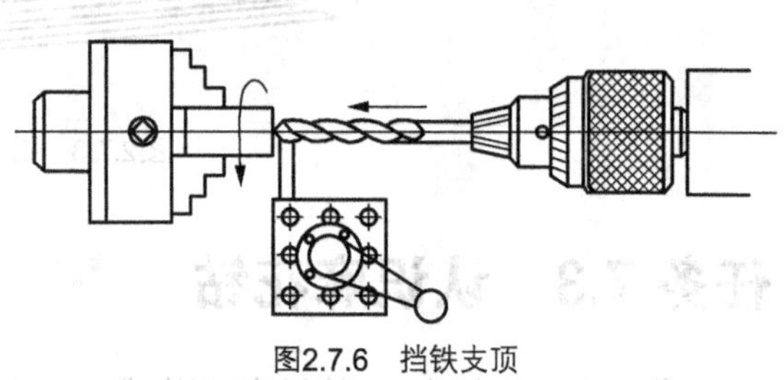
图2.7.6　挡铁支顶

任务 7.5　钻孔

（1）钻孔前先车平工件端面。

（2）校正尾座，装夹钻头，使钻头中心对准工件旋转中心。

（3）根据钻头直径调整主轴转速，高速钢钻头钻钢件时，取小于 25m/min 的切削速度，手动摇动尾座手轮，匀速进给钻削。钻铸铁切削速度应低一些。

（4）用小麻花钻钻孔时，一般先用中心钻钻出中心孔，再用小麻花钻钻头钻孔，这样同轴度较好。

（5）钻孔后要铰孔的工件余量较少，因此，当钻头钻进 1～2mm 后，应把钻头退出，停车测量孔径，以防孔径扩大而没有铰削余量。

（6）开始钻削进给要慢，当钻头钻入工件后再加大进给量。在车床钻孔过程中，应充分浇注切削液，同时还应经常退出钻头，以利于冷却和排屑。孔将要钻通时，降低进给速度，钻通后退出钻头，再停车。

任务 7.6　刃磨内孔镗刀

镗刀的几何形状，根据不同的加工状况，它分为通孔镗刀和不通孔镗刀两种。

通孔镗刀是镗通孔用的，切削部分的几何形状基本上跟弯头外圆车刀相同，为了减小径向力、防止振动，主偏角应取得较大，一般为 60°～75°，副偏角为 15°～30°。为了防止镗刀后面和孔壁的摩擦和不使镗刀的后角太大，一般磨成两个后角。

不通孔镗刀是镗台阶孔或不通孔用的，切削部分的几何形状基本上跟偏刀相同，它的主偏角大于 90°。刀尖在刀杆的最前端，刀尖跟刀杆外端的距离应小于内孔半径，否则孔底平面就无法车平。

任务 7.7　镗孔

（1）镗刀的安装：将镗刀安装在方刀架上，刀尖与工件中心等高或稍高一些。在满足加工要求的情况下，镗刀伸出长度要短，镗刀杆应与孔轴线平行。镗刀安装后，应在毛坯孔内走一遍，用来检验镗刀安装的正确性。

（2）镗孔方法与车外圆的方法基本相同，如图 2.7.7 所示。

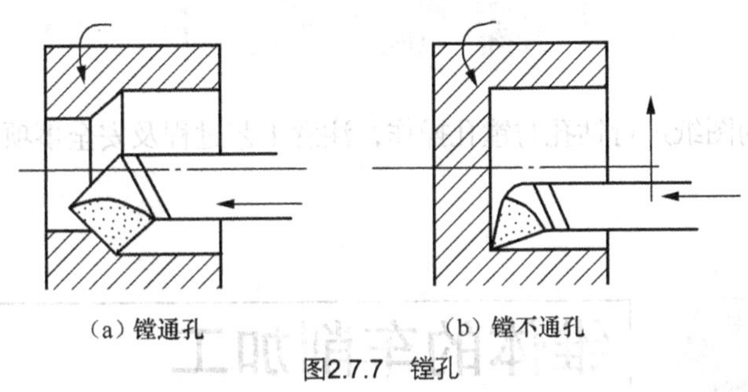

图2.7.7　镗孔

不同点是 t 和 s 比车外圆时要小，刀杆刚性差，切削深度方向和退刀方向与车外圆相反。粗镗时，应先试切，调整切削深度，然后自动或手动走刀。精镗时，切削深度和进给量应更小，当孔径接近最后尺寸时，应以很小的切削深度重复镗削几次，以提高镗孔精度。

（3）孔径测量方法有用游标卡尺、内径千分尺、内径百分表、塞规等测量。其中，游标卡尺用于测量精度较高的孔径，内径千分尺和内径百分表用于测量精度高的孔径，塞规用于标准孔的检验。

任务 7.8　钻孔与镗孔综合操作

（1）分析图纸（见图 2.7.8）确定工艺路线，准备夹具、刀具、量具。

（2）将ϕ60mm×85mm 棒料找正夹紧，安装刀具。

（3）选用 90°外圆刀，两次加工粗车外圆留 0.3～0.5mm 的精加工余量。

（4）选用 45°弯刀，车削端面，用中心钻钻中心孔。

（5）选用直径为ϕ22mm 的锥柄麻花钻，选用合适的切削速度及冷却液，均匀摇动尾座手柄钻孔。

（6）选用通孔镗刀，摇动大拖板，中拖板手柄使镗孔刀刀尖接近工件的右端面中心位置。

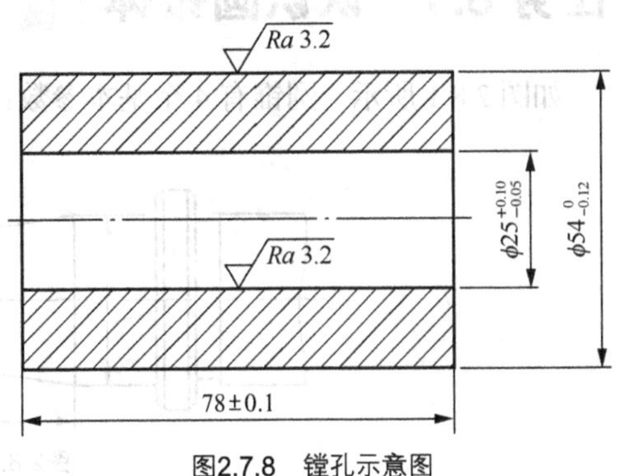

图2.7.8　镗孔示意图

（7）摇动大拖扳手柄使镗刀进入中心孔中，摇动中拖板对刀，将手柄刻度归零。

（8）摇动大拖板手柄向尾座方向移动，摇动中拖扳手柄作横向进刀。

（9）用自动走刀进行轴向切削 3～5mm，不动中拖板摇动大拖扳手柄，向尾座方向退刀，用游标卡尺测量，留 0.3～0.5mm 的精加工余量；调整切削深度，自动走刀切削内孔（试切法）。

（10）调整精加工切削速度、进给量，用试切法切削达到图纸尺寸要求并倒钝直角。

（11）将工件取下，用一夹一顶的方法装夹工件。如加工件的长度加工余量不够，可采用弹簧心轴定位装夹。

（12）选取 90°外圆刀加工外圆至ϕ54mm，长 78～80mm，倒钝直角。

（13）调头装夹找正工件，用 45°弯刀车削端面去除多余材料，倒钝直角。

按照图 2.7.8 所示的图纸进行钻孔与镗孔操作，注意工艺过程及安全事项。

锥体的车削加工

【学习目标】

1. 了解圆锥体的技术要求；
2. 初步掌握转动小拖板车削圆锥体的方法；
3. 初步掌握锥度的检测方法。

任务 8.1 认识圆锥体

如图 2.8.1 所示，圆锥有 4 个基本参数：

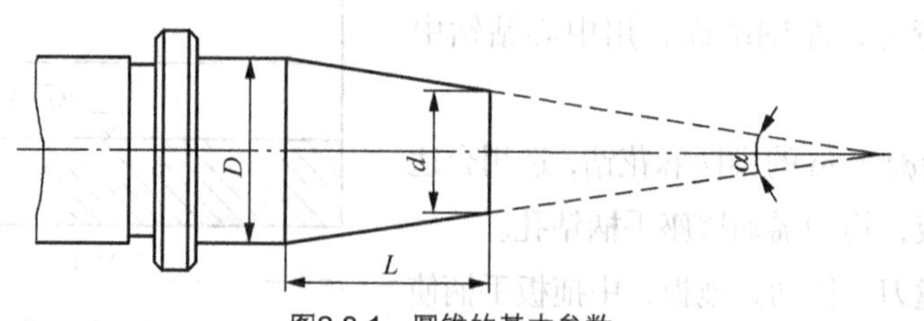

图2.8.1 圆锥的基本参数

（1）最大圆锥直径 D，简称大端直径；

（2）最小圆锥直径 d，简称小端直径；

（3）圆锥长度 L，最大直径与最小直径间的轴向距离；

（4）锥度 C，最大直径与最小直径之差与圆锥长度之比，即

$$C=\frac{D-d}{L}$$

锥度的表示方法示例：▷1:7 或 1/7。

（5）圆锥半角 $\alpha/2$，圆锥角 α 是在通过圆锥轴线的截面内两条母线之间的夹角。车削圆锥面时，小拖板转过的角度是圆锥角的一半，所以通常要计算圆锥半角，其计算公式为

$$\tan\frac{\alpha}{2}=\frac{D-d}{2L}=\frac{C}{2}$$

常见的车圆锥方法有转动小拖板法、偏移尾座法、机械靠模法、成形车刀车削法和轨迹法。这里只介绍车圆锥的方法。

任务 8.2　转动小拖板车削圆锥

1. 转动小拖板车削圆锥的特点

（1）调整方便，操作简单。

（2）加工质量受操作者的技术水平限制，一般表面粗糙度 Ra 为 6.3～12.5μm。

（3）能加工内外任意锥角的圆锥面，加工范围较宽。

（4）由于受小拖板行程的限制，不能加工较长的圆锥面。

（5）加工时，只能用手动进给，工人的劳动强度较大。

2. 转动小拖板车圆锥的方法

转动小拖板车圆锥的方法如图 2.8.2 所示。

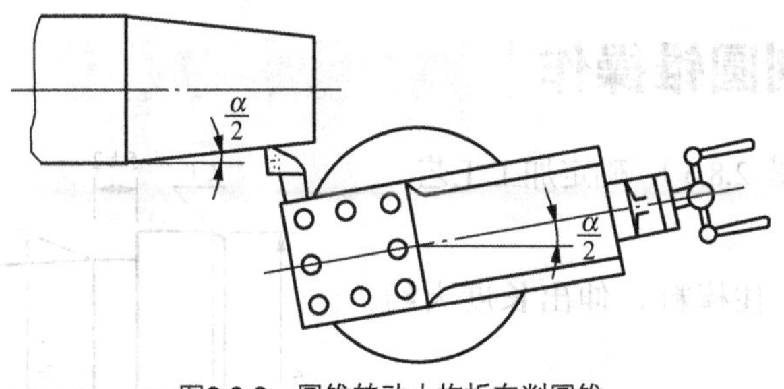

图2.8.2　圆锥转动小拖板车削圆锥

（1）根据零件图计算圆锥斜角（$\alpha/2$）。

（2）将毛坯车成圆柱体，圆柱直径等于锥体大端直径。

（3）根据零件的锥度，调整小拖板转动的方向和角度，然后锁紧转盘和小拖板（车正锥体逆时针转动小拖板，车倒锥体顺时针转动小拖板）。

（4）粗车圆锥面（留 0.2～0.5mm 精车余量）：车削时，大拖板固定，用中拖板调整切削深度，转动小拖板进行进给。

（5）精车圆锥面，达到零件的尺寸要求。

3. 注意事项

（1）退刀时，先移动中拖板将车刀退离工件，再转动小拖板将车刀退到起始位置。

（2）在车削锥体的过程中，转动小拖板手柄应均匀一致。

（3）装刀时，车刀刀尖要与车床主轴等高，否则圆锥母线会变成双曲线形状。

任务 8.3　检测圆锥

1. 套规检测

如图 2.8.3 所示，用套规检测锥体表面时法，先在工件锥体母线均匀地涂上 3 条间隔 120° 的红丹粉线，把套规轻轻套入锥体，转动 60°～90° 转角，拔出套规，若锥体上的红丹粉被均匀地擦去，则锥度合格，反之锥度不合格。

2. 样板检测

在批量生产中，为了提高检验效率，可制作专用角度样板进行角度检验，如图 2.8.4 所示。

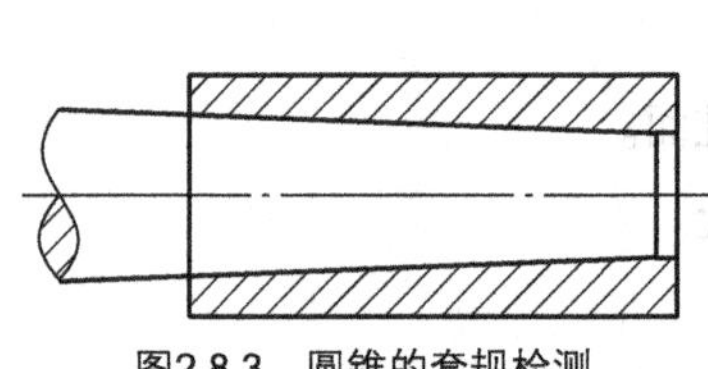

图2.8.3　圆锥的套规检测

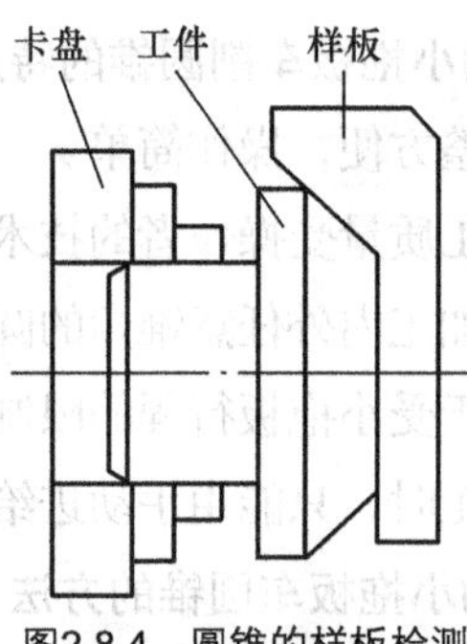

图2.8.4　圆锥的样板检测

任务 8.4　车削圆锥操作

（1）分析图纸（见图 2.8.5），确定加工工艺，准备刀具、量具。

（2）用三爪卡盘夹住棒料，伸出长度大约 75mm，找正夹紧。

（3）选取 45° 弯刀，开动车床，车削端面。选取 90° 外圆刀车削外圆直径至 $\phi38\pm0.1$mm，长度为 58mm，且在 45mm 处划线。

（4）选取 90° 外圆刀车削外圆直径至 $\phi32$mm，长度为 45mm，停车。

（5）用扳手调整小拖板角度，并检验校正小拖板的角度，控制在 1° 30′。

图2.8.5　锥体加工示意图

（6）摇动大拖板到合适位置，固定不动，开动车床，摇动中拖板，刀尖在工件右端蹭到工件表面后，转动小拖板手柄退刀至工件右端。

（7）转动中拖板进刀，进刀量1.5mm。转动小拖板手柄车削圆锥，到锥体的大端位置时，转动小拖板手柄退刀至工件右端，停车。用游标卡尺测量小端或用莫氏4号套规检查锥度，确定下一次的进刀量并根据需要调整小拖板的角度，反复手动操作，直到最后小端直径达到ϕ29.3mm，即切削完毕。

（8）在切削完毕之后，用莫氏4号套规再次检查锥体，确认无误后，选取45°弯刀，按照图纸进行直角倒钝。

（9）停车后换刀宽为4mm的切断刀，车床进行变速，在距工件右端54mm处切断，停车。

（10）将切下来的工件反过来装夹，换45°偏刀，选用适当的转速，通过车削端面来控制工件的总长53mm，根据图纸要求在有关部位进行倒角。退刀后停车。

训练结束后注意小拖板对齐，小刀架调正。

按照图2.8.5所示的图纸转动小拖板进行圆锥车削操作，注意工艺过程及安全事项。

成形面的车削加工

【学习目标】

1. 初步掌握圆球的车削步骤和车削方法；
2. 初步掌握简单的表面修光方法；
3. 初步掌握圆球的检测方法。

任务9.1　认识成形面

有些机械零件表面不是平直的，而是以曲线为母线，绕轴线旋转而成的，这类零件的表面称为成形面，也称为特形面，如圆球面、椭圆手柄等，如图2.9.1所示。

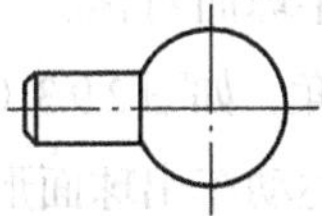

（a）圆球面

（b）三球手柄

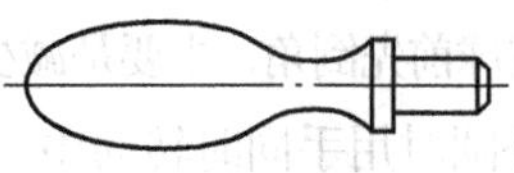

（c）椭圆手柄

图2.9.1　成形面零件

任务 9.2 了解成形面的加工方法

1. 双手控制法车特形面

在加工过程中，用双手同时摇动小拖板和中拖板（或床鞍和中拖板），通过双手的协调动作，使车刀的运动轨迹符合工件的表面曲线，从而车出所要求的特形面的方法，称为双手控制法（见图 2.9.2）。

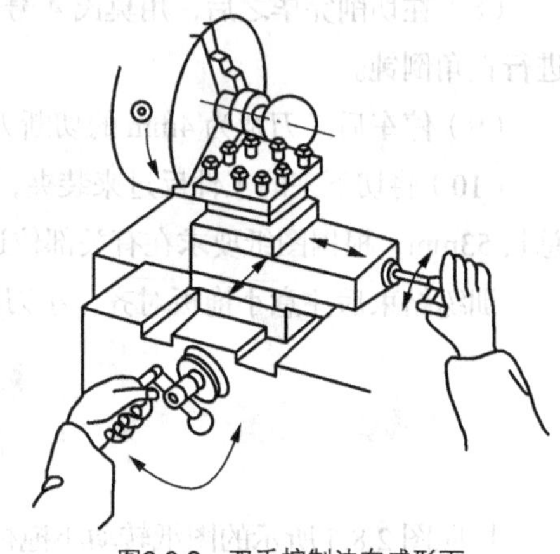

图2.9.2 双手控制法车成形面

2. 成形刀具法车特形面

成形刀具法车特形面是利用类似工件轮廓线的成形车刀车出所需工件的轮廓线。

3. 仿形法车特形面

用仿形法车特形面主要有靠板靠模、摆动靠模、横向靠模等几种方法。

这里主要讲述靠板靠模车特形面的方法：在床身的后面装靠模板，滚柱和拉杆与中拖板连接，将中拖板丝杆抽去。当床鞍作纵向运动时，滚柱沿着靠模的曲线槽移动，使车刀刀尖作相应的曲线运动，从而车出工件。

4. 数控法

按工件的轮廓编制加工程序，输入数控车床来加工特形面。

任务 9.3 双手控制法车单球手柄

1. 车削单球手柄

（1）应先按圆球直径 D 和柄部直径 d 车成两个外圆柱，留精车余量 0.2～0.3mm，再将圆球车削成形。

（2）在图 2.9.3（a）中，计算圆球部分长度 L；如图 2.9.3（b）所示，车好圆球的长度 L。计算公式为

$$L=\frac{1}{2}\left(D+\sqrt{D^2-d^2}\right)$$

式中：L——圆球部分长度，mm；

D——圆球直径，mm；

d——柄部直径，mm。

（3）准备车削单球的车刀。

（4）调整中、小拖板的镶条间隙，要求操作灵活，进退自如。

（5）确定圆球中心位置，并用车刀刻线痕，以保证车圆球时左、右半球面对称。

（6）车圆球前先倒角，主要是减少车圆球时的车削余量，用 45° 车刀倒角，如图 2.9.3（c）所示。

（7）车外圆时用手同时转动中、小拖板手柄，通过纵、横向的合成运动车出球面形状。

车削时的关键在于双手摇动手柄的速度要恰当，因为圆球的每一段圆弧的纵、横向进给速度都不一样，它是由操作者双手进给熟练程度来保证的。

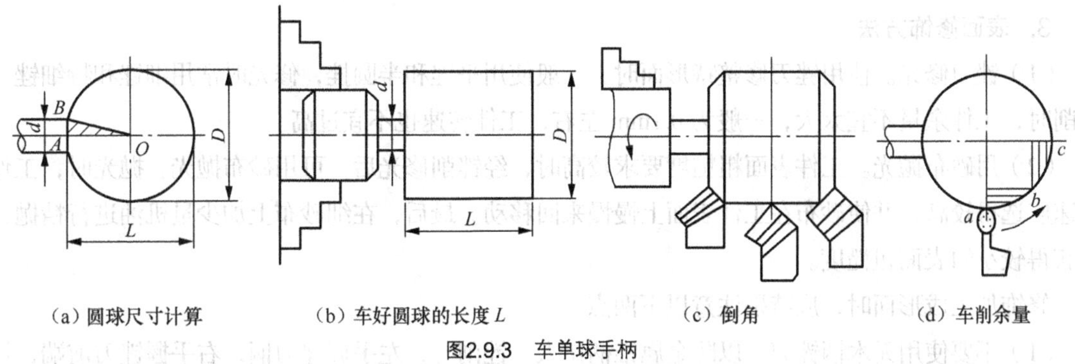

（a）圆球尺寸计算　（b）车好圆球的长度 L　（c）倒角　（d）车削余量

图2.9.3 车单球手柄

车削的方法是由中心向两边车削，先粗车成形后再精车，逐步将圆球面车圆整。

① 粗车右半球面。圆球车刀离圆球中心线痕为5～6mm，由中滑拖板进给，当主切削刃与工件外圆轻轻接触后，用双手同时移动中、小拖板。中拖板进给速度开始要慢，以后逐步加快，小拖板恰好相反，开始阶段要快些，以后再逐步减慢，双手动作必须配合协调才能将球面的形状车正确。车圆球切削速度应略高于车外圆，以利于表面光洁。

如图2.9.3（d）所示，粗车圆球用小圆头车刀从 a 点向右方向逐步把余量车去，并在 c 点处用切断刀修角，进刀的位置应一次比一次靠近中心线，最后一次在离中心线1～2mm处进刀，以保证精车的余量。在车削过程中必须经常用样板或目测检查，以便精车有足够的余量。

半球面用样板检查的方法，如图2.9.4所示。发现有凸头时，用粉笔做下记号，下一次车削时将凸头车掉。

② 粗车左半球面。粗车左半球面的方法与车右半球面的方法相同，但难度要比车右半球稍大，主要是柄部与球面连接处要轮廓清晰，可用矩形沟槽刀或切断刀车削，如图2.9.5所示。

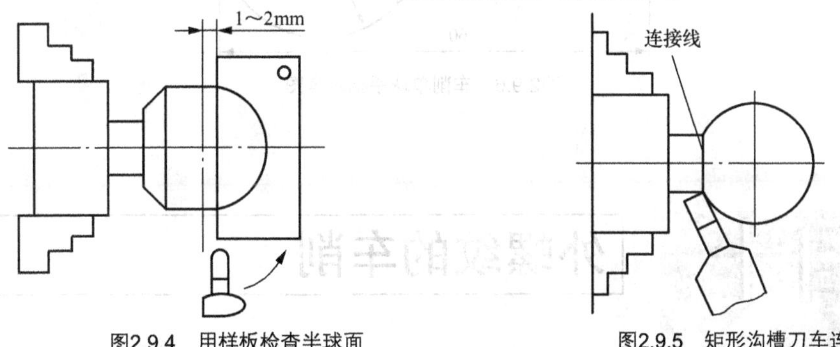

图2.9.4 用样板检查半球面　　图2.9.5 矩形沟槽刀车连接部分

③ 精车球面。这时应提高主轴转速，手动进给速度要均匀放慢，以减小球面粗糙度值。精车球面的方法与粗车相同，这时必须注意余量已经不多，中、小滑板进给量不能过大，防止球面有车不去的凹形痕迹。

2. 球面的测量和检验

（1）样板检验。观察样板与球面的间隙，对球面进行修整。

（2）套环检验。观察套环与球面的间隙，根据透光情况对球面进行修整。

（3）千分尺检验。千分尺的测头应过球面中心，并多次变换方向。

3. 表面修饰方法

（1）锉刀修光。使用锉刀修整特形面时，一般使用平锉和半圆挫，修光时常用细锉和特细锉。锉削时，工件余量不宜太大，一般为 0.1mm 左右，工件转速也不宜过高。

（2）用砂布抛光。工件表面粗糙度要求较高时，经锉削修光后，可用砂布抛光。抛光时，工件转速应选得较高，并使砂布在工件表面上慢慢来回移动。最后，在细砂布上加少量机油进行精抛，可获得较小的表面粗糙度。

修饰加工成形面时，应特别注意以下两点。

（1）不要使用无木柄锉刀，以防金属锥柄伤人。锉削时，左手握锉刀柄，右手握锉刀前端，用力适当，并注意避免手和锉刀与卡盘相碰。

（2）用砂布抛光时，不得将砂布缠在工件或手指上，应将砂布垫在锉刀下面或用手直接捏住砂布进行抛光。

课业练习

利用毛坯为ϕ35mm×70mm 的 45 钢棒料，按照图 2.9.6 所示的图纸采用双手控制法车单球手柄，注意工艺过程及安全事项。

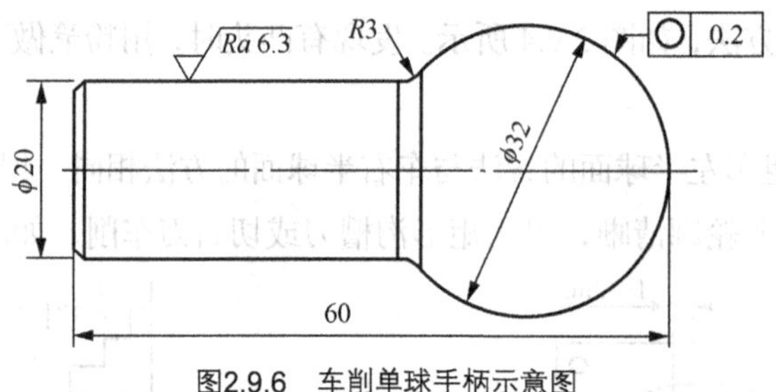

图2.9.6　车削单球手柄示意图

项目十　外螺纹的车削

【学习目标】

1. 了解三角形螺纹车刀的几何形状和角度要求；
2. 熟悉三角螺纹车刀刃磨方法和要求；
3. 学会查车床走刀箱的铭牌表，能根据不同螺距调整车床手柄位置和配换挂轮；
4. 初步掌握三角形外螺纹车削的基本方法。

任务 10.1　认识三角螺纹

1. 螺纹的形成

螺纹的形成起始于螺旋线。车削时，工件作等速旋转，车刀刀尖与工件外圆接触作匀速纵向移动，就会在工件的表面车出一条螺旋线，如图 2.10.1 所示。当车刀反复作纵向移动，同时不断增加切削深度，螺旋线就变成了螺旋槽，当车至规定尺寸后，就形成了螺纹。

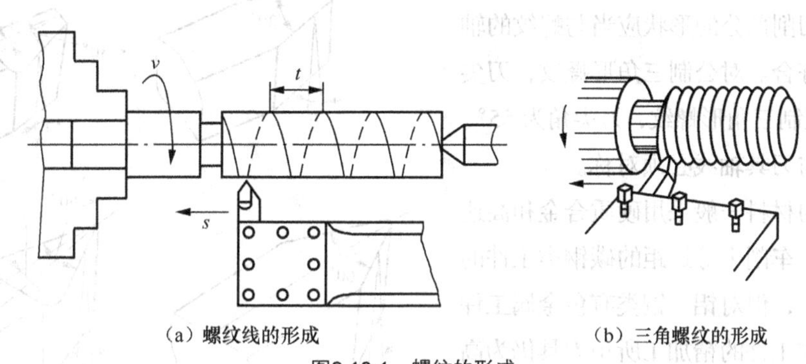

图2.10.1　螺纹的形成

2. 螺纹的类型及三角螺纹的主要参数

螺纹的种类很多，按螺纹标准可分为公制螺纹和英制螺纹；按牙型可分为三角螺纹、梯形螺纹、锯齿形螺纹、矩形（方牙）螺纹和管螺纹等。其中三角形螺纹又叫普通螺纹。

图 2.10.2 中标注了三角螺纹各部分的名称代号。

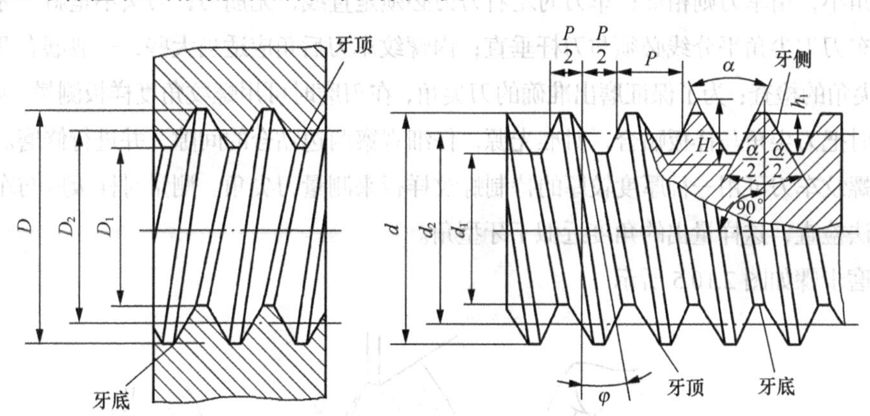

图2.10.2　三角螺纹各部分名称及代号

（1）牙型角（α）。公制螺纹牙型角为 60°，英制螺纹的牙型角为 55°。

（2）直径。

① 大径（D、d）：外螺纹牙顶直径或内螺纹牙底直径，也叫公称直径。外螺纹大径用 d 表示，内螺纹大径用 D 表示。

② 小径（D_1、d_1）：外螺纹牙底直径或内螺纹牙顶直径。外螺纹小径用 d_1 表示，内螺纹小径用 D_1 表示。

（3）螺距 P。螺纹相邻两牙对应两点间的轴向距离。

任务 10.2　刃磨三角螺纹车刀

1. 三角形螺纹车刀

如图 2.10.3 所示，螺纹车刀的结构形状与其他车刀一样，均由一些简单的几何形状和角度所构成，但螺纹车刀又具有它的特殊点。

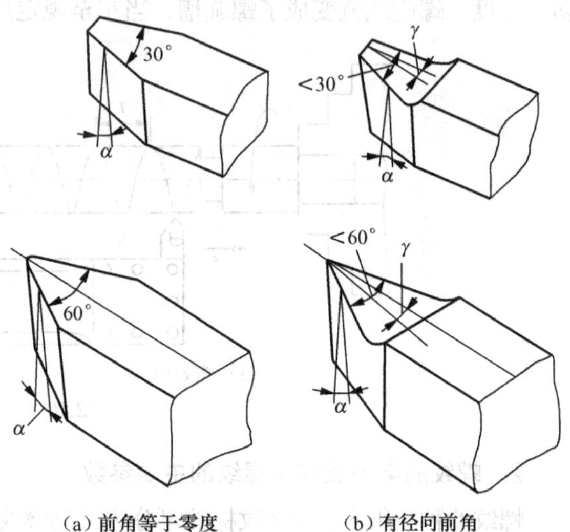

(a) 前角等于零度　(b) 有径向前角

图2.10.3　螺纹车刀

螺纹车刀切削部分的形状应当与螺纹的轴向断面形状相符合。对公制三角形螺纹，刀尖角为 60°；对英制三角形螺纹，刀尖角为 55°。同时，刀尖角与刀具轴线必须对称。

螺纹车刀的材料一般采用硬质合金和高速钢两种。目前，车削中等螺距的碳钢类工件的车刀为硬质合金，但对铝、铜类有色金属工件以及大螺距螺纹工件的精加工所用刀具仍为高速钢。

2. 三角形螺纹车刀的刃磨

（1）刃磨要求有以下几点：根据粗车、精车的要求，刃磨出合理的前角、后角，粗车刀前角大、后角小，精车刀则相反；车刀的左右刀刃必须是直线，无崩刃；刀头不歪斜，牙型半角相等；内螺纹车刀刀尖角平分线必须与刀杆垂直；内螺纹车刀后角应适当大些，一般磨有两个后角。

（2）刀尖角的检查：为了保证磨出准确的刀尖角，在刃磨时可用螺纹角度样板测量，如图 2.10.4 所示。测量时把刀尖角与样板贴合，对准光源，仔细观察两边贴合的间隙，并进行修磨。对于具有纵向前角的螺纹车刀可用一种厚度较厚的特制螺纹样板来测量刀尖角。测量时样板应与车刀底面平行，用远光法检查，这样量出的角度近似于牙型角。

（3）刃磨步骤如图 2.10.5 所示。

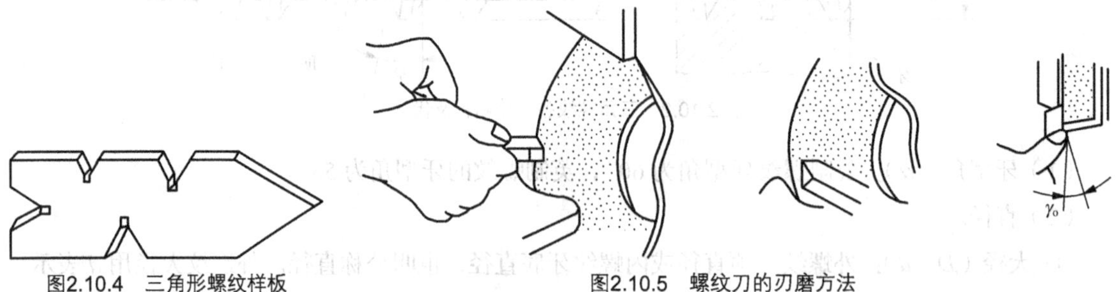

图2.10.4　三角形螺纹样板　　图2.10.5　螺纹刀的刃磨方法

① 粗磨后面。先磨左侧后面，双手紧握刀，使刀柄与砂轮外圆水平方向成 30°、垂直方向倾斜 8°～10°，慢慢靠近砂轮，当车刀与砂轮接触后略使劲加压，均匀移动进行磨削。然后磨右后面，

边磨边用磨刀样板检查，以至达到要求。

② 粗磨前面。刀前面与砂轮水平做 10°～15°的倾斜，同时使右侧切削刃略高左切削刃。慢慢靠近砂轮，当前面与砂轮接触后略使劲加力进行磨削。

③ 精磨。方法与粗磨相同，刀尖角用样板检查修正。

④ 刃磨刀尖。刀尖轻轻接触砂轮后做圆弧形摆动即可。车刀刀尖倒棱宽度一般为 0.1 × 螺距。

任务 10.3　车三角螺纹的准备工作

1. 三角形螺纹车刀的安装

（1）装夹车刀时，刀尖位置一般应对准工件中心。

（2）车刀刀尖的对称中心线必须与工件轴线垂直，装刀时可用样板来对刀（见图 2.10.6（a））。如果把车刀装歪就会产生如图 2.10.6（b）所示的牙型歪斜。

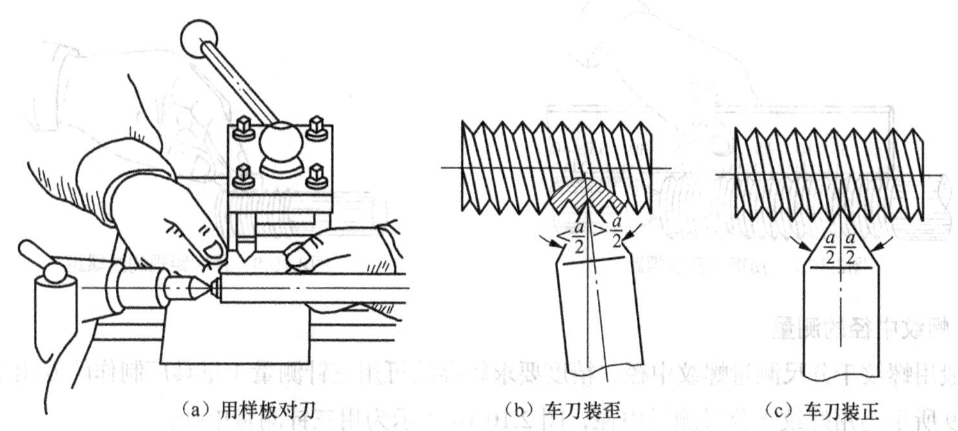

（a）用样板对刀　（b）车刀装歪　（c）车刀装正

图2.10.6　车削外螺纹时用样板安装车刀

（3）刀头伸出长度不要过长，一般是刀杆厚度的 1.5 倍。

2. 车床的调整

车削前可根据螺距 P、牙数/in、模数 m、径节 D_p，查进给量与螺距铭牌，确定不同类型螺纹在车床上的不同调整方法。

在车削螺纹时，其传动路线与一般加工时的传动线路是不同的。

在一般加工中，其传动线路为“电动机→主轴箱→交换齿轮箱→进给箱→光杆→溜板箱→刀架”。

在车削螺纹时，主轴与刀架之间必须保证严格的运动关系，即主轴带动工件转动 1 周，刀具应移动被加工螺纹的 1 个导程。为了保证这种传动关系，采用了“电动机→主轴箱→交换齿轮箱→进给箱→丝杠→开合螺母→溜板箱→刀架”的传动路线。

在车削螺纹前，一般可按如下步骤进行调整。

（1）从图样或相关资料中查出所需加工螺纹的导程，并在车床进给箱上表面的铭牌上找到相应的导程，读取相应的交换齿轮的齿数和手柄位置。

（2）根据铭牌上标注的交换齿轮的齿数和手柄位置，进行交换和调整。

（3）在车削螺纹时，合上开合螺母。

任务 10.3　检测螺纹

螺纹的测量主要包括测大径、测螺距、测中径和综合测量。

1. 螺纹大径的测量

螺纹大径的公差较大，一般可用游标卡尺或千分尺测量即可。

2. 螺距的测量

螺距一般可用钢尺测量（见图 2.10.7）。螺距较小的，可测量 10 个螺距的长度，然后求平均值即可得到一个螺距的尺寸；螺距较大的，则可测量 2～5 个螺距长度，然后求平均值。细牙螺纹螺距较小，可用螺纹牙规来测量，如图 2.10.8 所示。

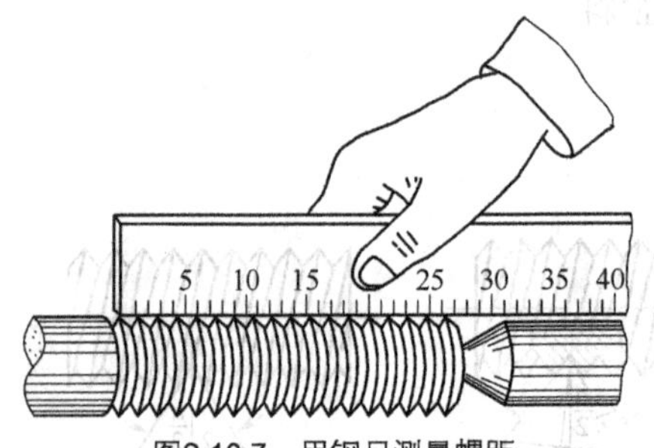

图2.10.7　用钢尺测量螺距

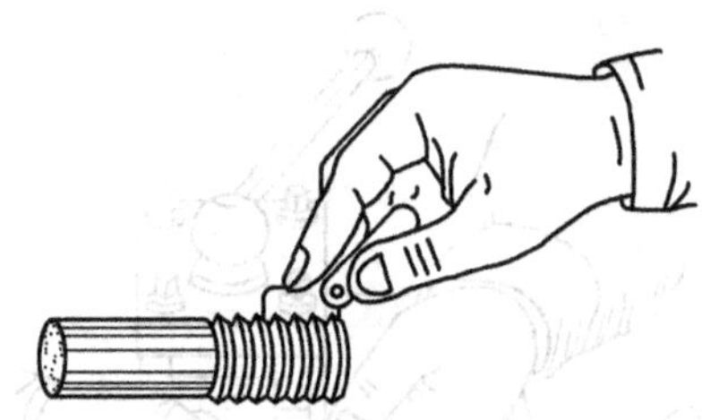

图2.10.8　用螺距规测量螺距

3. 螺纹中径的测量

一般用螺纹千分尺测量螺纹中径。精度要求较高的可用三针测量（量具厂制作的专用量具）。图 2.10.9 所示为用螺纹千分尺测量中径，图 2.10.10 所示为用三针测量中径。

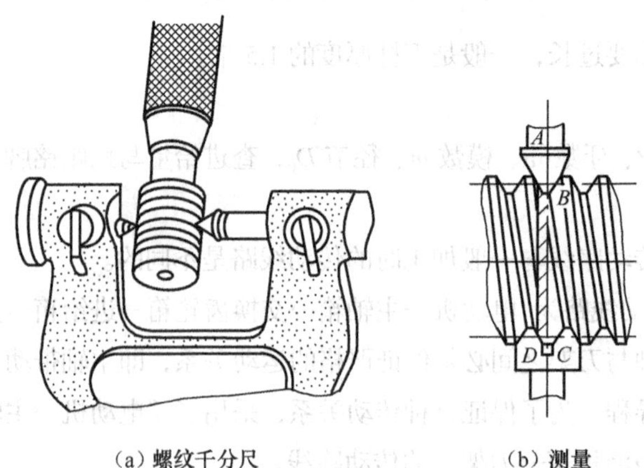

（a）螺纹千分尺　（b）测量

图2.10.9　螺纹千分尺测量中径

4. 综合测量

螺纹的综合测量可使用螺纹环规和塞规。螺纹环规用来测量外螺纹的尺寸精度；塞规用来测量内螺纹的尺寸精度。使用时不应硬拧量规，以免量规严重磨损。螺纹环规分通规和止规。先检查螺纹的直径、螺距、牙型和粗糙度，再检查尺寸精度。当通规能通过而止规不能通过时，说明精度符合要求。螺纹精度要求不高时，也可用标准螺母检查，以拧上工件时的松紧程度来确定。图 2.10.11 所示为用螺纹环视检查外螺纹过程，图 2.10.12 所示为用螺纹塞规检查内螺纹过程。

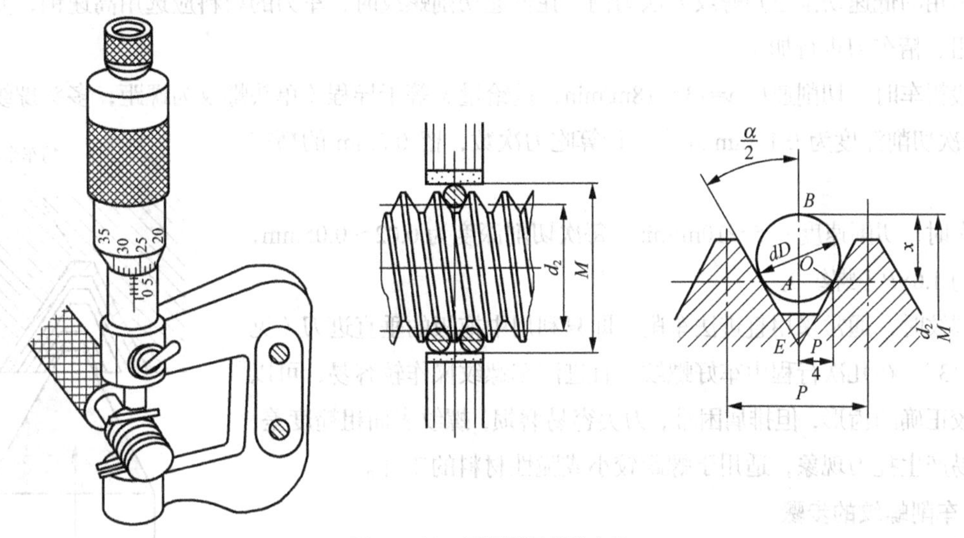

图2.10.10　三针测量螺纹中径

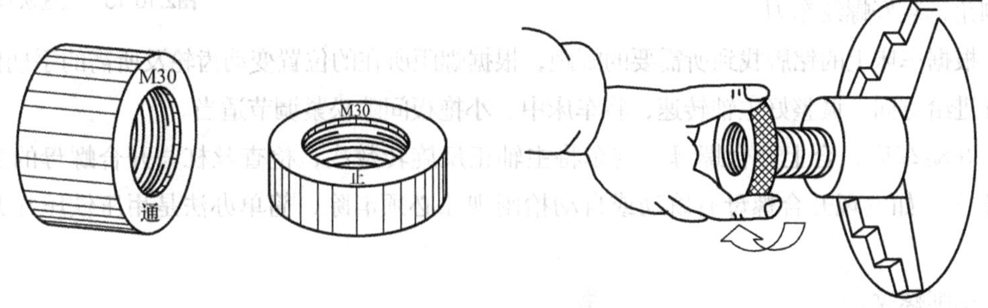

图2.10.11　螺纹环规检测外螺纹

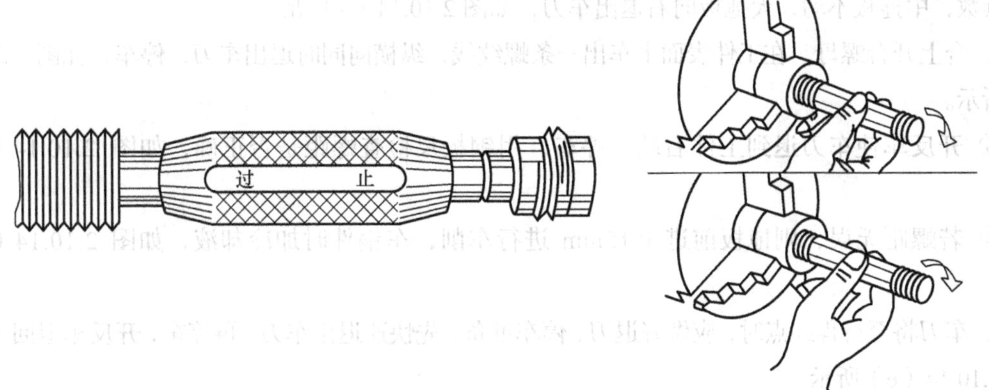

图2.10.12　螺纹塞规检测内螺纹

任务 10.4　车削三角螺纹

1. 螺纹的车削方法

以常用的低速切削三角螺纹方法为例。在低速切削螺纹时，车刀的材料应选用高速钢，并把车刀分为粗、精车刀进行加工。

一般粗车时，切削速度 v=13～18m/min，进给量 s 等于导程（单头螺纹为螺距，多头螺纹为导程），每次切削深度为 0.15mm 左右，计算吃刀次数，留 0.2mm 的精车余量。

精车时，切削速度 v=5～10m/min，每次切削深度为 0.02～0.05mm，总切深为 1.08P（螺纹）。

车螺纹时，通常采用直进法车削，即只利用中拖板的垂直进刀（见图 2.10.13），在几次行程中车好螺纹。直进法车螺纹操作较容易，可以得到比较正确的齿形，但排屑困难，刀尖容易磨损，螺纹表面粗糙度差，并且容易产生扎刀现象，适用于螺距较小或脆性材料的工件。

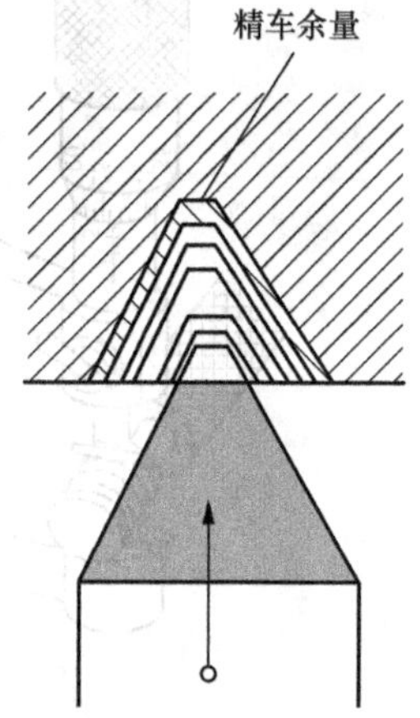

图2.10.13　直进法车削螺纹

2. 车削螺纹的步骤

（1）根据要求车削螺纹大径，在所需螺纹长度处车一道退刀槽，螺纹头部倒角，装好螺纹车刀。

（2）根据车床上的铭牌找到所需要的螺距，根据螺距所在的位置变动齿轮及所需的手柄位置，以及丝杠进给方向。调整好主轴转速，将车床中、小拖板间隙松紧调节适当。

（3）开动车床，合上开合螺母，空车将主轴正反旋转数次，检查丝杠与开合螺母的工作状态是否正常。如发现开合螺母有跳动或自动抬闸现象必须消除，简单办法是用压铁压在开合螺母上。

（4）车削螺纹。

① 根据工件螺距调整车床各手柄的正确位置然后开车，使车刀与工件轻微接触，记下中拖板刻度盘读数，中拖板不动，大拖板向右退出车刀，如图 2.10.14（a）所示。

② 合上开合螺母，在工件表面上车出一条螺纹线，纵横向同时退出车刀，停车，如图 2.10.14（b）所示。

③ 开反车使车刀退到工件右端，停车，用钢板尺检查螺距是否正确，如图 2.10.14（c）所示。

④ 若螺距无误，则拖板前进 0.15mm 进行车削，车钢件时加冷却液，如图 2.10.14（d）所示。

⑤ 车刀将至行程终点时，应做好退刀、停车准备，先快速退出车刀，再停车，开反车退回刀架，如图 2.10.14（e）所示。

⑥ 再次横向进给，继续切削，循环路线，如图 2.10.14（f）所示。

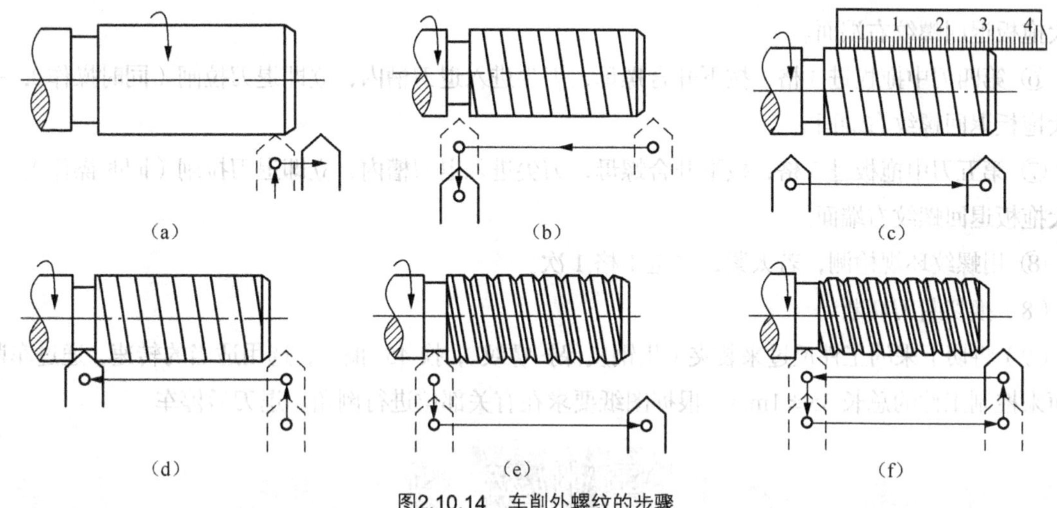

图2.10.14　车削外螺纹的步骤

任务 10.5　综合操作

（1）分析图纸（见图 2.10.15），确定加工工艺，准备刀具、量具。

（2）用三爪卡盘夹住棒料，伸出长度大约 60mm，找正夹紧。

（3）选取 45° 弯刀，开动车床，车削端面。选取 90° 外圆刀在距右端面 40mm 处划线，车削外圆直径至 $\phi28\pm0.1$mm，长度为 40mm，且在距右端面 25mm 处划线。

（4）选取 90° 外圆刀车削外圆直径至 $\phi24_{-0.3}^{+0}$ mm，长度为 25mm，停车。

（5）换切断刀在距右端面 20mm 处车退刀槽，宽 5mm，深 1.5mm，停车。

（6）在相关部位按图纸要求进行倒角。

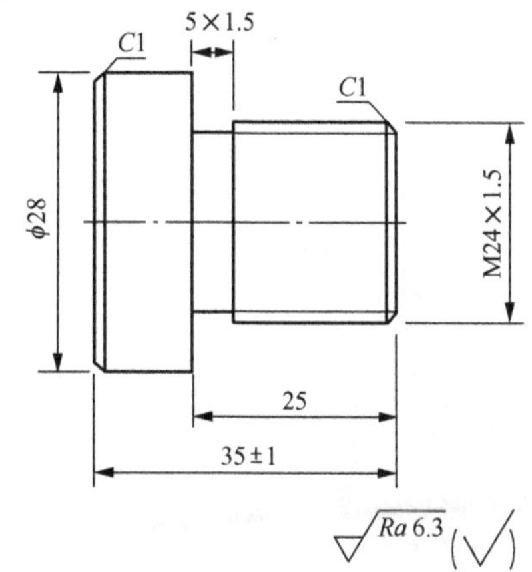

图2.10.15　螺纹柱加工示意图

（7）选取 60° 螺纹刀，车削螺纹。根据车床走刀箱铭牌中规定的数据变换手柄位置。对刀后，中拖板进 10 格 1 次，进 5 格 2 次，进 3 格 2 次。用螺纹环规检测，若太紧，再进 1 格 1 次。具体操作如下。

① 结合 J1C6132 车床，根据螺距为 1.5mm 调整手柄：走刀箱手柄位置调整为[Ⅱ，5]；丝光杆交换手柄放在丝杆处；机动进给手柄放在中间。

② 按下开合螺母，试车，无误后采用拉闸法车削螺纹。

③ 对刀后，第一刀中拖板进 10 格，按下开合螺母，刀尖进入退刀槽内，立即退刀拉闸（同时操作），手摇大拖板退回螺纹右端面。

④ 第二刀中拖板进 5 格，按下开合螺母，刀尖进入退刀槽内，立即退刀拉闸（同时操作），手摇大拖板退回螺纹右端面。

⑤ 第三刀中拖板进 5 格，按下开合螺母，刀尖进入退刀槽内，立即退刀拉闸（同时操作），手

摇大拖板退回螺纹右端面。

⑥ 第四刀中拖板进 3 格，按下开合螺母，刀尖进入退刀槽内，立即退刀拉闸（同时操作），手摇大拖板退回螺纹右端面。

⑦ 第五刀中拖板进 3 格，按下开合螺母，刀尖进入退刀槽内，立即退刀拉闸（同时操作），手摇大拖板退回螺纹右端面。

⑧ 用螺纹环规检测，若太紧，再进 1 格 1 次。

（8）换切断刀切断。

（9）将切下来的工件反过来装夹（用铜皮保护螺纹），换 45° 偏刀，选用适当的转速，通过车削端面来控制工件的总长 35 ± 1mm，根据图纸要求在有关部位进行倒角。退刀后停车。

课业练习

利用毛坯为ϕ30mm×50mm 的 45 号钢棒料，按照图 2.10.15 所示的图纸车削三角螺纹，注意工艺过程及安全事项。

Chapter 3

模块三

| 钳工操作训练 |

项目一 钳工入门知识

【学习目标】

1. 了解钳工工作内容；
2. 熟悉钳工实训场地设备；
3. 熟悉钳工操作中常用的工具及量具；
4. 了解钳工实训场地的安全文明生产要求。

任务 1.1 钳工的主要工作任务

钳工是使用钳工工具或设备，按技术要求对工件进行加工、修整、装配的一种加工方法。其特点是手工操作多，灵活性强，工作范围广，技术要求高，且操作者本身的技能水平直接影响加工质量。钳工的基本操作技能包括划线、錾削、锯割、锉削、钻孔、扩孔、铰孔、锪孔、攻螺纹、套螺纹、刮削、研磨以及对部件、机器进行装配与维修。

任务 1.2 钳工实训场地常用设备

1. 钳工工作台

钳工工作台（见图 3.1.1）也称钳工台或钳桌、钳台，多由铸铁和坚实的木材制成，要求平稳牢

固，台面高度为 800～900mm，并装有防护网。钳工工作台的主要作用是用来安装台虎钳和存放钳工常用的工具和量具。

2. 台虎钳

台虎钳是用来夹持工件的设备，其规格用钳口的宽度来表示，常用有 100mm、125mm 和 150mm 三种规格。

台虎钳有固定式和回转式两种。两者的主要结构和工作原理基本相同，其不同点是回转式台虎钳比固定式多了一个底座（见图 3.1.2），工作时钳身可在底座上回转，因此使用方便。应用范围广，可满足多个方位的加工需要。

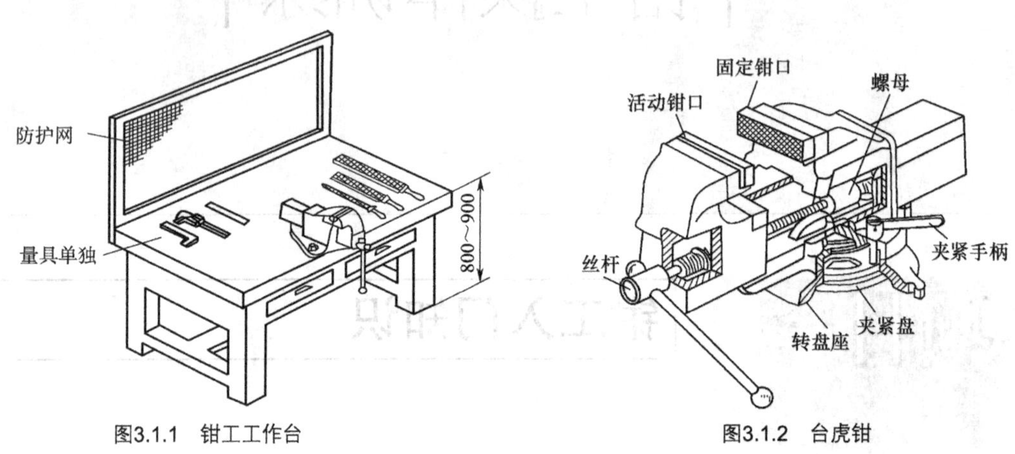

图3.1.1 钳工工作台

图3.1.2 台虎钳

3. 砂轮机

砂轮机是用来刃磨各种刀具、工具的常用设备，由电动机、砂轮机座、托架、防护罩等部分组成，如图 3.1.3 所示。

砂轮机较脆，转速又很高，使用时应严格遵守以下安全操作规程。

（1）工作时应穿工作服，不能带手套，应戴防护眼镜。

（2）应正确安装和紧固砂轮。新砂轮应用响声检验法检查砂轮是否有裂纹，并校核砂轮圆周速度不超过安全圆周速度。

（3）砂轮机的旋转方向要正确，只能使磨屑向下飞离砂轮。

（4）为防止砂轮破碎时碎片飞出伤人，砂轮需安装防护罩。磨削前确定砂轮旋转平稳后再进行磨削。

（5）砂轮机托架和砂轮之间的距离应保持在 3mm 以内，以防工件扎入造成事故。

（6）磨削时应站在砂轮机的侧面，且用力不宜过大。

（7）注意安全用电，发现电气故障应请电工检查修理。

4. 台式钻床

台式钻床简称台钻，主要用来对工件进行圆孔的加工，其结构简单、操作方便，常用于钻、扩直径 12mm 以下的孔。台式钻床的主要结构如图 3.1.4 所示。

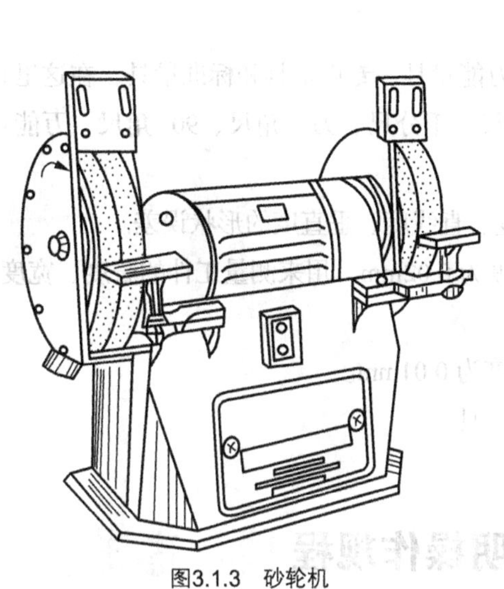
图3.1.3　砂轮机

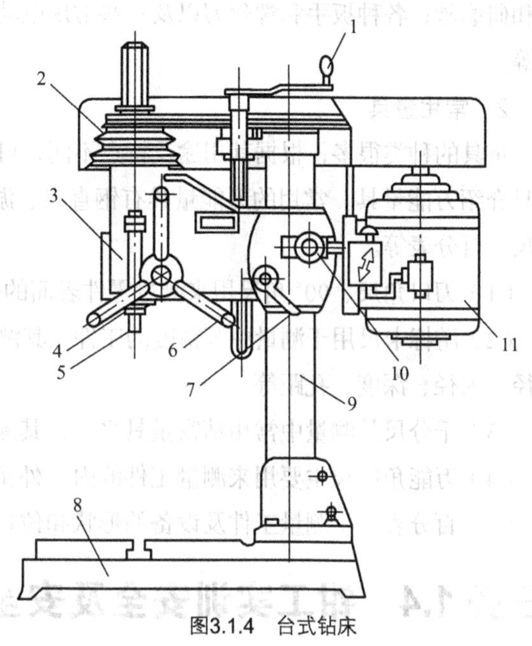

图3.1.4　台式钻床

1—机头升降手柄；2—V带轮；3—头架；4—锁紧螺母；5—主轴；
6—进给手柄；7—锁紧手柄；8—底座；9—立柱；
10—紧固螺钉；11—电动机

台钻在工作时转速较高，使用时应严格遵守以下操作规程。

（1）操作台钻时不可带手套，袖口必须扎紧，戴工作帽及防护眼镜。

（2）工件必须夹紧，特别在小工件上钻较大直径的孔时装夹必须牢固，孔要钻穿时，要尽量减少进给力。

（3）开动台钻前，应检查是否有钻夹头钥匙或楔铁插在钻轴上。

（4）钻孔时不可用手和棉纱或用嘴吹来清除切屑，必须用毛刷清除，钻出长条切屑时，要用钩子钩断后除去。

（5）操作者的头部不准与旋转着的主轴靠得太近，停车时应让主轴自然停止，不可用手刹住，也不能反转制动。

（6）严禁在开车状态下装拆工件。检验工件和变换主轴转速，必须在停车状态下进行。

（7）清洁台钻或加注润滑油时，必须切断电源。

任务 1.3　钳工操作中常用的工具与量具

1. 常用工具

常用的划线工具有划线用的划针、钢直尺、划线平台、划线盘、高度游标卡尺、划规和样冲等；錾削用的手锤和各种錾子；锉削用的各种锉刀；锯割用的锯弓和锯条；孔加工用的麻花钻以及攻螺纹和套螺纹用的各种丝锥、铰杠及板牙、板牙架；刮削用的平面刮刀和曲面刮刀；研磨用的研磨工

具和研磨砂；各种扳手和螺丝刀以及一些常用电动工具，如手电钻、手砂轮、电动扳手、电动螺丝刀等。

2. 常用量具

量具的种类很多，根据其用途及特点不同，可分为万能量具、专用量具和标准量具，在这里我们只介绍万能量具。常用的万能量具有钢直尺、游标卡尺、千分尺、刀口角尺、90° 角尺、万能角度尺、百分表等。

（1）刀口角尺、90° 角尺用来测量零件表面的平面度、直线度、垂直度的形状误差。

（2）游标卡尺用于测量中等精度的工件，其测量精度为 0.02mm，用来测量工件的长度、宽度、外径、内径、深度、孔距等。

（3）千分尺是测量中常用精密量具之一，其测量精度为 0.01mm。

（4）万能角度尺主要用来测量工件的内、外角度的量具。

（5）百分表用于测量工件及设备的形状和位置偏差。

任务 1.4　钳工实训安全及安全文明操作规程

（1）设备的布局：钳台要放在便于工作和光线适宜的地方；台钻和砂轮机一般安排在场地的边沿，以保证安全。

（2）实训前应按照要求提前穿戴好防护用品。

（3）使用的台钻、砂轮机要经常检查，发现异常及时上报修理，未修复前不得使用。

（4）使用电动工具时，要有绝缘防护和安全接地措施。使用台钻及砂轮机时要遵守安全操作规程。清除铁屑要用刷子，不能直接用手清除或用嘴吹。

（5）工具量具应整齐摆放于工作台上，各自排列整齐，且不能使其伸到钳台边以外，量具不能与工具混放在一起，应放在量具盒内；工量具用完后应整齐地放入工具箱内，不应任意堆放，以防损坏和取用不当。

结合相关工艺知识熟悉以下基本操作。

1. 利用台虎钳进行工件夹紧、松开及回转盘的转动及台虎钳的日常保养操作。
2. 对工具、量具进行摆放练习。
3. 调整砂轮机托架与砂轮的距离，进行简单的磨削练习。
4. 对台钻进行主轴的调速练习，练习手动进给，进行工作台升、降及固定练习。

项目二　平面划线

【学习目标】

1. 明确划线的作用；
2. 正确使用平面划线工具；
3. 掌握划线前的各项准备工作；
4. 掌握一般的平面划线方法；
5. 划线操作应达到线条清晰、粗细均匀、尺寸准确。

任务 2.1　划线相关工艺知识

根据图样和技术要求，在毛坯或半成品上用划线工具划出加工界线，或划出作为基准的点、线的操作过程称为划线。划线有平面划线和立体划线两种。只需要在工件一个表面上划线后即能明确表示加工界线的称为平面划线；需要在工件几个互成不同角度（一般是互相垂直）的表面上划线，才能明确表示加工界线的称为立体划线。

对划线的基本要求是线条清晰均匀，定形、定位尺寸准确。由于划线有一定的宽度，一般要求划线精度达到 0.25～0.5mm。应当注意，工件的加工精度不能完全由划线确定，而应该在加工过程中通过测量来保证。

划线的作用主要有以下几点。

（1）确定工件的加工余量，使加工有明显的尺寸界限。

（2）为便于复杂工件在机床上的装夹，可按划线位置找正定位。

（3）及时发现和处理不合格的毛坯。

（4）当毛坯误差不大时，可通过借料划线的方法进行补救，提高毛坯的合格率。

任务 2.2　划线工具及其使用方法

1. 划线平台

划线平台（见图 3.2.1）又称划线平板，它是由铸铁毛坯经精刨或刮削制成。其作用是用来安放工件和划线工具，并在平台上完成划线过程。

平台工作表面应保持清洁；工件和工具在平台上都要轻拿、轻放，不可损伤其工作面；用完后要擦拭干净，并涂上机油防锈。

2. 划针

划针如图 3.2.2 所示，它是直接在毛坯或工件上划线的工具。由弹簧钢丝或高速钢制成，直径一般为ϕ3～5mm，尖端磨成 15°～20°的尖角，并经淬火处理以提高其硬度和耐磨性。有的划针在尖端部位焊有硬质合金，耐磨性更好。

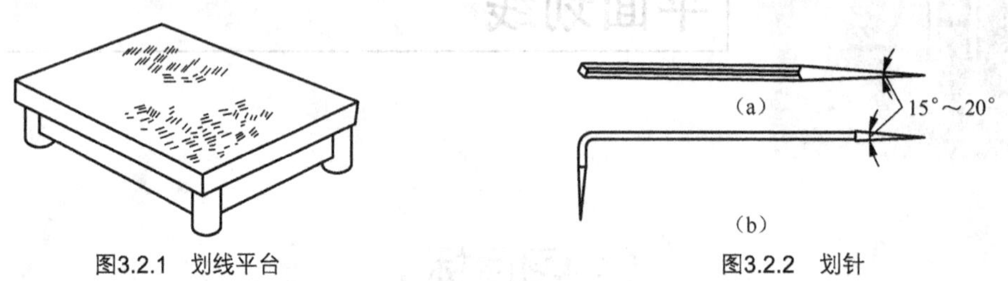

图3.2.1 划线平台　　图3.2.2 划针

划线时针尖要紧靠导向工具的边缘，上部向外侧倾斜 15°～20°，向划线移动方向倾斜 45°～75°（见图 3.2.3）；针尖要保持尖锐，划线要尽量一次划成，使划出的线条既清晰又准确；不用时，划针不能插在衣袋中，最好套上塑料管不使针尖外露。

3. 划规

划规如图 3.2.4 所示，是用来划圆和圆弧、等分线段、等分角度和量取尺寸的工具。

划规两脚长度要磨得稍有不等，且两脚合拢时脚尖能靠紧；划规的脚尖应保持尖锐，以保证划出的线条清晰；用划规划线时，作为旋转中心的一脚应加较大的压力，以防中心滑动。

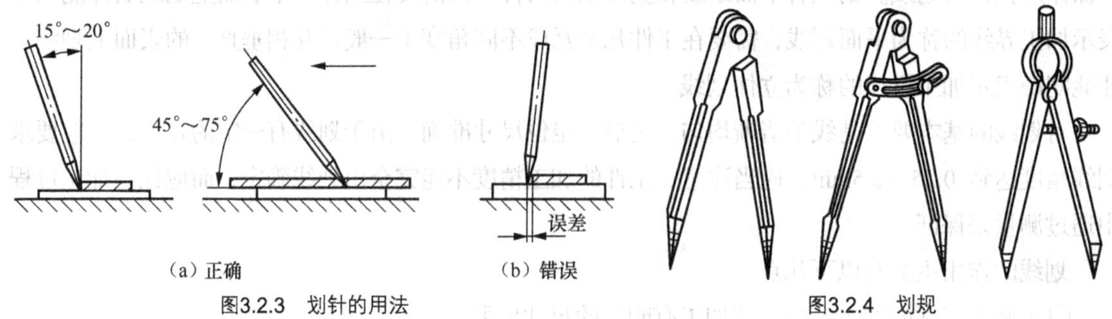

图3.2.3 划针的用法　　图3.2.4 划规

4. 划线盘

划线盘如图 3.2.5 所示，它是直接划线或找正工件位置的工具。一般情况下，划针的直头端用来划线，弯头端用来找正工件。

使用划线盘划线时，划针应尽量处于水平位置，伸出部分尽量短些，并要牢固地夹紧；划线盘移动时，底座底面始终要与划线平台平面紧贴，无摇晃或跳动；划针与工件划线表面之间应保持夹角 40°～60°（沿划线方向），以减小划线阻力和防止针尖扎入工件表面；划线盘用完后应使划针处于直立状态，保证安全和减少所占的空间。

5. 高度游标卡尺

高度游标卡尺如图 3.2.6 所示，它是比较精密的量具及划线工具，既可以用来测量高度，又可以直接用来划线。

高度游标卡尺的读数精度为 0.02mm，用于半成品的划线，不能用于毛坯划线，使用中要注意防止碰坏硬质合金划线脚。

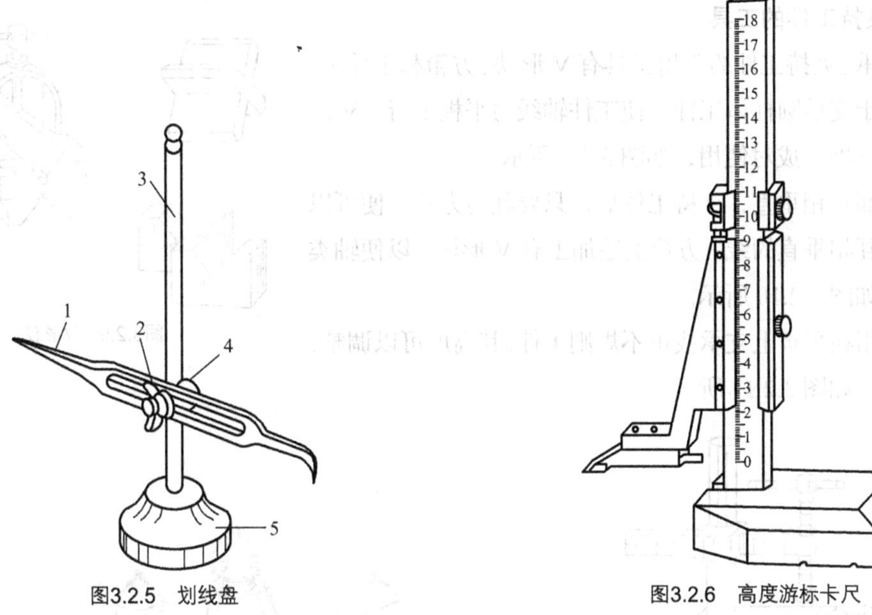

图3.2.5　划线盘

1—划针；2—锁紧螺母；3—立柱；4—升降块；5—底座

图3.2.6　高度游标卡尺

6. 90°角尺

90°角尺如图 3.2.7 所示，它是钳工常用测量直角的量具，两条直角尺边具有较精准的 90°角尺。它除可用来检查工件的垂直度以外，还可以用作划平行线和垂直线的导向工具，在立体划线中还可以用来找正工件平面在划线平台上的垂直位置。

7. 样冲

用于在工件所划加工线条上打样冲眼（冲点），作加强界限标志（称检验样冲眼）和作划圆弧或钻孔时的定位中心（称中心样冲眼）。一般用工具钢制成，尖端处淬硬，其顶尖角度在用于加强界限标记时大约为 40°，用于钻孔定中心时约取 60°。

冲点方法：先将样冲外倾斜使尖端对准线的正中，然后再将样冲立直冲点，如图 3.2.8 所示。

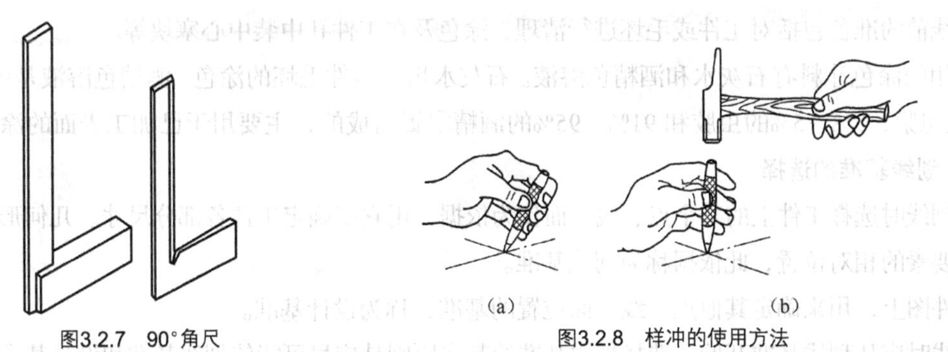

图3.2.7　90°角尺

图3.2.8　样冲的使用方法

冲点位置要准确，不可偏离线条。在曲线上冲点距离要小些；在直线上冲点距离可大些，但短直线至少有 3 个冲点；在线条的交叉转折处必须冲点。冲点的深浅要适当，在薄壁上或光滑表面上冲点要浅，在粗糙表面上要深些。

8. 支承夹持工件的工具

划线时支承、夹持工件的常用工具有V形铁、方箱和千斤顶。

V形铁用于支承圆柱体工件，使工件轴线与平板平行。V形铁一般是两块一副，成对使用，如图3.2.9所示。

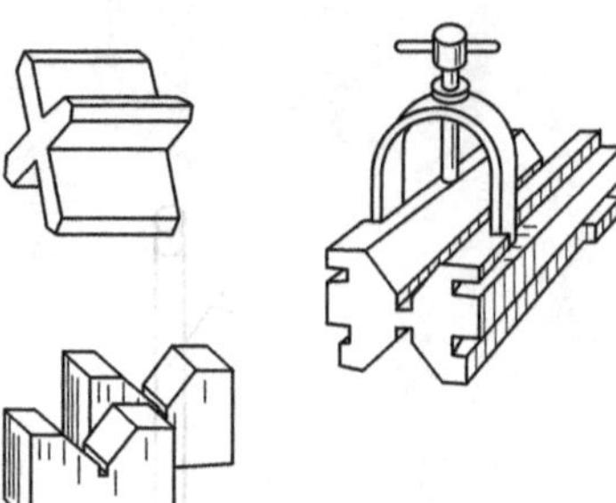
图3.2.9 V形铁

方箱6个面互相垂直，夹持工件后，只要翻转方箱，便可以在工件上划出互相垂直的线。方箱上还加工有V形槽，以便轴类零件的定位，如图3.2.10所示。

千斤顶是用在平板上支承找正不规则工件，其高度可以调整，通常3个一组，如图3.2.11所示。

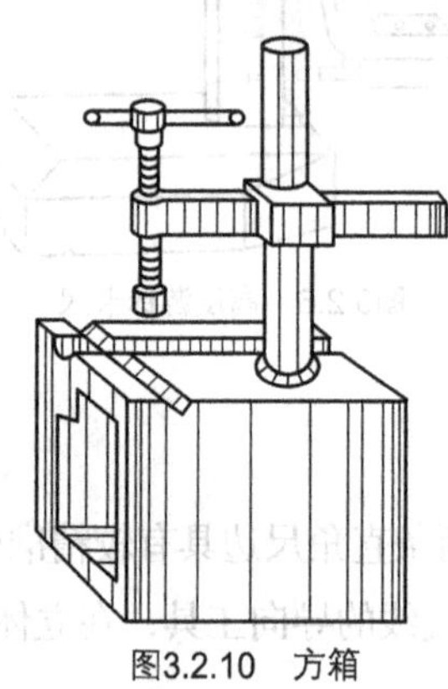
图3.2.10 方箱

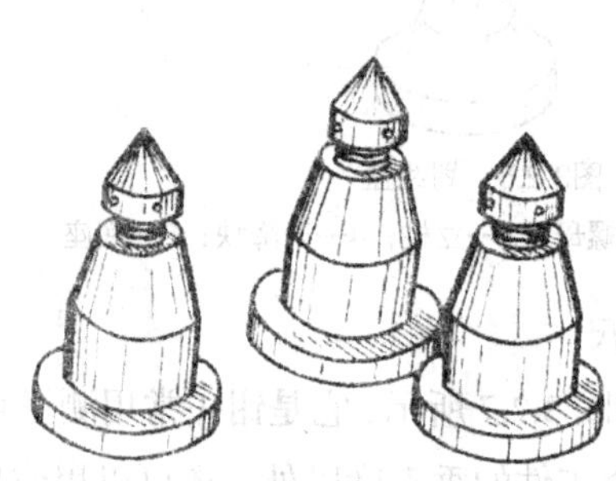
图3.2.11 千斤顶

任务2.3 划线前的准备工作

划线前，首先要看懂图纸和工艺要求，明确划线任务，检验毛坯和工件是否合格，然后对划线部位进行清理、涂色，确定划线基准，选择划线工具进行划线。

1. 划线前的准备

划线前的准备包括对工件或毛坯进行清理、涂色及在工件孔中装中心塞块等。

常用的涂色涂料有石灰水和酒精色溶液。石灰水用于铸件毛坯的涂色。酒精色溶液是由2%～5%的龙胆紫、3%～5%的虫胶和91%～95%的酒精配置而成的，主要用于已加工表面的涂色。

2. 划线基准的选择

在划线时选择工件上的某个点、线、面作为依据，用它来确定工件各部分尺寸、几何形状及工件上各要素的相对位置，此依据称为划线基准。

零件图上，用来确定其他点、线、面位置的基准，称为设计基准。

划线时应从划线基准开始。选择划线基准的基本原则是应尽可能使划线基准和设计基准重合。这样能够直接量取划线尺寸，简化尺寸换算过程。

划线基准一般可根据以下3种类型选择。

（1）以两个互相垂直的平面（或直线）为基准，如图3.2.12（a）所示。该工件有互相垂直的两个方向的尺寸，每一个方向上的尺寸都是依据外平面（在图样中是一条直线）来确定的，这两个平面就是每一个方向上的划线基准。

（2）以两条互相垂直的中心线为基准，如图 3.2.12（b）所示。该工件两个方向上的尺寸与其中心线对称，其他尺寸也以中心线标注，这两条中心线分别是两个方向上的划线基准。

（3）以一个平面和一条中心线为基准，如图 3.2.12（c）所示。该工件高度方向的尺寸以底面为依据，底面是高度方向的划线基准，宽度方向的尺寸以中心线为对称中心，所以中心线就是宽度方向的划线基准。

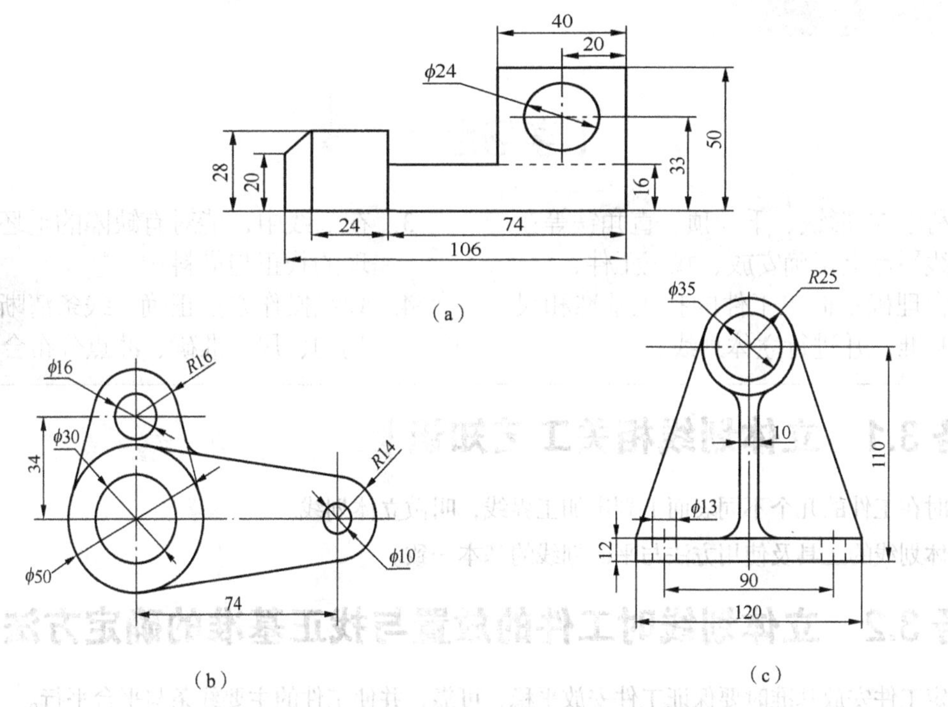

图3.2.12　划线基准的类型

划线时在零件的每一个方向上都需要选择一个基准，平面划线时一般选择两个划线基准，立体划线一般选择 3 个划线基准。

3. 划线前的找正和借料

（1）找正就是利用划线工具，通过调节支承工具，使工件有关的毛坯表面都处于合适的位置。

（2）借料就是通过试划和调整，使各加工表面的余量互相借用，合理分配，从而保证各加工表面都有足够的加工余量，而使误差和缺陷在加工后排除。

结合相关工艺知识，熟悉以下操作。

1. 使用各种划线工具。

2. 基本线条（平行线、垂直线、角度线、圆弧线、等分圆周）的划法练习。

3. 平面样板划线练习。

项目三 立体划线

【学习目标】

1. 能利用 V 形铁、千斤顶、直角铁等在划线平台上正确安放、找正工件；
2. 能合理确定简单工件的找正基准和尺寸基准，并进行立体划线；
3. 在划线中，能对有缺陷的毛坯进行合理的找正与借料；
4. 划线操作方法正确、线条清晰、粗细均匀、尺寸准确、冲点分布合理。

任务 3.1 立体划线相关工艺知识

同时在工件的几个不同表面上划出加工界线，叫做立体划线。

立体划线的工具及使用方法与平面划线的基本一致。

任务 3.2 立体划线时工件的放置与找正基准的确定方法

确定工件安放基准时要保证工件安放平稳、可靠，并使工件的主要线条与平台平行。

为使工件在平台上处于正确位置，必须确定好找正基准。一般的选择原则如下。

（1）选择工件上与加工部位有关而且比较直观的面（如凸台、对称中心和非加工的自由表面等）作为找正基准，使非加工面与加工表面之间厚度均匀，并使其形状误差反映在次要部位或不显著的部位。

（2）选择有装配关系的非加工部位作为找正基准，以保证工件经划线和加工后能顺利进行装配。

（3）在多数情况下，还必须有一个与划线平台垂直或倾斜的找正基准，以保证该位置上的非加工面与加工面之间的厚度均匀。

任务 3.3 立体划线步骤的确定

划线前，必须先确定各个划线表面的先后顺序及各位置的尺寸基准线。尺寸基准的选择原则如下。

（1）应与设计基准（图样基准）一致，以便能直接量取划线尺寸，避免因尺寸间的换算而增加划线误差。

（2）以精度高且加工余量少的型面作为尺寸基准，以保证主要型面的顺利加工和便于安排其他型面的加工位置。

（3）当毛坯在尺寸、形状和位置上存在误差和缺陷时，可将所选尺寸基准位置进行必要的调整（划线借料），使各加工面都有必要的加工余量，并使其误差和缺陷在加工后排除。

任务 3.4　立体划线安全措施

（1）工件应在支承处打好样冲点，使工件稳固地放在支撑上，防止倾倒。对较大工件，应加附加支撑，使安放稳定可靠。

（2）在对较大工件划线，必须使用吊车吊运时，绳索应安全可靠，吊装的方法应正确。大件放在平台上，用千斤顶顶上时，工件下应垫上木块，以保证安全。

（3）调整千斤顶高低时，不可用手直接调节，以防工件掉下砸伤手。

结合立体划线相关知识，熟悉以下操作。

1. 根据工件选择合理划线基准。
2. 对工件进行找正操作。
3. 轴承座划线练习。

平面锉削

【学习目标】

1. 掌握锉削及锉刀基本理论知识；
2. 初步掌握平面锉削时的站立姿势和动作；
3. 懂得锉削时两手的用力方法；
4. 能正确掌握锉削的速度；
5. 懂得锉刀保养和锉削时的安全知识；
6. 掌握平面锉削的方法。

任务 4.1　锉削工具相关工艺知识

用锉刀对工件表面进行切削加工的方法称为锉削。锉削的精度可达到 0.01mm，表面粗糙度可达 $Ra0.8\mu m$。

锉刀是用碳素工具钢 T12、T13 或 T12A、T13A 经热处理后，再将工作部分淬火制成的。

1. 锉刀的组成

锉刀由锉身（工作部分）和锉柄两部分组成，如图 3.4.1 所示。锉身的上下两面为锉面，是锉刀的主要工作面，在该面上经铣齿或剁齿后形成许多小楔形刀头，称为锉齿，锉齿经热处理淬硬后，硬度可达 62～72HRC，能锉削硬度高的钢材。锉刀舌则用来装锉刀柄。

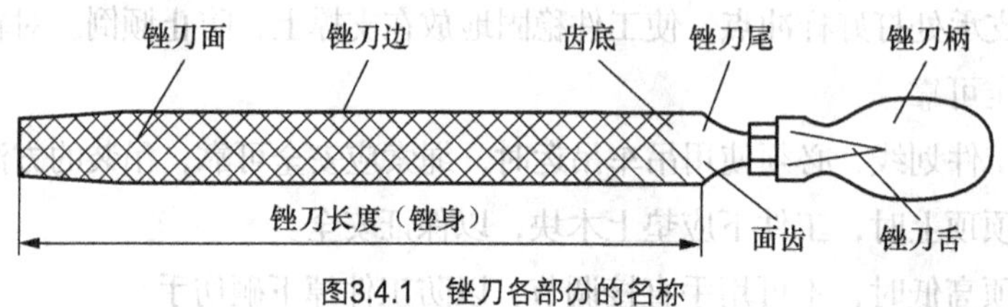

图3.4.1 锉刀各部分的名称

锉纹是锉齿有规则排列的图案。锉刀的齿纹有单齿纹和双齿纹两种，如图 3.4.2 所示。

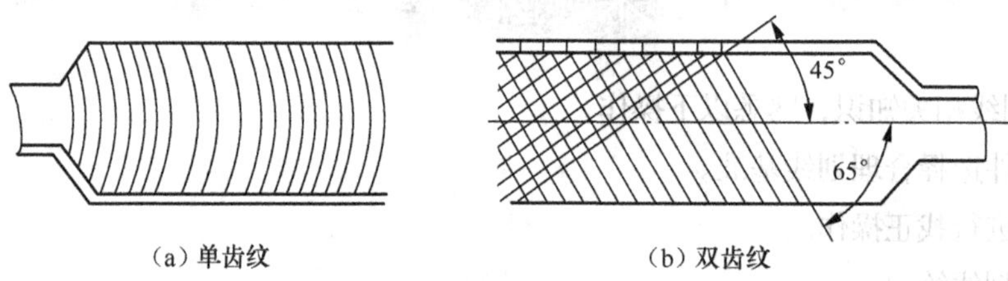

图3.4.2 锉刀的齿纹

单齿纹锉刀是指锉刀上只有一个方向的齿纹，多为铣制齿，正前角切削，齿的强度弱，全齿宽同时参加切削，需要较大的切削力，因此适用于锉削软材料。双齿纹锉刀是指锉刀上有两个方向排列的齿纹，多为剁齿，先剁上去的为底齿纹，后剁上去的为面齿纹，面齿纹和底齿纹的方向和角度不一样，这样形成的锉齿，沿锉刀中心线方向形成倾斜和有规律排列。锉削时，每个齿的锉痕交错而不重叠，锉削省力，锉齿的强度也高，适用于锉削硬材料。

2. 锉刀的种类

锉刀按其用途不同可分为普通钳工锉、异形锉和整形锉 3 种，如图 3.4.3 所示普通钳工锉按其断面形状又可分为平锉、方锉、三角锉、半圆锉、圆锉等。异形锉有刀口锉、菱形锉、扁三角锉、椭圆锉、圆肚锉等，主要用于锉削工件上的特殊表面。整形锉又称什锦锉，主要用于修整工件细小部分的表面。

3. 锉刀的规格

锉刀的规格分尺寸规格和齿纹粗细规格两种。方锉刀的尺寸规格以方形的尺寸表示；圆锉刀的规格用直径表示；其他锉刀则以锉身长度表示。钳工常用的锉刀有 150mm、200mm、250mm、350mm 等多种。齿纹粗细规格，以锉刀每 10mm 轴向长度内主锉纹的条数表示。主锉纹指锉刀上起主要作用的齿纹，而另一个方向上起分屑作用的齿纹，称为辅助齿纹。

4. 锉刀的选用

每种锉刀都有它适当的用途，如果选择不当，就不能充分发挥它的功效，甚至会过早地丧失切削能力。因此，锉削前必须正确地选择锉刀。锉刀的断面形状和长度，应根据被锉削工件表面形状和大小选用。锉刀形状应适应工件加工表面的形状，如图 3.4.4 所示。

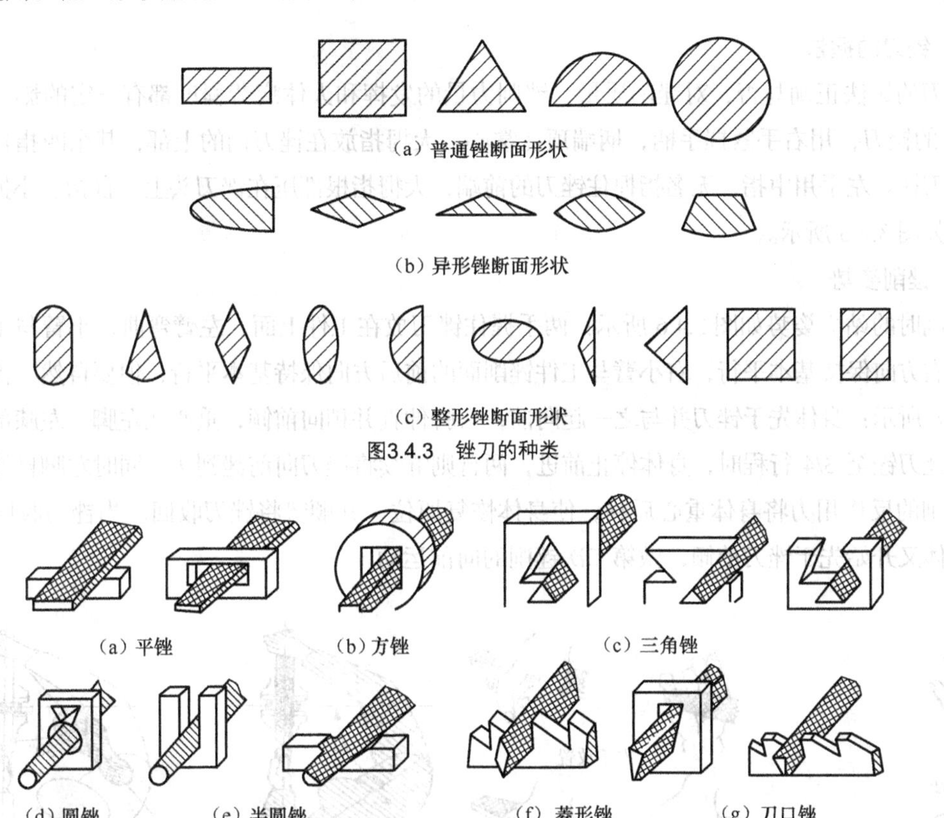

图3.4.3　锉刀的种类

图3.4.4　锉刀断面形状的选择

锉刀粗细规格的选择，取决于工件材料的性质、加工余量的大小、加工精度和表面粗糙度要求的高低。例如，粗锉刀由于齿距较大不易堵塞，一般用于锉削铜、铝等软金属和加工余量大、精度低、表面粗糙的工件；而细锉刀用于锉削钢、铸铁以及加工余量小、精度要求高、表面粗糙度值低的工件；油光锉用于最后修光工件的表面。各种粗细规格的锉刀适应的加工余量和所能达到的加工精度如表 3.4.1 所示，供选择锉刀粗细规格时参考。

表 3.4.1　锉刀粗细规格选择

锉 刀 粗 细	适 用 场 合		
	锉削余量/mm	尺寸精度/mm	表面粗糙度值/μm
1 号（粗齿锉刀）	0.5～1	0.2～ 0.5	*Ra*100～25
2 号（中齿锉刀）	0.2～0.5	0.05～0.2	*Ra*25～6.3
3 号（细齿锉刀）	0.1～0.3	0.02～0.05	*Ra*12.5～3.2
4 号（双细齿锉刀）	0.1～0.2	0.01～0.02	*Ra*6.3～1.6
5 号（油光锉刀）	0.1 以下	0.01	*Ra*1.6～0.8

任务 4.2　平面锉削技能训练

1. 锉刀的握法

锉刀的握法正确与否，对锉削质量、锉削力量的发挥和人体疲劳程度都有一定的影响。大于250mm 的锉刀，用右手紧握手柄，柄端顶住掌心，大拇指放在锉刀柄的上部，其余四指自然弯曲慢握锉刀柄。左手用中指、无名指捏住锉刀的前端，大拇指根部压在锉刀头上，食指、小拇指自然收拢，如图 3.4.5 所示。

2. 锉削姿势

锉削时的站立姿势如图 3.4.6 所示：两手握住锉刀放在工件上面，左臂弯曲，小臂与工件锉削面的左右方向保持基本平行，右小臂与工件锉削面的前后方向保持基本平行，但要自然。锉削时如图 3.4.7 所示：身体先于锉刀并与之一起向前，右脚伸直并稍向前倾，重心在左脚，左膝部自然弯曲。当锉刀锉至 3/4 行程时，身体停止前进，两臂则继续将锉刀向前锉到头，同时左脚自然伸直并随着锉削的反作用力将身体重心后移，使身体恢复原位，并顺势将锉刀收回。当锉刀收回将近结束，身体又开始先于锉刀前倾，做第二次锉削的向前运动。

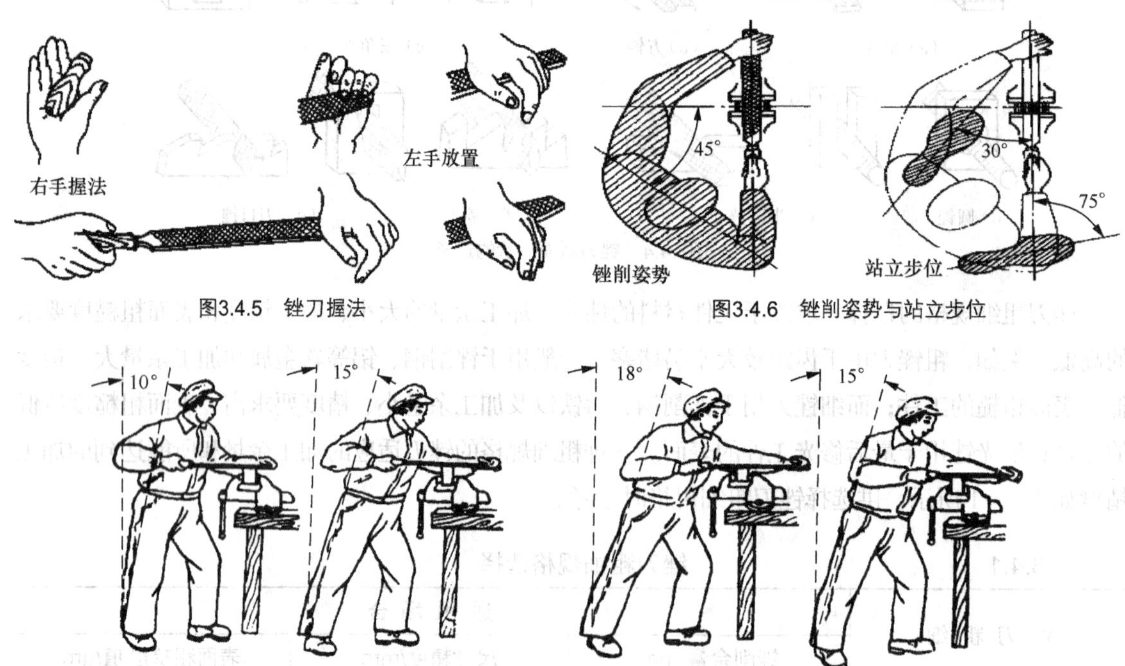

图3.4.5　锉刀握法

图3.4.6　锉削姿势与站立步位

图3.4.7　锉削动作

3. 锉削力和锉削速度

要锉出平直的平面，必须使锉刀保持水平直线的锉削运动。这就要求锉刀运动到工件加工表面的任意位置时，锉刀前后两端的力矩相等。锉削前进时，左手所加的压力由大逐渐减小，而右手的压力由小逐渐增大，如图 3.4.8 所示。回程时不加压力，以减少锉齿的磨损。

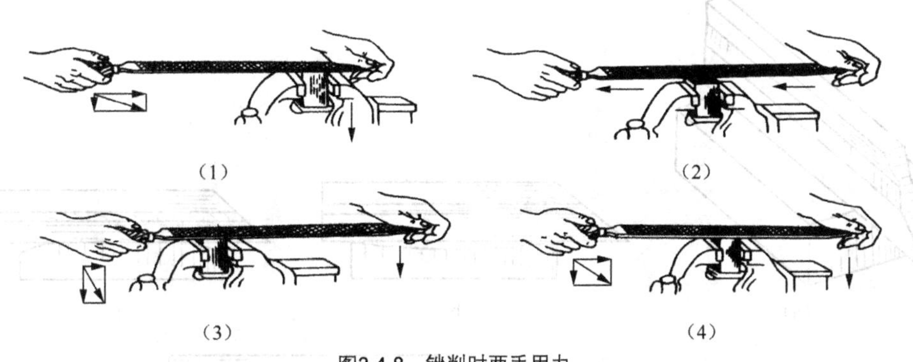

图3.4.8　锉削时两手用力

锉削速度一般控制在40次/分钟，推出时稍慢，回程时稍快，动作协调自如。

4. 平面锉削

平面锉削方法如图3.4.9所示。

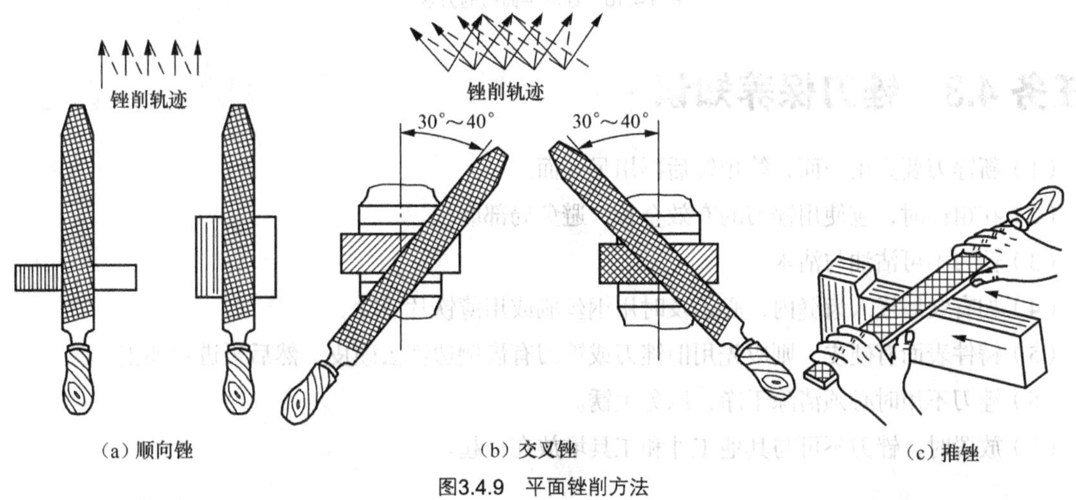

图3.4.9　平面锉削方法

（1）顺向锉。顺向锉是最普通的锉削方法。锉刀运动方向与工件的夹持方向始终一致，面积不大的平面和最后锉光都采用这种方法。顺向锉可得到正直的锉痕，比较整齐美观，精锉时常采用。

（2）交叉锉。锉刀运动方向与工件夹持方向呈30°～40°，且锉痕交叉。交叉锉时锉刀与工件的接触面积较大，锉削时容易掌握平衡，一般适用于余量较大的粗加工。

（3）推锉。推锉一般用来锉削狭长平面，使用顺向锉法锉刀受阻时采用。推锉不能充分发挥手臂的力量，故锉削效率低，只适用于加工余量较小的尺寸修整或修整表面的粗糙度。

5. 平面锉削平面度的检验

一般用直尺或刀口形直尺作透光法检验，如图3.4.10所示。刀口形直尺沿加工面的纵向、横向和对角线方向逐一进行，以透过光线的均匀强弱来判断加工面是否平直。

平面度误差值的判定可用塞尺或百分表来检查确定。

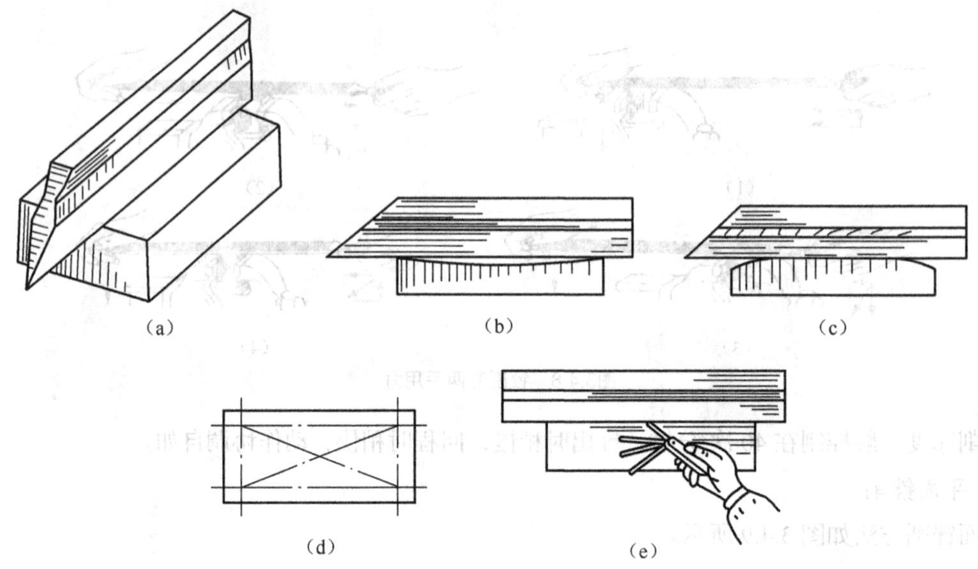

图3.4.10　锉削平面检验方法

任务 4.3　锉刀保养知识

（1）新锉刀要先用一面，等用钝后再用另一面。

（2）在粗锉时，应使用锉刀的有效全长，避免局部磨损。

（3）锉刀不可沾油与沾水。

（4）如有铁屑嵌入齿缝内，必须及时用钢丝刷或用薄铁片清除。

（5）铸件表面有硬皮，则应先用旧锉刀或锉刀有齿侧边锉去硬皮，然后再进行加工。

（6）锉刀不用时必须清除干净，以免生锈。

（7）放置时，锉刀不可与其他工件和工具堆放在一起。

任务 4.4　锉削安全文明生产知识

（1）锉刀是右手工具，应放在台虎钳的右面；放在钳台上的锉刀柄不可露在钳桌外面，以免掉落地上砸伤脚或损坏锉刀。

（2）没有装柄的锉刀，锉刀柄已裂开或没有锉刀柄箍的锉刀不可使用。

（3）锉削时锉刀柄不能撞击到工件，以免锉刀柄脱落造成事故。

（4）不能用嘴吹锉屑，也不能用手摸锉削表面。

（5）锉刀不可作撬棒或手锤用。

课业练习

结合锉削相关工艺知识，熟悉以下操作。

1. 锉刀的握法练习。
2. 锉削时身体的站立姿势。
3. 锉削动作操作。
4. 锉削平面练习。
5. 检查工件锉削直线度及平面度练习。

项目五　多边形体锉削

【学习目标】

1. 巩固提高平面锉削技能；
2. 掌握长方形、六方形的锉削工艺方法；
3. 掌握游标卡尺测量方法；
4. 正确使用角度尺检查工件的角度。

任务 5.1　锉削长方形相关工艺知识

1. 长方形锉削原则

锉削长方形工件各表面时，必须按照一定的顺序进行，才能快速、准确地达到规定尺寸和相对位置度要求，其一般原则如下。

（1）选择最大的平面作为基准面锉平（达到规定的平面度要求）。

（2）先锉大平面后锉小平面。以大面控制小面，能使测量准确、修整方便。

（3）先锉平行面后锉垂直面，即在达到规定的平行度要求后，再加工相关面的垂直度。一方面便于控制尺寸，另一方面平行度比垂直度的测量方便，同时在保证垂直度时，可以进行平行、垂直两项误差的测量比较，减少积累误差。

2. 长方体加工顺序

（1）锉基准面 1，达到平面度、直线度要求。

（2）按图的加工顺序结合划线对各面进行粗、精锉削加工，达到图纸精度要求，如图 3.5.1 所示。

（3）全部精度检查，并作必要的修整锉削，最后将锐边均匀倒角。

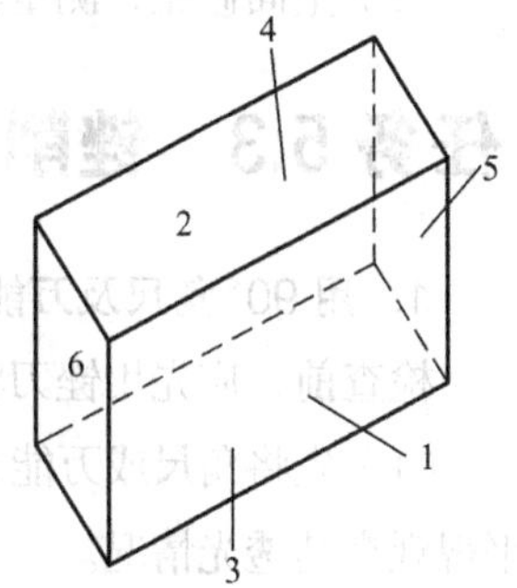

图3.5.1　长方体加工顺序

任务 5.2 锉削六边形相关工艺知识

1. 六边形锉削原则

先加工基准面，后加工平行面，再加工角度面，然后以角度面为基准加工其对面的平行面，如图 3.5.2 所示。

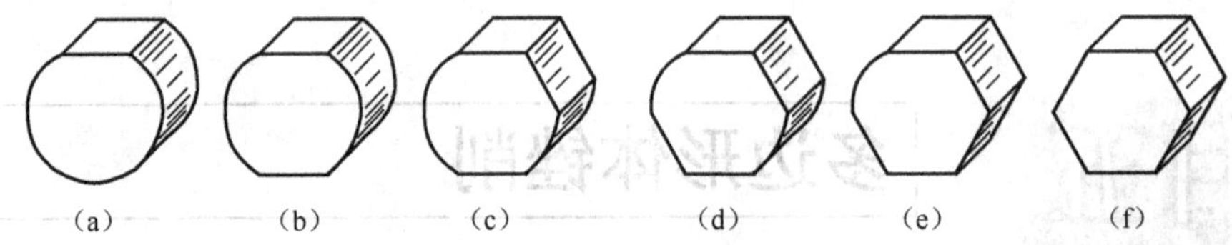

图3.5.2 六角体加工原则图解

2. 六角体加工顺序

六角体加工顺序如图 3.5.3 所示。

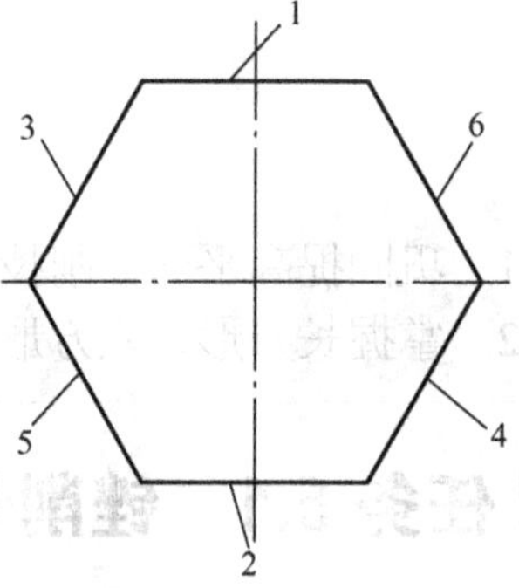

图3.5.3 六角体加工顺序

（1）可用圆钢直径作为各面定位基准，确定其加工余量，控制加工平面与外圆的尺寸，加工第一面（见图 3.5.3 中的 1）。

（2）以加工好的第一面为基准，用测量六角螺母对边尺寸的方法来加工第二面（见图 3.5.3 中的 2）。

（3）以第一面为基准测量 120° 角加工第三面：加工第三面在测量角度的同时要测量外圆与平面的尺寸（见图 3.5.3 中的 3）。

（4）以第三面为基准加工第四面：测量六角螺母的对边长度尺寸（见图 3.5.3 中的 4）。

（5）以第三面为基准测量 120° 角加工第五面：加工第五面在测量角度的同时要测量加工平面与外圆的尺寸（见图 3.5.3 中的 5）。

（6）以第五面为基准加工第六面：测量六角螺母的对边长度尺寸（见图 3.5.3 中的 6）。

（7）全面修整，测量其对边尺寸、各边长及 120° 角相等。

任务 5.3 锉削多边形应注意的问题

1. 用 90° 角尺及万能角度尺检查工件垂直度的方法

检查前，应先用锉刀将工件的锐边倒钝，检查时，要掌握以下几点。

（1）先将角尺或万能角度尺尺座的测量面紧贴工件基准面，然后从上逐步轻轻向下移动，眼睛平视观查其透光情况。

（2）在同一平面上改变不同的检查位置时，角尺或万能角度尺不可在工件表面上拖动，以免磨损影响角尺本身精度。

（3）使用万能角度尺时，应做到测量精确，使用时要小心，以防角度变动。

2. 用游标卡尺测量工件的方法

测量前应检查校对游标卡尺零位的准确性。擦净量爪两测量面并将测量面接触贴合，若无透光现象（或有极微的均匀透光）且尺身与游标的零线正好对齐，说明游标卡尺零位准确，否则说明游标卡尺两测量面已有磨损，测量的示值不准确，必须对读数加以相应的修正。

测量时，应将量爪张开到略大于被测尺寸，将固定量爪的测量面贴靠工件，然后轻轻用力移动游标，使活动量爪的测量面也紧靠工件，并使卡尺测量面的连线垂直于被测量面，然后读出读数。

读数时应把卡尺水平拿着，在光线明亮的地方，视线垂直于刻线表面，避免由斜视角造成的读数误差。

结合多边形锉削相关工艺知识，熟悉以下操作。

1. 使用 90° 角尺和万能角度尺检查工件角度。
2. 使用游标卡尺测量工件尺寸。
3. 锉削长方形练习。
4. 锉削六边形练习。

金属锯割

【学习目标】

1. 掌握金属锯割基本理论知识；
2. 能根据不同材料正确选用锯条，并能正确装夹；
3. 能对各种形体材料进行正确锯割，操作姿势正确，并能达到一定的精度；
4. 熟悉锯条折断的原因和防止方法，了解锯缝产生歪斜的几种因素。

任务 6.1　锯割工具相关工艺知识

用手锯对材料或工件进行切断或锯槽的加工方法称为锯割。锯割是一种粗加工，它具有操作方便、简单、灵活的特点，应用广泛。

1. 手锯的组成

手锯由锯弓和锯条组成。锯弓的作用是用来装夹并张紧锯条，有可调式和固定式两种，如图 3.6.1 所示。

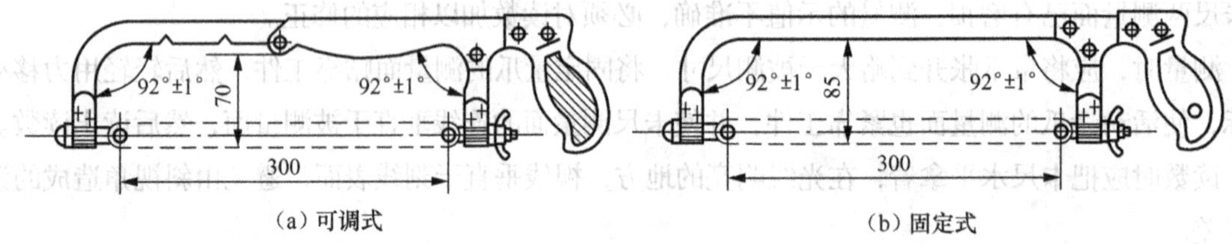

(a) 可调式　(b) 固定式

图3.6.1　锯弓

锯条是直接用来锯割材料或工件的工具。锯条一般由渗碳钢冷轧制成，经热处理淬硬后才能使用。锯条的长度以两端装夹孔的中心距来表示，手锯常用的锯条长度为 300mm。

2. 锯齿的切削角度

锯条的切削部分由许多均匀分布的锯齿组成，每一个锯齿都具有切削作用。锯齿的切削角度如图 3.6.2 所示：其中前角 γ=90°，后角 α=40°，楔角 β=50°。

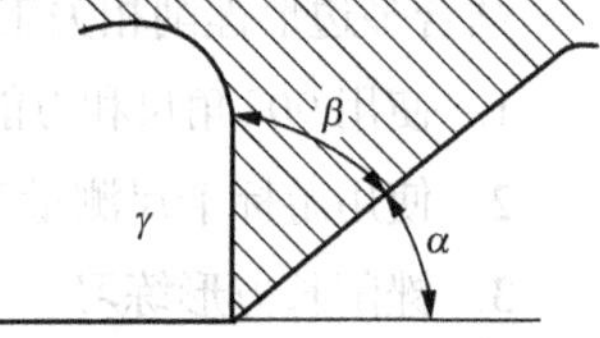

图3.6.2　锯齿的切削角度

3. 锯齿的粗细

锯齿的粗细以锯条每 25mm 长度内锯齿的齿数来表示。一般分粗、中、细 3 种，锯齿粗细的分类及应用如表 3.6.1 所示。

表 3.6.1　锯齿粗细的分类及应用

类　别	每 25mm 长度内齿数	应　用
粗	14～18	锯削软钢，黄铜，铝，紫铜，人造胶质材料
中	22～24	锯削中等硬度钢，厚壁的钢管，铜管
细	32	锯削薄片金属，薄壁管子

4. 锯路

锯条制造时，锯齿按一定规律左右错开，并排列成一定形状，称为锯路。锯路有交叉形、波浪形等，如图 3.6.3 所示。锯路的作用是使工件上锯缝宽度大于锯条背部的厚度，从而减小锯缝对锯条的摩擦，使锯条在锯割时不被锯缝夹住或折断。

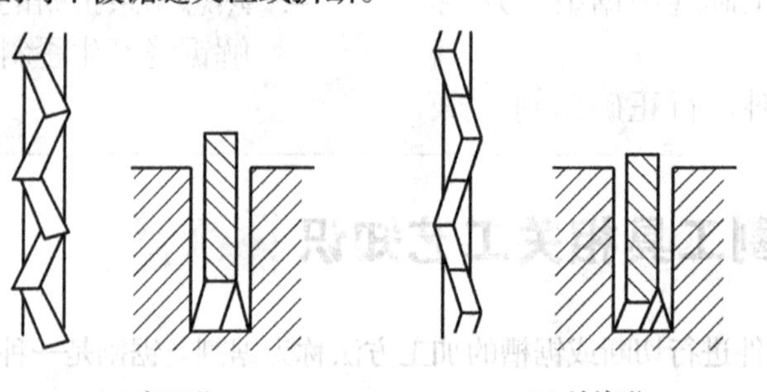

(a) 交叉形　(b) 波浪形

图3.6.3　锯路

任务 6.2　金属锯割技能训练

1．手锯的握法

右手慢握锯弓手柄，大拇指压在食指上。左手控制锯弓方向，大拇指在弓背上，食指、中指、无名指扶在锯弓前端，如图 3.6.4 所示。

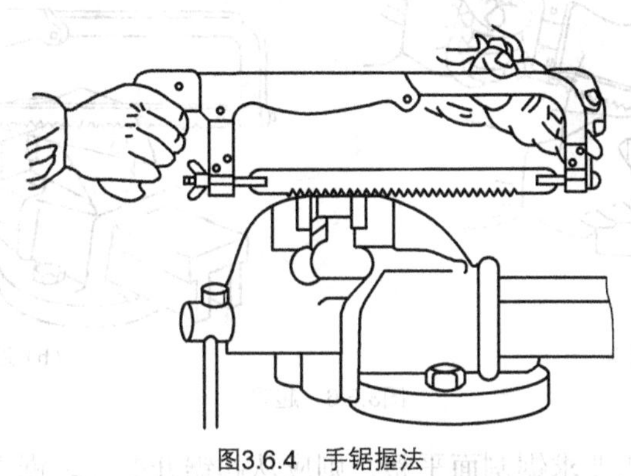

图3.6.4　手锯握法

2．锯割姿势

锯割的站立姿势和身体摆动姿势与锉削基本一致。

3．锯条的安装

手锯时在前推时才起切削作用，因此锯条安装应使齿尖的方向朝前，如图 3.6.5 所示。如果装反了，则锯齿的前角为负值，就不能正常锯割了。在调节锯条松紧时，不宜拧得太紧或者太松：太紧时锯条受力太大，在锯割中用力稍有不当就会折断；太松则锯割时锯条会扭曲，也易折断，而且锯出的锯缝容易歪斜。锯条安装好后，要保证锯条平面与锯弓中心平面平行，不得倾斜和扭曲，否则锯割时锯缝极易歪斜。

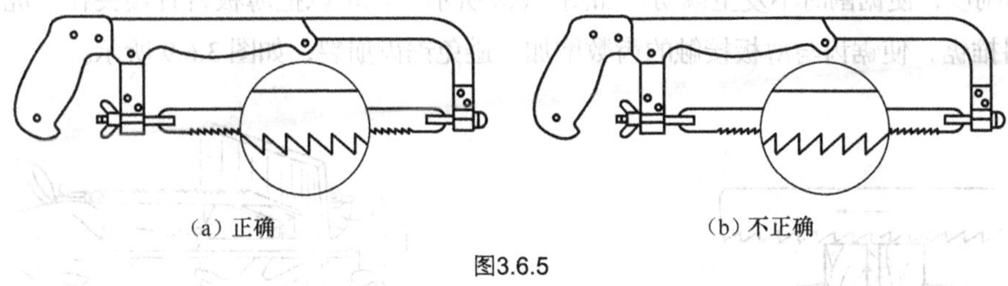

（a）正确　　（b）不正确

图3.6.5

4．锯割方法

锯割时锯弓的运动方式有两种：一种是直线运动，它与平面锉削时锉刀的运动一样，这种方式适合初学者，常用于锯割有尺寸要求的工件，要求初学者认真掌握。另一种是小幅度的上下摆动式运动，即推进时左手上翘，右手下压，回程时右手上抬，左手自然跟回。锯割的速度一般控制在 40 次/分钟。推进时稍慢，压力适当，保持匀速；回程时不施加压力，速度稍快。

起锯是锯割的开头，直接影响锯割的质量。起锯分近起锯和远起锯，如图 3.6.6 所示。通常情况下要采用远起锯，因为这种方法锯齿不易被卡住。无论用远起锯还是近起锯，起锯的角度要小（15° 左右）。起锯角太大，切削阻力大，锯齿易被卡住而崩齿；起锯角太小，也不易切入材料，容易跑锯而划伤工件。为了起锯顺利，可用左手大拇指对锯条进行靠导。

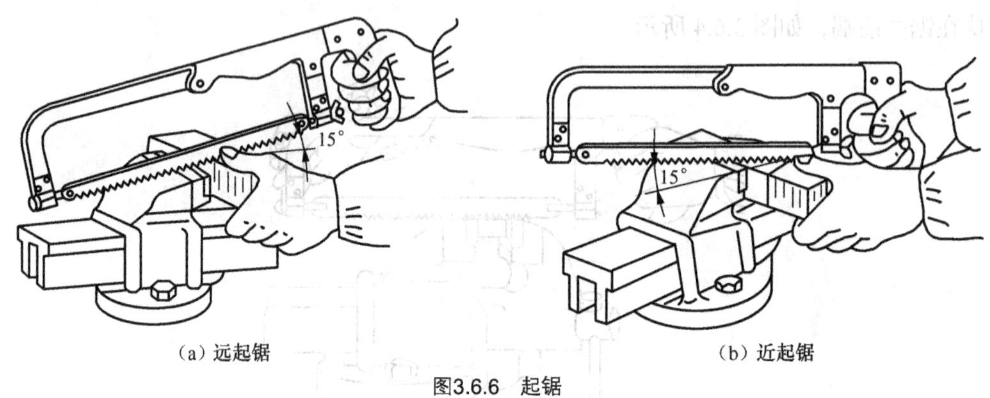

（a）远起锯　　（b）近起锯

图3.6.6　起锯

（1）棒料的锯割。如果要求锯割面平整，则应从起锯开始连续锯割至结束。若对锯割面要求不高，则锯割时可以把棒料转过已锯深的锯缝，选择锯割阻力小的地方继续锯割，以提高工作效率。

（2）管子的锯割。薄壁管子要用 V 形木垫夹持，以防夹扁和夹坏管表面。管子锯割时要在锯透管壁时向前转一个角度再锯，否则锯齿会很快损坏，如图 3.6.7 所示。

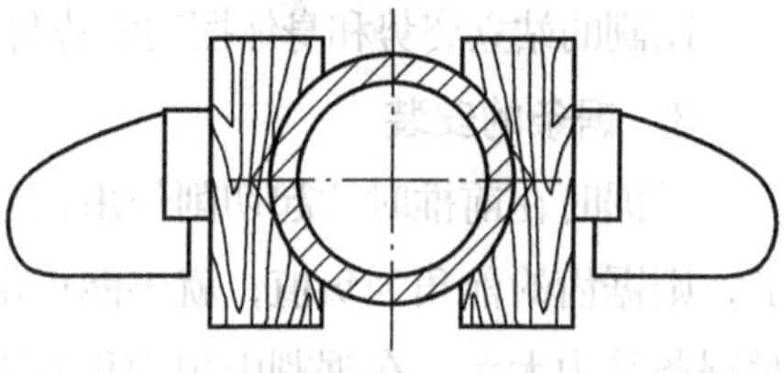

图3.6.7　管子的锯割

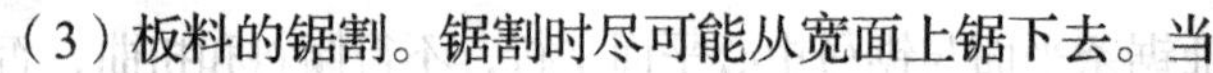

（3）板料的锯割。锯割时尽可能从宽面上锯下去。当只能在板料的狭面上锯割下去时，可用两块木板夹持，连木块一起锯下，避免锯齿钩住，同时也增加了板料的刚度，使锯割时不发生颤动，如图 3.6.8 所示。也可以把薄板料直接夹在台虎钳上，用手锯横向斜推锯，使锯齿与薄板接触的齿数增加，避免锯齿崩裂，如图 3.6.9 所示。

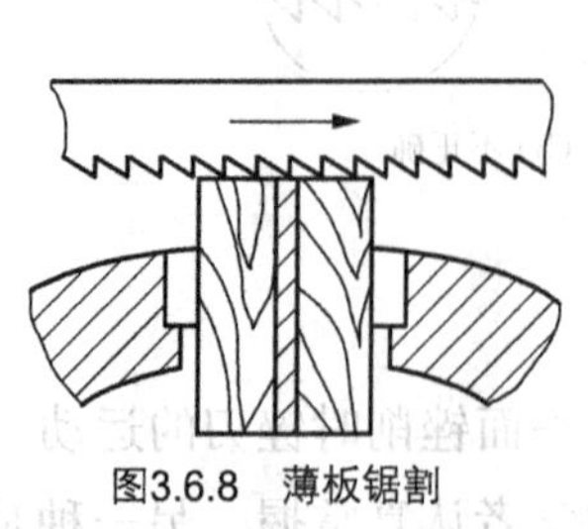

图3.6.8　薄板锯割

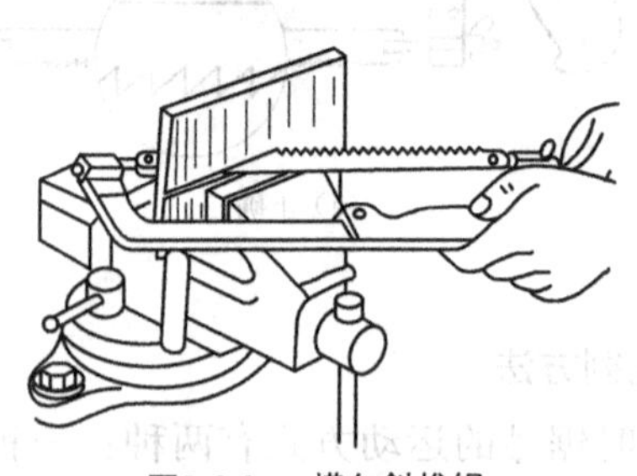

图3.6.9　横向斜推锯

（4）深缝锯割。当锯缝的深度超过锯弓的高度时，如图 3.6.10（a）所示，应将锯条转过 90° 重新装夹，使锯弓转到工件的旁边，如图 3.6.10（b）所示，当锯弓横下来其高度仍不够时，也可把锯条装夹成使锯齿朝向锯内进行锯割，如图 3.6.10（c）所示。

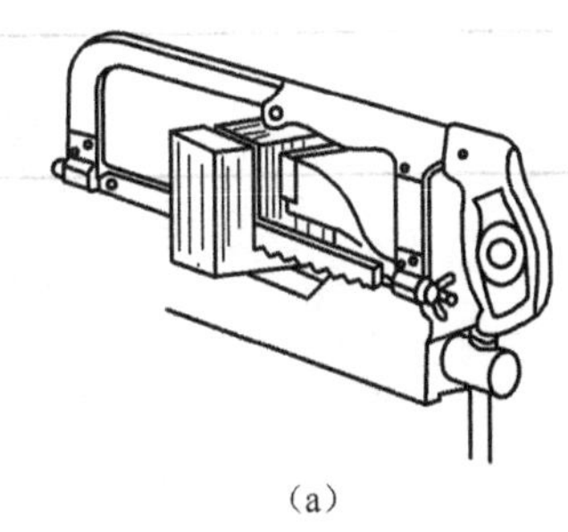
(a)
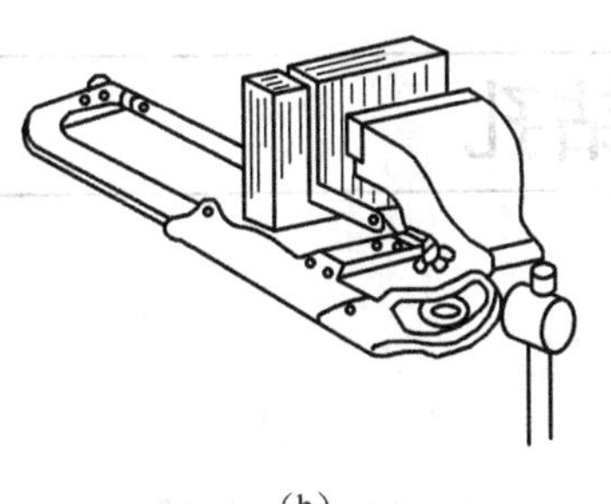
(b)
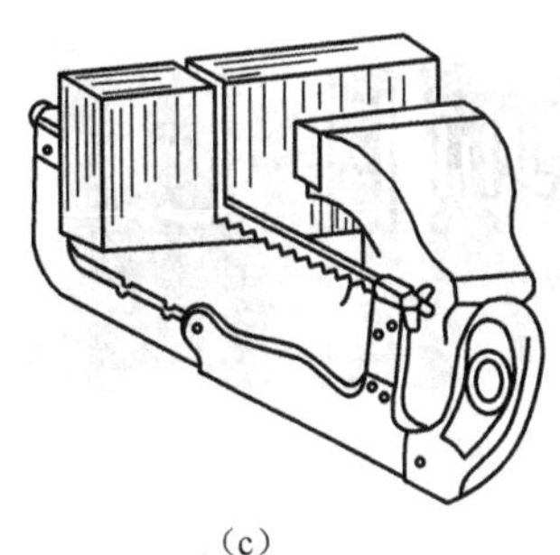
(c)

图3.6.10　深缝锯割

任务 6.3　金属锯割安全文明生产知识

1. 锯条折断的原因

（1）工件未夹紧，锯割时工件有松动。

（2）锯条安装的过松或过紧。

（3）锯割压力过大或锯割方向突然偏离锯缝方向。

（4）强行纠正歪斜的锯缝，或调换新锯条后仍在原锯缝过猛地锯下。

（5）锯割时锯条中间局部磨损，当拉长锯割时而被卡住引起折断。

（6）中途停止使用时，手锯未从工件中取出而碰断。

2. 锯缝产生歪斜的原因

（1）工件安装时，锯缝线未能与铅垂线方向一致。

（2）锯条安装的太松或相对锯弓平面扭曲。

（3）使用锯齿两面磨损不均匀的锯条。

（4）锯割压力过大使锯条左右偏摆。

（5）锯弓未扶正或用力歪斜，使锯条背离锯缝中心平面，而斜靠在锯割断面的一侧。

3. 锯割的注意事项

（1）工件将要锯断时应减小压力，防止工件断落时砸伤脚。

（2）锯割时要控制好用力，防止锯条突然折断、失控，使人受伤。

结合相关工艺知识，熟悉以下操作。

1. 正确安装调整锯条操作。

2. 锯弓的握法操作。

3. 锯割站立位置及锯割姿势。

4. 对各种型材进行锯割练习。

项目七 钻孔

【学习目标】

1. 了解台钻的规格、性能及其使用方法；
2. 掌握标准麻花钻的刃磨方法；
3. 掌握钻孔的几种基本装夹方法和钻速的选择方法；
4. 掌握划线钻孔的方法，并能进行一般钻孔加工；
5. 掌握钻孔安全文明生产知识。

任务 7.1 钻孔相关工艺知识

用钻头在实体材料上加工孔的操作叫作钻孔。

1. 钻孔运动

钻孔时，工件固定，钻头安装在钻床主轴上做旋转运动称为主运动，同时钻头沿轴线方向的移动称为进给运动。

2. 钻孔特点

钻孔时钻头是在半封闭的状态下进行的切削，转速高、切削量大、排屑又困难，所以钻孔加工有以下几个特点。

（1）摩擦严重，需要较大的切削力。

（2）产生的热量多，而且传热、散热慢，切削温度高。

（3）钻头的高速旋转和较高的切削温度，造成钻头磨损严重。

（4）钻头细而长，钻孔时容易产生振动。

任务 7.2 钻床使用

1. 钻床

钻床有台式钻床、立式钻床和摇臂钻床 3 种。

（1）台式钻床。台式钻床简称台钻，如图 3.7.1 所示，是一种放在工作台上使用的小型钻床，钻孔直径一般在 13mm 以下。由于加工孔径较小，台钻主轴钻速一般较高。台钻的主轴进给是手动的，转速可通过改变三角带在带轮上的位置来调节。台钻小巧灵活，使用方便，主要用于加工小型零件上的各种小孔，在仪表制造、钳工和装配中应用最多。

（2）立式钻床。立式钻床简称立钻，如图 3.7.2 所示，最大钻孔直径有 25mm、35mm、40mm、50mm 等几种，其规格用最大钻孔直径表示。立式钻床的主轴在垂直于轴线的平面上是固定的。为了使钻头与工件钻孔中心重合，必须移动工件，在加工较大工件时就比较麻烦。因此，立式钻床只适用于加工中小型工件。

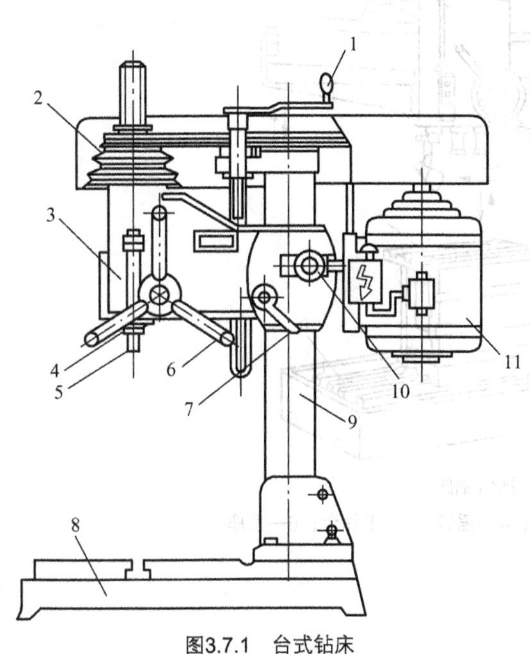

图3.7.1　台式钻床

1—机头升降手柄；2—V带轮；3—头架；4—锁紧螺母；5—主轴；6—进给手柄；7—锁紧手柄；8—底座；9—立柱；10—紧固螺钉；11—电动机

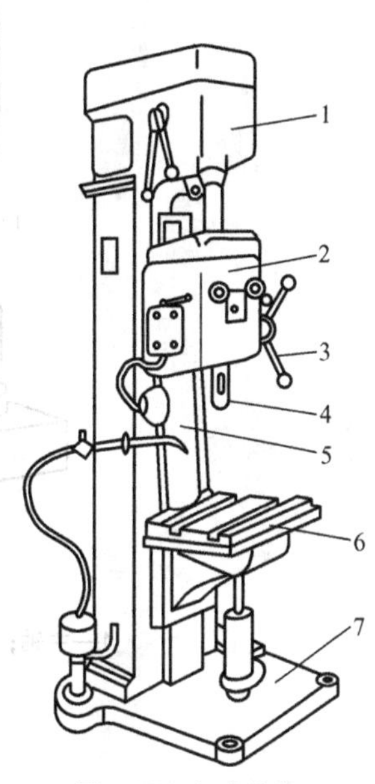

图3.7.2　立式钻床

1—主轴箱；2—进给箱；3—进给手柄；4—主轴；5—立柱；6—工作台；7—底座

（3）摇臂钻床。摇臂钻床简称摇臂钻，如图 3.7.3 所示，加工时工件安装在机座上或机座上面的工作台上。钻床主轴箱装在可绕垂直立柱回转的摇臂上，并可沿摇臂上的水平导轨作径向移动。此外，摇臂还可以沿立柱升降。摇臂钻床适用于一些较大工件及多孔工件的加工。广泛应用于单件和成批生产中。

2．钻床附具

（1）钻夹头。钻夹头用来装夹 13mm 以内的直柄钻头，其结构如图 3.7.4 所示。夹头体的上端有一锥孔，用来与夹头柄紧配。夹头柄做成莫氏锥体，装入钻床的主轴锥孔内。钻夹头的 3 个夹爪用来夹紧钻头的直柄。当带有小圆锥齿轮的钥匙带动夹头套上的大圆锥齿轮转动时，与夹头套紧配的内螺纹圈也同时旋转。此内螺纹圈与 3 个夹爪上的外螺纹相配，于是 3 个夹爪便伸出或缩进，使钻头直柄被夹紧或放松。

（2）钻头套。钻头套用来装夹 13mm 以上的锥柄钻头如图 3.7.5 所示。钻头套共分 5 种，使用时应根据钻头锥柄莫氏锥度的号数选用相应的钻头套，如表 3.7.1 所示。

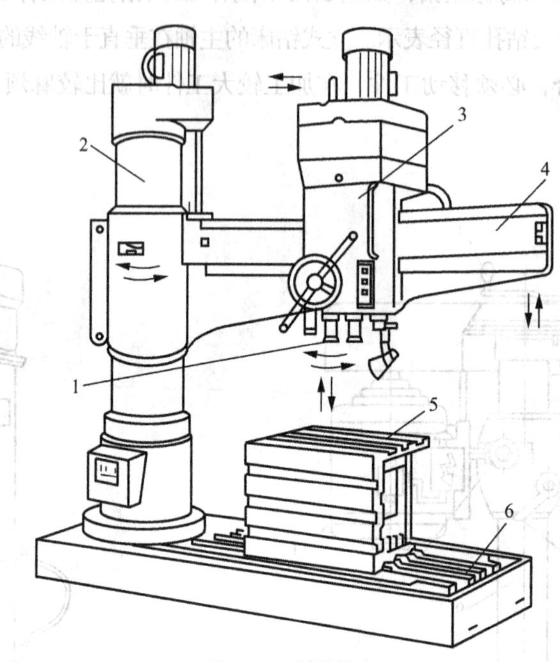

图3.7.3　摇臂钻床

1—主轴；2—立柱；3—主轴箱；4—摇臂；5—工作台；6—底座

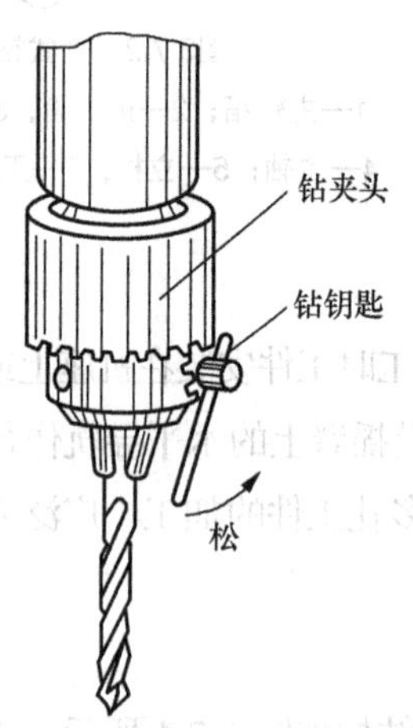

图3.7.4　钻夹头装卸钻头

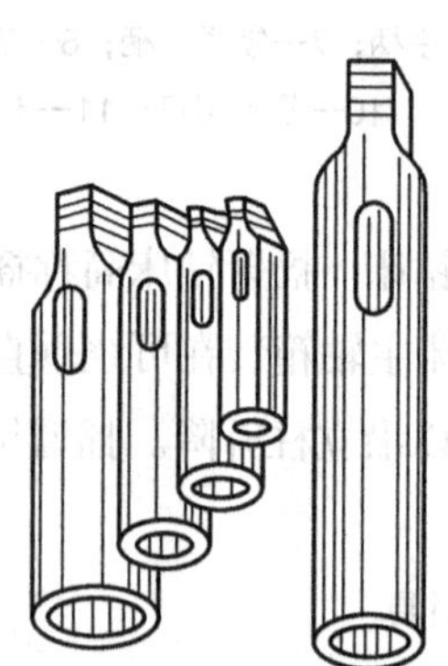
图3.7.5　钻头套

表 3.7.1　莫氏锥度钻头套

钻头套标号	内锥孔（莫氏锥度）	外圆锥（莫氏锥度）	锥柄钻头的直径/mm
1号	1	2	15.5 以下
2号	2	3	15.6～23.5
3号	3	4	23.6～32.5

续表

钻头套标号	内锥孔（莫氏锥度）	外圆锥（莫氏锥度）	锥柄钻头的直径/mm
4号	4	5	32.6～49.5
5号	5	6	49.5～65

当用较小直径的钻头钻孔时，钻头锥柄不能直接与钻床主轴锥孔相配，此时需要将一个或几个钻头套配接起来使用，但这样装拆较麻烦，同时也增加了钻床主轴与钻头的同轴度误差值，为此可采用特制的钻头套。

图 3.7.6 所示为用楔铁将钻头从钻床主轴锥孔中拆下的方法。拆卸时楔铁带圆弧的一边要放在上面，否则会把钻床主轴（或钻头套）上的长圆孔敲坏。同时，要用手握住钻头或在钻头与钻床工作台之间垫上木板，以防钻头跌落而损坏钻头或工作台。

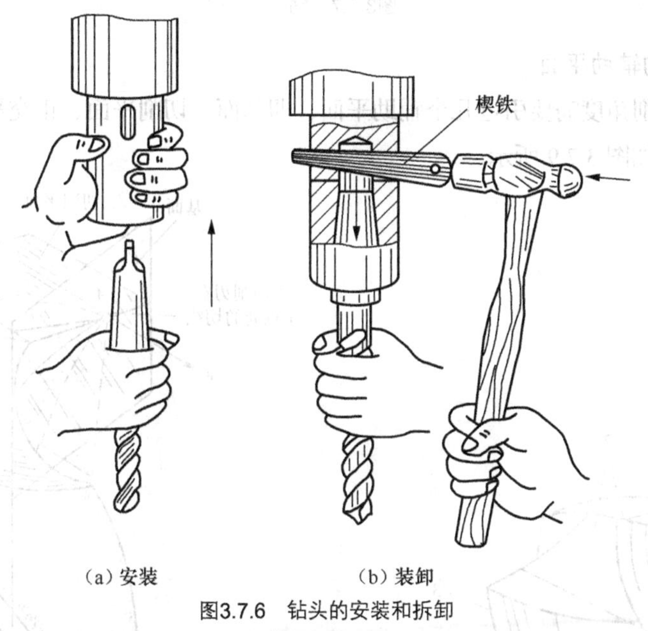

图3.7.6 钻头的安装和拆卸

任务 7.3 钻头相关知识

1. 麻花钻的组成

麻花钻由柄部、颈部和工作部分组成，如图 3.7.7 所示。

（1）柄部。麻花钻有锥柄和直柄两种，一般直径小于 13mm 制成直柄，大于 13mm 的制成锥柄。柄部是麻花钻的夹持部分，它的作用是定心和传递扭矩。

（2）颈部。颈部在磨削麻花钻时作退刀槽使用，钻头的规格、材料及商标常打印在颈部。

（3）工作部分。工作部分由切削部分和导向部分组成。切削部分主要起切削作用，标准麻花钻的切削部分由五刃（两条主切削刃、两条副切削刃和一条横刃）六面（两个前刀面、两个后刀面和两个副后刀面）组成，如图 3.7.8 所示。导向部分的作用不仅是保证钻头钻孔时正确的方向、修光孔壁，同时还是切削部分的后备。两条螺旋槽的作用是形成切削刃，便于容屑、排屑和切削液输入。外缘处的两条棱带，其直径有倒锥，用以导向和减少钻头与孔壁的摩擦。

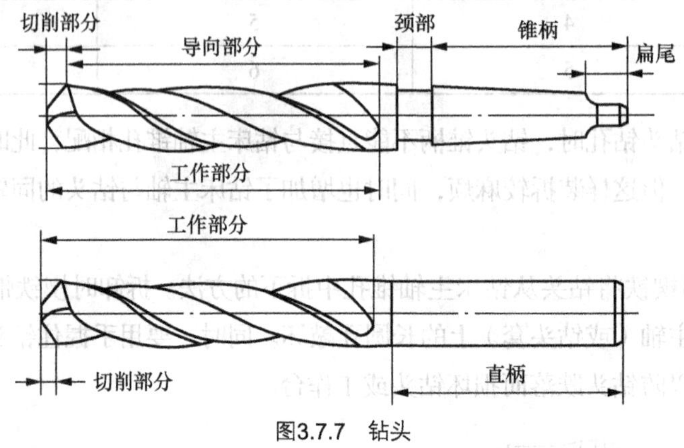

图3.7.7　钻头

2. 标准麻花钻的辅助平面

确定麻花钻的切削角度需要引进几个辅助平面，即基面、切削平面、正交平面（此 3 个平面互相垂直）和柱剖面，如图 3.7.9 所示。

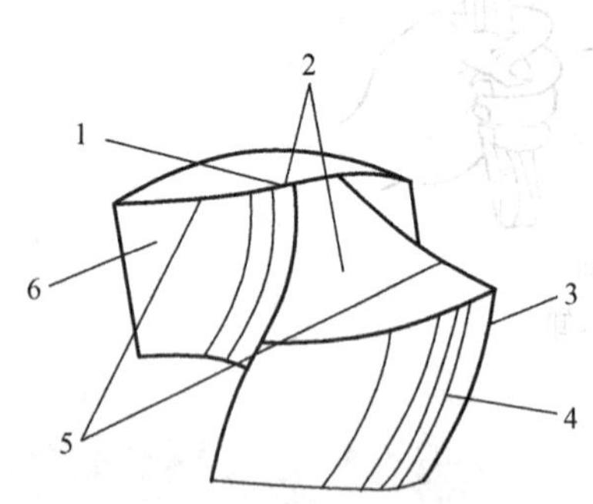

图3.7.8　麻花钻切削部分名称

1—横刃；2—后刀面；3—副切削刃；4—副后刀面；5—主切削刃；6—前刀面

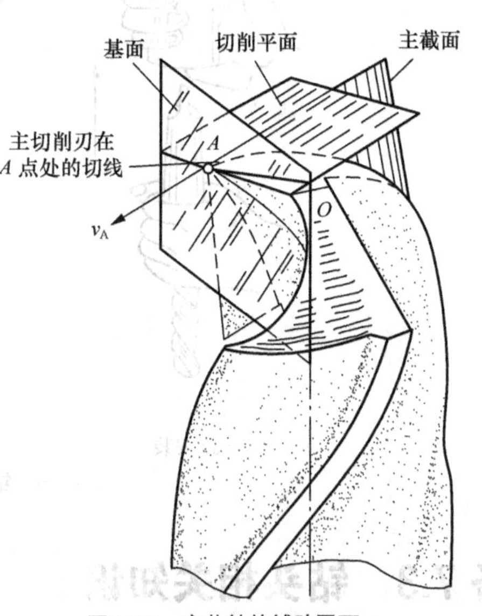

图3.7.9　麻花钻的辅助平面

（1）基面。麻花钻主切削刃上任一点的基面是通过该点，且垂直于该点切削速度方向的平面。

（2）切削平面。麻花钻主切削刃上任一点的切削平面是由该点的切削速度方向与该点切削刃的切线所构成的平面。

（3）正交平面。通过主切削刃上任一点并垂直于基面和切削平面的平面。

（4）柱剖面。通过主切削刃上任一点作与麻花钻轴线平行的直线，该直线绕麻花钻轴线选钻所形成的圆柱面的切面。

3. 标准麻花钻的切削角度

标准麻花钻的切削角度，如图 3.7.10 所示。

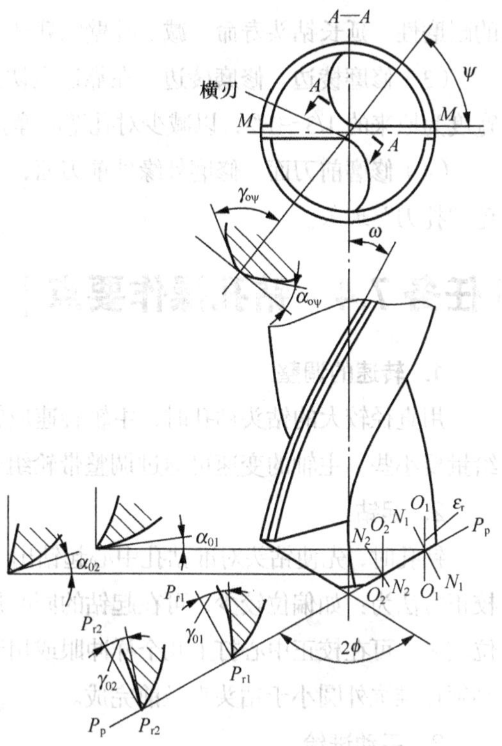

图3.7.10　标准麻花钻的切削角度

（1）顶角（2ϕ）：是指两主切削刃的夹角，顶角影响主切削刃上轴向力的大小。顶角越小，轴向力越小，利于散热和提高钻头的使用寿命。但在相同条件下，钻头所受的扭矩增大，切屑变形加剧，排屑困难，不利于润滑。顶角的大小一般根据麻花钻的加工条件确定。标准麻花钻顶角一般为 2ϕ=118°±2°。

（2）前角（γ）：在正交平面内前刀面与基面的夹角称为前刀面，前角的大小决定着切除材料的难易程度和切屑与前刀面上产生摩擦阻力的大小。前角越大，切削越省力。钻头主切削刃上各处的前角不是相同的，其值外大（约 30°）内小，靠近中心处为负前角。

（3）后角（α）：在柱剖面内主后刀面与切削平面的夹角称为后角。钻头主切削刃上各处的后角也不相同，其值外小内大，越靠近中心越大，后角影响钻头与切削平面的摩擦情况。

（4）横刃斜角（ψ）：横刃与主切削刃的夹角。横刃角是刃磨钻头后刀面时自然形成，钻心处后角刃磨正确的钻头横刃斜角为 ψ=50°～55°，因此可以通过检查横刃斜角来判定钻头，靠近钻心处的后角是否刃磨正确，当横刃斜角偏小时横刃长度增加此时钻心处后角则增大。

4. 标准麻花钻的缺点

（1）横刃较长，横刃处前角为负值。切削中横刃处于挤刮状态，产生很大的轴向力，钻头易抖动，导致定心不稳。

（2）主切削刃上各点的前角大小不一样，致使各点切削性能不同。由于靠近钻心处的前角是负值，切削为挤刮状态，切削性能差，产生热量大，钻头磨损严重。

（3）棱边处副后角为零，靠近切削部分的棱边与孔壁摩擦比较严重，易发热磨损。

（4）主切削刃外缘处的刀尖角较小，前角很大，刀齿薄弱，而此处的切削速度最高，故产生切削热最多，磨损极为严重。

（5）主切削刃长且全部参与切削，增大了切屑变形，排屑困难。

5. 标准麻花钻的修磨

（1）修磨横刃。修磨横刃并增大靠近钻心处的前角，修磨后横刃的长度为原来的 1/3～1/5，以减少轴向抗力和挤刮现象，提高钻头的定心作用和稳定性，同时在靠近钻心处形成内刃，切削性能得以改善，一般直径 5mm 以上的钻头应修磨横刃。

（2）修磨主切削刃。修磨主切削刃，其方法主要是磨出第二顶角 70°～75°，在钻头对外缘刃处磨出过渡刃 0.2d 以增大对外缘处的刀尖角改善散热条件，增加刀刃强度，提高切削刃与棱边交角处

的耐磨性，延长钻头寿命，减少孔壁的残留表面积，有利于减小孔的粗糙度。

（3）修磨棱边。修磨棱边，在靠近主切削刃的一段棱边长，磨出副后角 α=6°～8°，保留棱边宽度为原来的 1/3～1/2，以减少对孔壁的摩擦，提高钻头寿命。

（4）修磨前刀面。修磨外缘处前刀面，可以减小此处前角提高刀齿的强度，钻削黄铜时可以避免“扎刀”现象。

任务 7.4　钻孔操作要点

1. 转速的调整

用直径较大的钻头钻孔时，主轴转速应较低；用小直径的钻头钻孔时，主轴转速可较高，但进给量要小些。主轴的变速可通过调整带轮组合来实现。

2. 起钻

钻孔时，先使钻头对准钻孔中心起钻出一浅坑，观察钻孔位置是否正确。如偏位，需进行校正。校正方法为：如偏位较少，可在起钻的同时用力将工件向偏位的反方向推移，得到逐步校正；如偏位较多，可在校正中心打上几个样冲眼或用錾子凿出几条槽来加以纠正。须注意，无论哪种方法都必须在锥坑外圆小于钻头直径前完成。

3. 手动进给

进给时，用力不应过大，否则钻头易产生弯曲；钻小直径孔或深孔时要经常退出钻头排屑；孔将钻穿时，进给力必须减小，以防造成扎刀现象。

4. 切削液的使用

合理的使用切削液，可以延长钻头的使用寿命和改善孔的加工质量。

任务 7.5　钻孔操作安全文明生产

（1）操作钻床时严禁戴手套，清除切屑时应尽量停车进行。

（2）开动钻床前，应检查是否有钻夹头钥匙或楔铁插在钻轴上。

（3）钻通孔时，工件下面必须垫上垫铁或使钻头对准工作台的槽，以免损坏工作台。

（4）操作钻床前，操作者头部不准与旋转的主轴靠得太近，钻床变速前应先停车。

（5）要夹紧工件，即将钻穿时要减小切削速度。

（6）清洁钻床或加润滑油时，必须切断电源。

结合台钻结构及性能，熟悉下列基本操作。

1. 台钻钻速的调整操作。

2. 钻孔时工件的装夹操作。

3. 钻孔中心位置找正练习。

4. 钻孔练习。

攻螺纹、套螺纹

【学习目标】

1. 了解攻螺纹与套螺纹相关工具；
2. 掌握攻螺纹底孔直径和套螺纹圆杆直径的确定方法；
3. 掌握攻螺纹与套螺纹的方法；
4. 熟悉攻螺纹与套螺纹中常见问题产生的原因和防止方法。

任务 8.1　攻螺纹相关工艺知识

用丝锥在内孔中加工工件内螺纹的操作叫做攻螺纹。

1. 攻螺纹工具

（1）丝锥。丝锥是加工内螺纹的工具，分为手用丝锥和机用丝锥两种，由柄部和工作部分组成，如图 3.8.1 所示。柄部是攻螺纹时的夹持部分，起传递扭矩的作用。工作部分由切削部分 L_1 和校准部分 L_2 组成，切削部分的前角 γ_0=8°～10°，后角 α_0=6°～8°，起切削作用。校准部分有完整的牙型，用来修光和校准已切出的螺纹，并引导丝锥沿轴向前进。校准部分的后角为 0°。

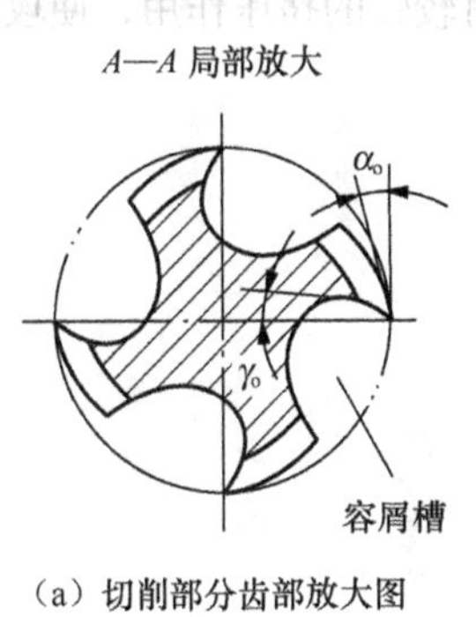

（a）切削部分齿部放大图

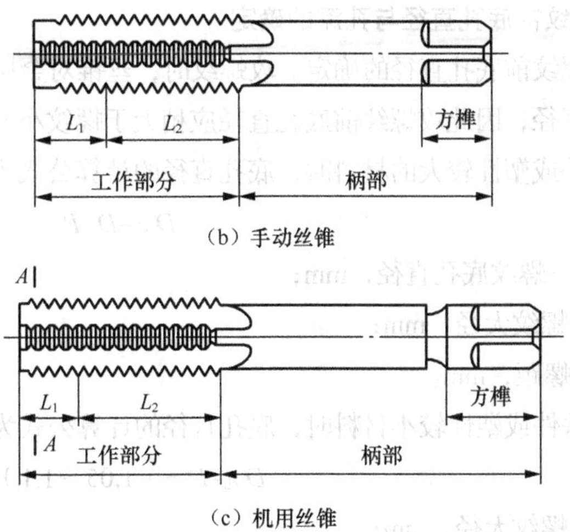

（b）手动丝锥

（c）机用丝锥

图3.8.1　丝锥

攻螺纹时，为了减小切削力和延长丝锥寿命，一般将整个切削工作量分配给几支丝锥来承担。通常，M6～M24 的丝锥为两支一套，小于 M6 和大于 M24 的丝锥为 3 支一套；圆柱管螺纹丝锥两支一套；圆锥管螺纹丝锥大小尺寸均为单支；细牙螺纹丝锥为两支一套。成组丝锥切削量的分配形式有两种：锥形分配和柱形分配。

锥形分配（等径丝锥）即一组丝锥中，每支丝锥的大、中、小径都相等，只是切削部分的长度及锥角不相等。当攻通孔螺纹时，只用头攻（初锥）一次切削即可完成。攻盲孔螺纹时，为了增加螺纹的有效长度，分别采用头攻（初锥）、二攻（中锥）和三攻（底锥）进行切削。

柱形分配（不等径丝锥）即头攻（第一粗锥）、二攻（第二粗锥）的大径、中径、小径都比三攻（精锥）小。头攻、二攻的中径一样大，大径不一样，头攻大径小，二攻大径大。这种丝锥的切削量分配比较合理，3 支一组的丝锥按 6:3:1 分担切削量，两支一组的丝锥按 7.5:2.5 分配切削量。柱形分配丝锥切削省力，每支丝锥磨损量差别小，寿命长，攻制的螺纹表面粗糙度值小。

（2）铰杠。铰杠是手工攻螺纹时用来夹持丝锥的工具。铰杠分为固定铰杠和可调铰杠两类，如图 3.8.2 所示。

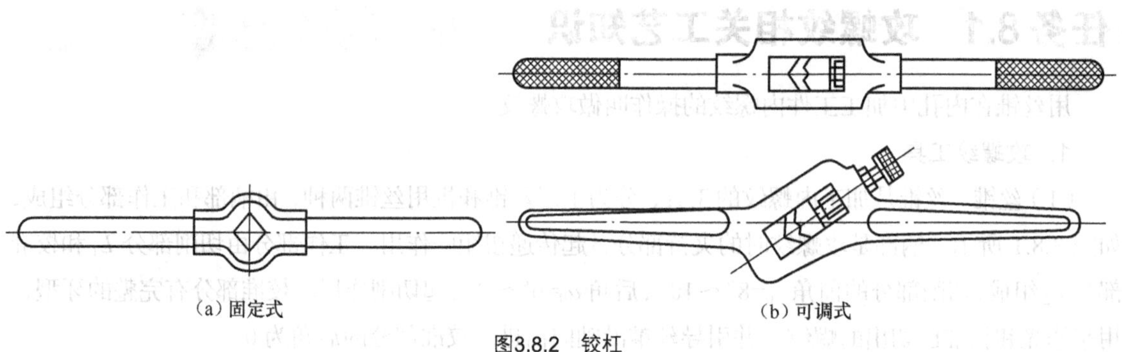

图3.8.2 铰杠

2. 攻螺纹前底孔直径与孔深的确定

（1）攻螺纹前底孔直径的确定。攻螺纹时，丝锥对金属层有较强的挤压作用，使攻出螺纹的小径小于底孔直径，因此攻螺纹前底孔直径应稍大于螺纹小径。

攻制钢件或塑性较大的材料时，底孔直径的计算公式为

$$D_{孔}=D-P$$

式中：$D_{孔}$——螺纹底孔直径，mm；

D——螺纹大径，mm；

P——螺距，mm。

攻制铸铁件或塑性较小材料时，底孔直径的计算公式为

$$D_{孔}=D-(1.05\sim1.1)P$$

式中：D——螺纹大径，mm；

P——螺距，mm。

攻制普通三角螺纹、英制三角螺纹、圆柱管螺纹及圆锥管螺纹时，钻底孔用的钻头直径可以分别从表 3.8.1 中查出。

表 3.8.1　　螺纹直径、螺距与钻头直径的规格　　（mm）

螺纹直径（*D*）	螺距（*P*）	钻头直径	
		铸铁青铜黄铜	钢、可锻铸铁、紫铜、层压板
2	0.4	1.6	1.6
	0.25	1.75	1.75
2.5	0.45	2.05	2.05
	0.35	2.15	2.15
3	0.5	2.5	2.5
	0.35	2.65	2.65
4	0.7	3.3	3.3
	0.5	3.5	3.5
5	0.8	4.1	4.2
	0.5	4.5	4.5
6	1	4.9	5
	0.75	5.2	5.2
8	1.25	6.6	6.7
	1	6.9	7
	0.75	7.1	7.2
10	1.5	8.4	8.5
	1.25	8.6	8.7
	1	8.9	9
	0.75	9.1	9.2
12	1.75	10.1	10.2
	1.5	10.4	10.5
	1.25	10.6	10.7
	1	10.9	11

螺纹直径（*D*）	螺距（*P*）	钻头直径	
		铸铁青铜黄铜	钢、可锻铸铁、紫铜、层压板
14	2	11.8	12
	1.5	12.4	12.5
	1	12.9	13
16	2	13.8	14
	1.5	14.4	14.5
	1	14.9	15
18	2.5	15.3	15.5
	2	15.8	16
	1.5	16.4	16.5
	1	16.9	17
20	2.5	17.3	17.5
	2	17.8	18
	1.5	18.4	18.5
	1	18.9	19
22	2.5	19.3	19.5
	2	19.8	20
	1.5	20.4	20.5
	1	20.9	21
24	3	20.7	21
	2	21.8	22
	1.5	22.4	22.5
	1	22.9	23

（2）攻螺纹底孔深度的确定。攻盲孔螺纹时，由于丝锥切屑部分有锥角，端部不能攻出完整的螺纹牙形，所以钻孔深度要大于螺纹的有效长度。钻孔深度的计算公式为

$$H_{深}=h_{有效}+0.7D$$

式中：$H_{深}$——底孔深度，mm；

$h_{有效}$——螺纹有效长度，mm；

D——螺纹大径，mm。

任务 8.2　攻螺纹操作方法

（1）攻螺纹前要对底孔孔口倒角，倒角处的直径应略大于螺纹大径，通孔螺纹两端部要倒角。这样使丝锥开始起攻时容易切入材料，并能防止孔口处被挤压处凸边。

（2）工件装夹位置应尽量使螺孔中心钱置于垂直或水平位置，使攻螺纹时容易判断丝锥轴线是否垂直于工件表面。

（3）用头锥起攻。起攻时，可一只手用手掌按住铰杠中部，沿丝锥轴线用力加压，另一只手配合作顺向旋进，如图 3.8.3 所示。应保证丝锥中心线与孔中心线重合不歪斜。在丝锥攻入 1～2 圈后，应及时从前后、左右两个方向用 90° 角尺进行检查（见图 3.8.4），并不断校正至要求。

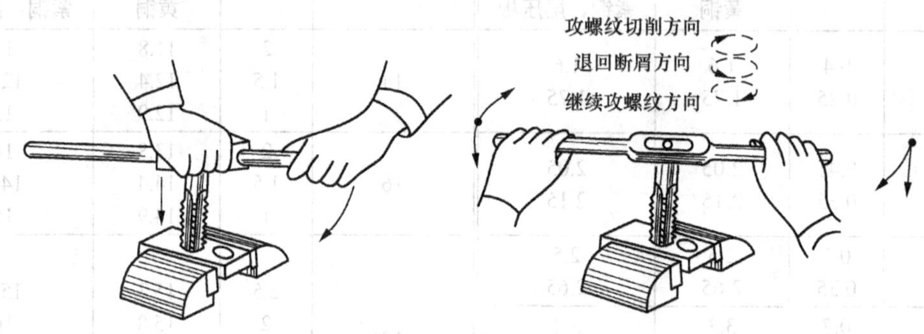

图3.8.3 攻螺纹方法

（4）当丝锥的切削部分全部进入工件时，就不需要施加压力了，而靠丝锥作自然旋进切削。此时两手用力要均匀，并要经常倒转 1/4～1/2 圈，使切屑碎断后容易排除，避免因切屑阻塞而使丝锥卡住。

（5）攻螺纹时，要分清头锥、二锥、三锥，按顺序攻削至标准尺寸。在较硬的材料上攻螺纹时，可轮换各丝锥交替攻削，以减小切削部分的负荷，防止丝锥折断。

（6）攻不通孔螺纹时，可在丝锥上做好深度标记，并要经常退出丝锥，清除留在孔内的切屑，否则会因切屑堵塞使丝锥折断或达不到深度要求。当工件不便倒向进行清屑时，可用弯曲的小管子吹出切屑，或用磁性针棒吸出切屑。

（7）攻韧性材料的螺孔时，要加切削液，以减小切削阻力，减小加工螺孔表面粗糙度和延长丝锥的寿命。攻钢件时可用机油，螺纹质量要求较高时可用工业植物油；攻铸铁件可加煤油。

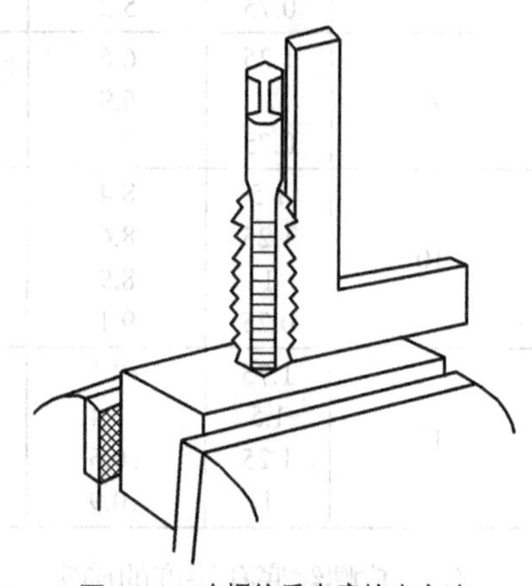
图3.8.4 攻螺纹垂直度检查方法

任务 8.3 取断丝锥的方法

1. 振动法

振动法取断丝锥的方法较为简单，就是用尖錾或样冲抵住丝锥露出部分的容屑槽中，顺着推转切线方向轻轻敲击，使丝锥在反复敲击下发生松动而易于旋出。敲击力不能过大，以防断口部分碎裂，如图 3.8.5（a）所示。

2. 旋出法

制作专用旋具，把旋出工具插入丝锥容屑槽中，振动时应逐渐加大旋转力，并作正反运动，这样便可旋出断丝锥；或用弹簧钢丝插入容屑槽，旋出断丝锥，如图 3.8.5（b）所示。

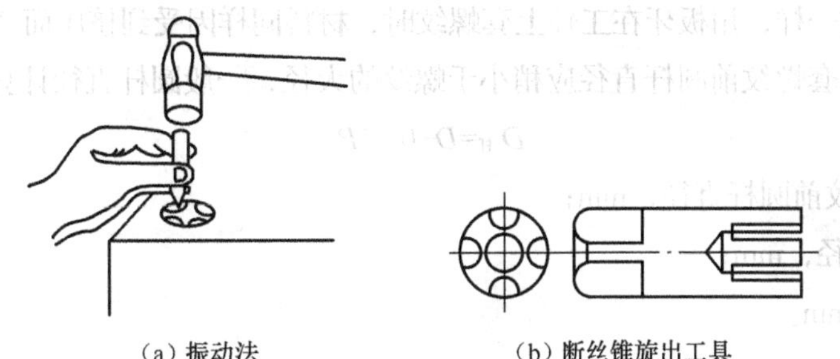

（a）振动法　　（b）断丝锥旋出工具

图3.8.5 取断丝锥方法

3．退火钻取法

当上述方法都无法去除断丝锥时，可采用退火钻出法。方法是加热断丝锥保温慢冷，使其退火，然后用直径小于底孔的钻头对正丝锥中心钻孔。孔钻出后，可用扁头或方头高速钢打入孔中旋出断丝锥。

4．焊接旋出法

M10 以上丝锥可在丝锥顶部焊上一块圆钢，将其折弯后旋出。

任务 8.4 套螺纹相关工艺知识

用板牙在外圆柱面加工出外螺纹的加工方法称为套螺纹。

1．套螺纹工具

（1）板牙。板牙如图 3.8.6 所示，是加工外螺纹的工具，有封闭式和开槽式两种结构。它用合金工具钢或高速钢制作并经过淬火处理。板牙两端都有切削部分，待一端磨损后，可换另一端使用。

（2）板牙架。板牙架如图 3.8.7 所示，是装夹板牙的工具，板牙放入后，用螺钉紧固。

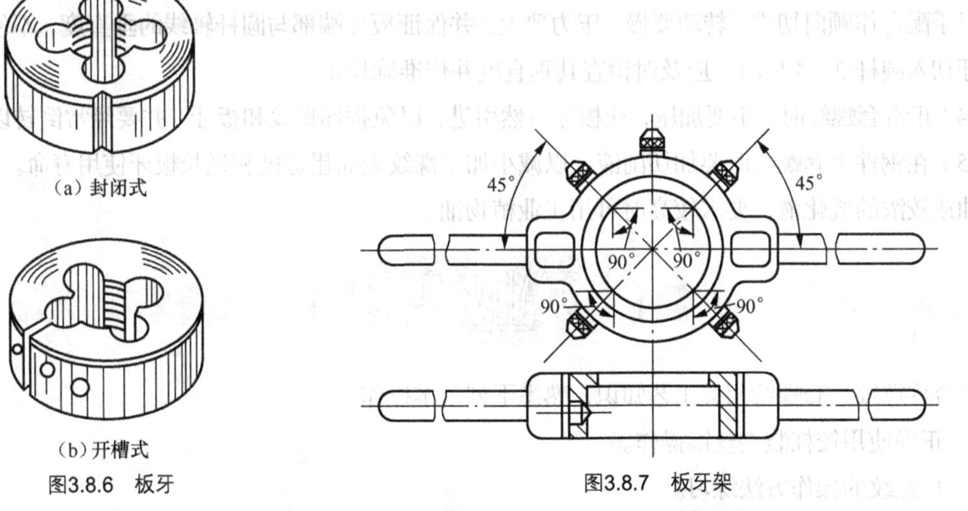

（a）封闭式

（b）开槽式

图3.8.6 板牙

图3.8.7 板牙架

2. 套螺纹前圆杆直径的确定

与用丝锥攻螺纹一样，用板牙在工件上套螺纹时，材料同样因受到挤压而产生塑性变形，牙顶将被挤高一些。所以套螺纹前圆杆直径应稍小于螺纹的大径，一般圆杆直径计算公式为

$$D_{杆}=D-0.13P$$

式中：$D_{杆}$——套螺纹前圆杆直径，mm；

D——螺纹大径，mm；

P——螺距，mm。

任务 8.5　套螺纹操作方法

（1）为了使板牙容易切入材料，圆杆端要倒成锥角，如图 3.8.8 所示，锥体的最小直径应比螺纹小径小，避免螺纹端部出现锋口和卷边。

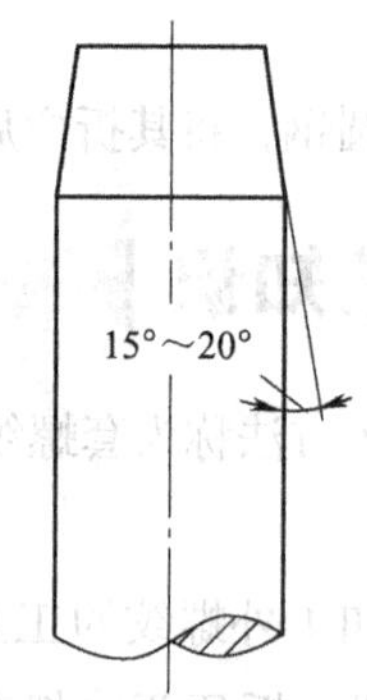

图3.8.8　套螺纹时圆杆的倒角

（2）套螺纹时切削力矩较大，且工件都为圆杆，一般要用 V 形夹或厚铜衬作衬垫，才能保证可靠夹紧。

（3）起套方法与攻螺纹起攻方法一样，一只手用手掌按住铰杠中部，沿圆杆轴向施加压力，另一只手配合作顺向切进，转动要慢，压力要大，并保证板牙端部与圆杆轴线的垂直度，不使歪斜。在板牙切入圆杆 2～3 牙时，应及时检查其垂直度并作准确校正。

（4）正常套螺纹时，不要加压，让板牙自然引进，以免损坏螺纹和板牙，并要经常倒转以断屑。

（5）在钢件上套螺纹时要加切削液，以减小加工螺纹表面粗造度和延长板牙使用寿命。一般可用机油或较浓的乳化液，要求较高时可用工业植物油。

课业练习

结合攻螺纹、套螺纹相关工艺知识，熟悉下列基本操作。

1. 正确使用铰杠装夹丝锥操作。
2. 攻螺纹的操作方法练习。

3. 正确使用板牙架装夹板牙操作。

4. 套螺纹的操作方法练习。

项目九 錾削

【学习目标】

1. 掌握錾削相关工艺知识；
2. 正确掌握錾子和手锤的握法及锤击动作；
3. 錾削的姿势、动作达到初步正确，协调自然；
4. 了解錾削时的安全知识和文明生产要求。

任务 9.1　錾削相关工艺知识

1. 錾子

錾子由头部、切削部分及錾身 3 部分组成，头部有一定的锥度，顶端略带球形，錾身多呈八棱形，以防止錾子转动。

錾子一般用碳素工具钢锻成，然后将切削部分刃磨成楔形后进行热处理，钳工常用的錾子有阔錾（扁錾）、狭錾（尖錾）、油槽錾和扁冲錾 4 种，如图 3.9.1 所示。

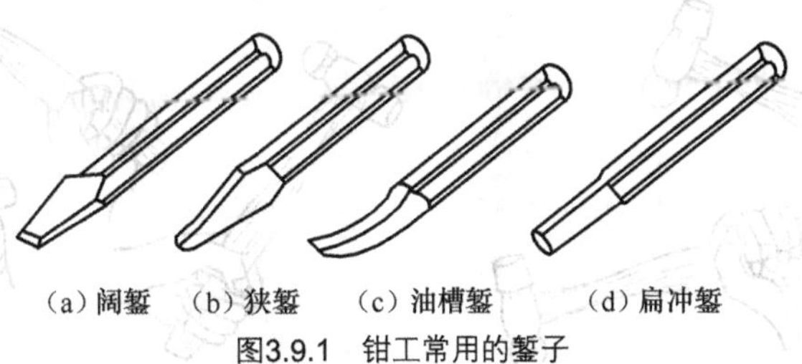

图3.9.1　钳工常用的錾子

阔錾用于錾削平面，切割和去毛刺；狭錾用于开槽；油槽錾用于切油槽；扁冲錾用于打通两个钻孔之间的间隔。

2. 錾子的几何角度

錾切时形成的角度如图 3.9.2 所示。

（1）楔角 β_0：錾子前刀面与后刀面之间的夹角称为楔角。楔角大小对錾削有直接影响，楔角越大，切削部分强度越高，錾削阻力越大。所以选择楔角大小应在保证足够强度的情况下，尽量取小的数值。一般錾削硬材料钢、铸铁，楔角取 60°～70°；錾切中等硬度材料，楔角取 50°～60°；錾削铜、铝软材料，楔角取 30°～50°。

（2）后角 α_0：后刀面与切削平面之间的夹角称为后角。后角的大小由錾削时錾子被掌握的位置决定，一般取 5°～8°。作用是减小后刀面与切削平面之间的摩擦。

（3）前角 γ_0：前刀面与基面之间的夹角。作用是錾削时减小切屑的变形，前角越大，錾削越省力。由于基面垂直于切削平面，存在 $\alpha_0+\beta_0+\gamma_0=90°$ 关系，当后角 α_0 一定时，前角 γ_0 的数值由楔角 β_0 的大小决定。

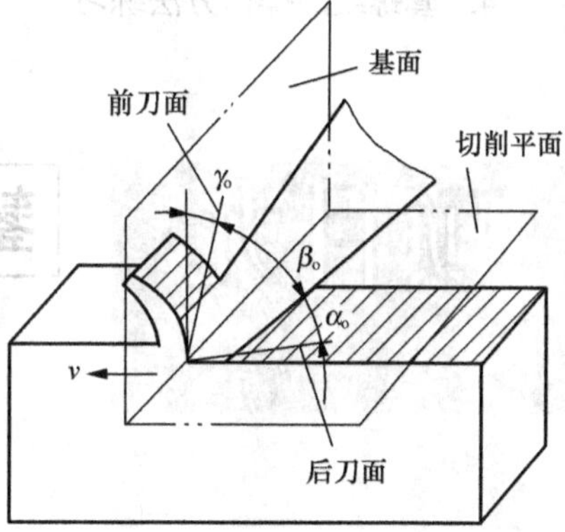

图3.9.2　錾切切削角度

3. 手锤

手锤是钳工常用的敲击工具，由锤头、木柄和楔子组成。手锤的规格以锤头的重量来表示，有 0.25kg、0.5kg、1kg 等。木柄用比较坚韧的木材制成，木柄装在锤头中，必须稳固可靠。装木柄的孔做成椭圆形，且两端大中间小。木柄敲紧在孔中后，端部再打入楔子可防松动。木柄做成椭圆形，除了防止锤头孔发生转动以外，握在手中也不易转动，便于进行准确敲击。

4. 錾削姿势

（1）手锤的握法。

① 紧握法，如图 3.9.3（a）所示。用右手五指紧握锤柄，大拇指合在食指上，虎口对准锤头方向（木柄椭圆的长轴方向），木柄尾部露出 15～30mm。在挥锤和锤击过程中，五指始终紧握。

② 松握法，如图 3.9.3（b）所示。只用大拇指和食指始终握紧手柄。在挥锤时，小指、无名指、中指依次放松，在锤击时，又以相反的方向依次收拢握紧。这种握法手不易疲劳，且锤击力大。

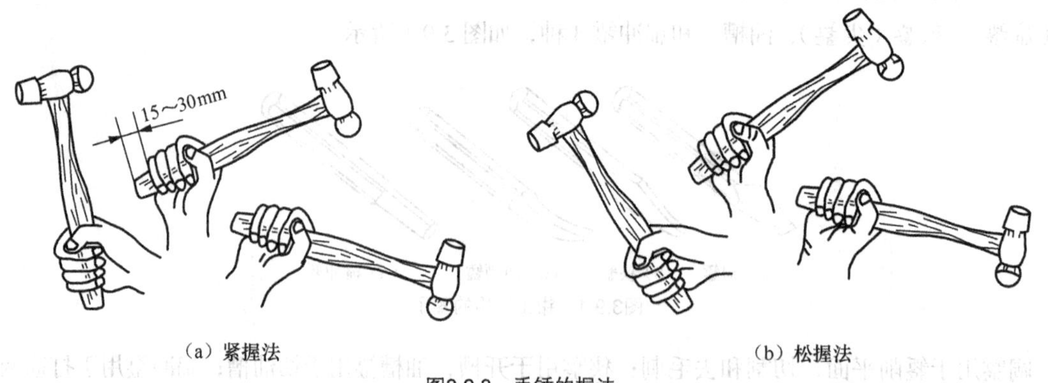

（a）紧握法　　（b）松握法

图3.9.3　手锤的握法

（2）錾子的握法。

① 正握法，如图 3.9.4（a）所示。手心向下，腕部伸直，用中指、无名指握住錾子，小指自然合拢，食指和大拇指自然伸直地松靠，錾子头部伸出约 20mm。

② 反握法，如图 3.9.4（b）所示。手心向上，手指自然捏住錾子，手掌悬空。

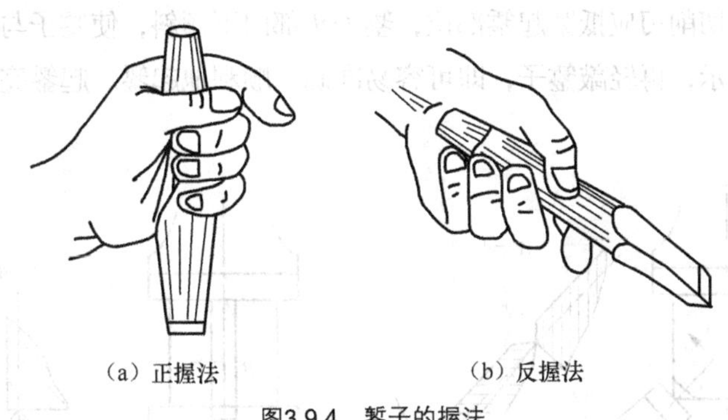
（a）正握法　　（b）反握法

图3.9.4　錾子的握法

（3）站立姿势。錾削时身体与台虎钳中心线大致成 45° 角，且略向前倾，左脚跨前半步与台虎钳成 30° 角，膝盖处稍有弯曲，保持自然，右脚站稳伸直与台虎钳成 75° 角，不要过于用力。与锉削站立姿势一致。

（4）挥锤有腕挥、肘挥和臂挥 3 种方法。

① 腕挥，如图 3.9.5（a）所示。仅用手腕的动作来进行锤击运动，采用紧握法握锤，一般仅用于錾切余量较少及錾削开始或结尾。

② 肘挥，如图 3.9.5（b）所示。用手腕与肘部一起挥动作锤击运动，采用松握法握锤，因挥动幅度较大，锤击力大，应用最广。

③ 臂挥，如图 3.9.5（c）所示。指手腕、肘和全臂一起挥动，其锤击力最大，用于需大力錾削的工件。

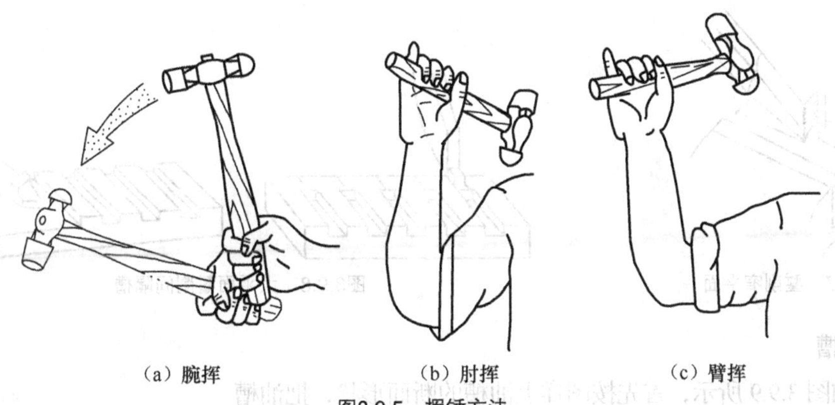
（a）腕挥　　（b）肘挥　　（c）臂挥

图3.9.5　挥锤方法

任务 9.2　錾削操作方法

1. 錾削平面

錾削平面用扁錾进行，每次錾削余量为 0.5～2mm。錾削时的后角为 5°～8°。后角过小易使錾子滑出切削部位，后角过大易扎入工件深处。起錾时，从工件的边缘尖角处着手，如图 3.9.6（a）所示，由于切削刃与工件的接触面小，故阻力小，只需轻敲，錾刃较易切入材料。一般不允许从边

缘尖角处起錾，起錾时切削刃应抵紧起錾部位，錾子头部向下倾斜，使錾子与工件起錾端面基本垂直，如图 3.9.6（b）所示，再轻敲錾子，即可容易准确、顺利地起錾。起錾完成后，按正常方法进行平面錾削。

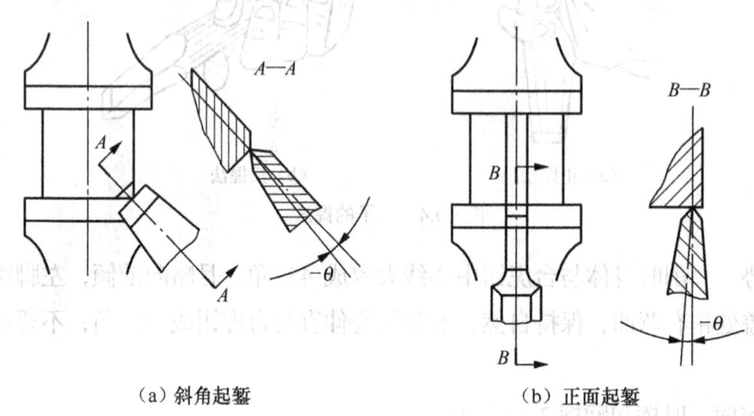

（a）斜角起錾　　（b）正面起錾

图3.9.6　起錾方法

錾削较窄的平面时，錾子的切削刃最好与錾削前进方向倾斜一个角度，如图 3.9.7 所示，而不是保持垂直角度。目的是使切削刃与工件有较大的接触面，且錾子也容易掌握平稳。

錾削较宽的平面时，由于切削面的宽度超过錾子的宽度，扁錾切削部分的两侧易被卡住，增加切削阻力，且不易掌握錾子，影响錾削质量。所以一般应先用狭錾间隔开槽，再用扁錾錾去剩余部分，如图 3.9.8 所示。当錾削快到尽头时，必须调头錾削，否则极易使工件边缘崩裂，造成废品。

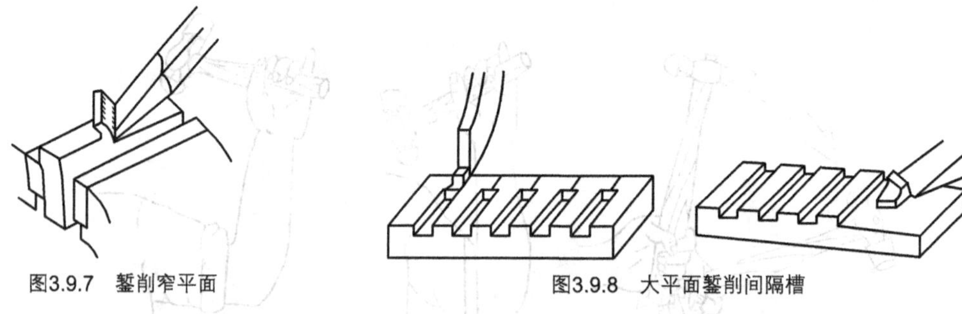

图3.9.7　錾削窄平面　　图3.9.8　大平面錾削间隔槽

2. 錾油槽

錾油槽如图 3.9.9 所示，首先按图样上油槽的断面形状，把油槽錾刃磨好。錾削平面上的油槽时，錾削方法与錾削平面基本一样。錾削曲面上的油槽时，则錾子的倾斜度要随着曲面而不断调整，始终保持有一个适当的后角。錾油槽要掌握好尺寸和表面粗造度，必要时可进行一些修整，因为油槽錾削后不再用其他方法进行精加工。

图3.9.9　錾油槽

3. 錾削板料

切断薄板料（厚度在 2mm 以下）可将其夹在台虎钳上錾削，如图 3.9.10（a）所示。錾削时将板料按划线夹成与钳口平齐，用阔錾沿着钳口并斜对着板料（约成 45°）自右向左錾削。

对尺寸较大的板料或錾削线有曲线而不能在台虎钳上錾削，可在铁砧（或旧平板）上进行，如图 3.9.10（b）所示。

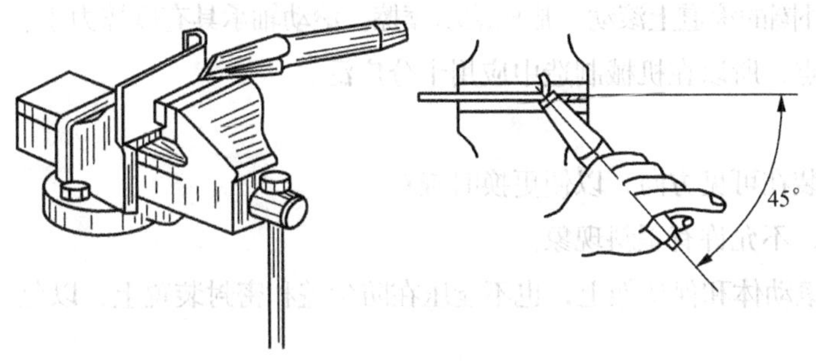

(a) 在台虎钳上錾削板料

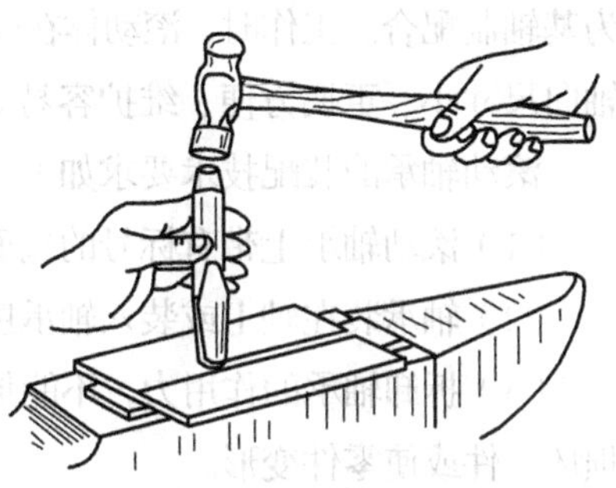

(b) 在铁砧上錾削板料

图3.9.10　錾削板料

结合錾削相关工艺知识，熟悉下列基本操作。

1. 手锤的握法。
2. 挥锤的方法操作。
3. 錾削平面方法练习。
4. 錾削油槽的方法练习。
5. 錾削板料的方法练习。

滚动轴承的拆装

【学习目标】

1. 掌握滚动轴承的结构及装配技术要求；
2. 能正确对各种型号的滚动轴承进行装配与拆卸；
3. 熟知并掌握滚动轴承拆装过程中的注意事项。

任务 10.1　滚动轴承装配技术要求

滚动轴承一般由外圈、内圈、滚动体和保持架组成。内圈和轴颈为基孔制配合，外圈和轴承孔为基轴制配合。工作时，滚动体在内、外圈的滚道上滚动，形成滚动摩擦。滚动轴承具有摩擦力小、轴向尺寸小、更换方便、维护容易等优点，所以在机械制造中应用十分广泛。

滚动轴承的装配技术要求如下。

（1）滚动轴承上带有标号的端面应装在可见方向，以便更换时查对。

（2）轴承装在轴上或装入轴承座后，不允许有歪斜现象。

（3）拆卸轴承的作用力，不能加在滚动体和保持架上，也不能压在防尘盖和密封装置上，以免损坏零件或使零件变形。

（4）不能采用以手锤直接敲击轴承的方式拆卸，避免过盈量较大的轴承发生损坏。

（5）对没有报废和修理后仍可使用的轴承，拆卸时应避免损坏，拆下后要妥善保管。

（6）拆卸磨损报废的轴承时，除注意不要损坏轴、机体和其他零件外，对于报废轴承也尽可能地不要损坏，保留原样以便分析其损坏的原因。

（7）拆卸轴承前应在轴上或机体座孔处涂润滑油，以便拆卸。

任务 10.2　滚动轴承装配

滚动轴承的装配方法应视轴承尺寸大小和过盈量来选择。一般滚动轴承的装配方法有锤击法、用螺旋或杠杆压力机压入法、热装法等。

1. 向心球轴承的装配

深沟球轴承常用的装配方法有锤击法和压入法。图 3.10.1（a）所示为用铜棒垫上特制套，用锤子将轴承内圈装到轴颈上。图 3.10.1（b）所示为用锤击法将轴承外圈装入壳体内孔中。图 3.10.2 所示为用压入法将轴承内、外圈分别压入轴颈和轴承座孔中的方法。如果轴颈尺寸较大、过盈量也较大时，为了装配方便可用热装法，即将轴承放在温度为 80℃～100℃的油中加热，然后和常温状态的轴配合。

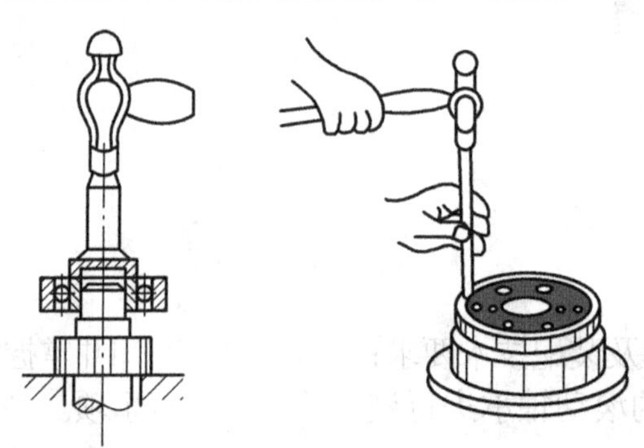

（a）将内圈装到轴颈上　　（b）将外圈装入孔内

图3.10.1　锤击法装配滚动轴承

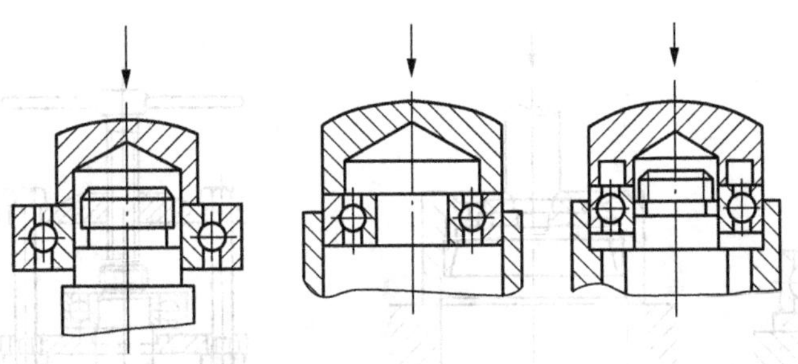

图3.10.2　压入法装配滚动轴承

2. 角接触球轴承的装配

因为角接触球轴承的内、外圈可以分离，所以可以用锤击、压入或热装的方法将内圈装到轴颈上，用锤击或压入法将外圈装到轴承孔内，然后调整游隙。

3. 推力球轴承的装配

推力球轴承有松圈和紧圈之分，装配时一定要注意，千万不能装反，否则将造成轴发热甚至卡死现象。装配时应使紧圈靠在转动零件的端面上，松圈靠在静止零件（或箱体）的端面上，如图 3.10.3 所示。

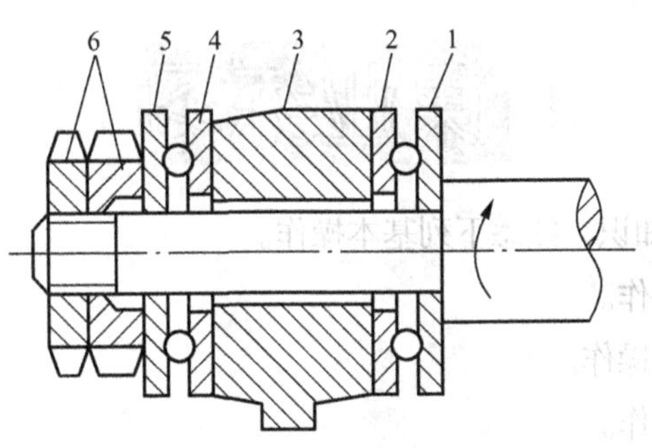

图3.10.3　推力球轴承的装配

1、5—紧圈；2、4—松圈；3—箱体；6—螺母

任务 10.3　滚动轴承拆卸

滚动轴承的拆卸方法与其结构有关。对于拆卸后还要重复使用的轴承，拆卸时不能损坏轴承的配合表面，不能将拆卸的作用力加在滚动体上。图 3.10.4 所示的拆卸方法是不正确的。

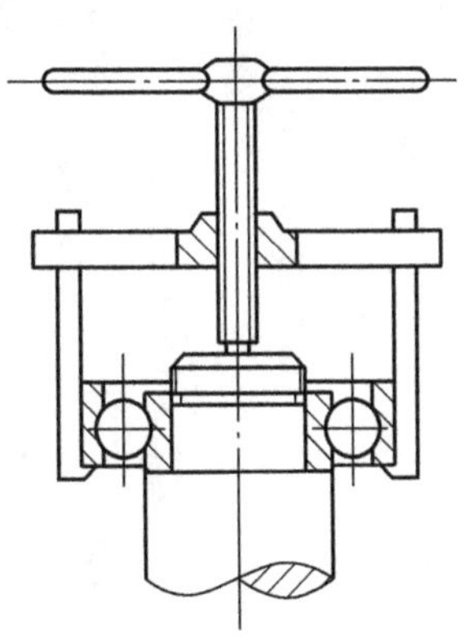

图3.10.4　不正确拆卸方法

圆柱孔轴承的拆卸，可以用压力机，如图 3.10.5 所示；也可用拉出器，如图 3.10.6 所示。

圆锥孔轴承直接装在锥形轴颈上，或装在紧定套上，可拧松紧螺母，然后利用软金属棒和手锤向紧锁螺母方向，将轴承敲出，如图 3.10.7 所示。装在退卸套上的轴承，先将锁紧螺母卸掉，然后用退卸螺母将退卸套从轴承座圈中拆出，如图 3.10.8 所示。

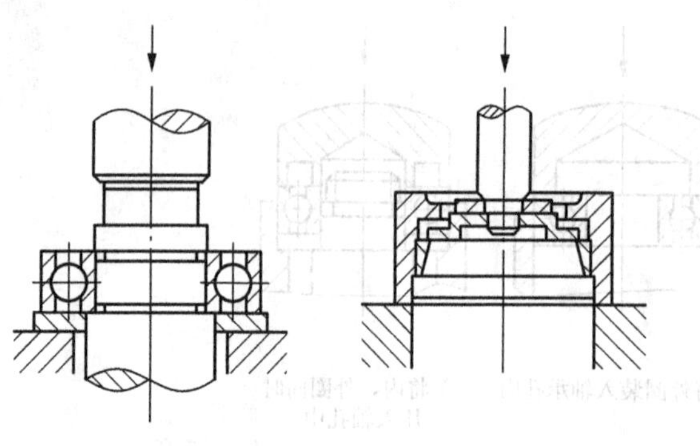

（a）从轴上拆卸轴承　（b）可分离轴承拆卸

图3.10.5　用压力机拆卸圆锥孔轴承

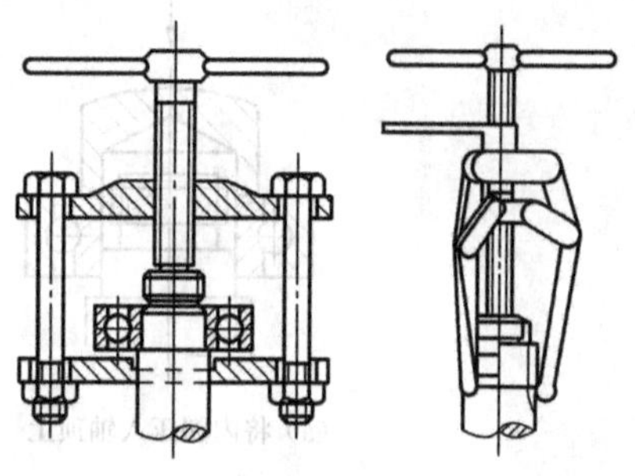

（a）双杆拉出器　（b）三杆拉出器

图3.10.6　滚动轴承拉出器

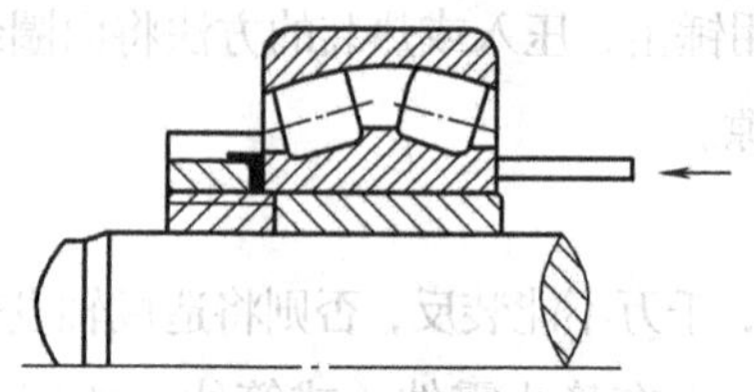

图3.10.7　带紧定套轴承的拆卸

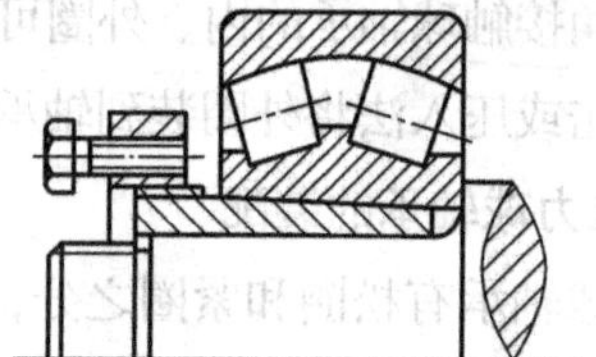

图3.10.8　用拆卸螺母和螺栓拆卸

结合滚动轴承拆卸工艺知识，熟悉下列基本操作。

1. 向心球轴承的装配操作。
2. 角接触球轴承的装配操作。
3. 推力球轴承的装配操作。
4. 用轴承拉出器拆卸轴承操作。

Chapter 4

模块四

电焊操作训练

电焊入门知识

【学习目标】

1. 了解焊接的概念和分类；
2. 掌握焊条的组成、分类和选用；
3. 熟悉焊接常用工具和辅具；
4. 掌握焊接基本工艺参数；
5. 了解焊接接头形式、坡口形状和焊接位置；
6. 掌握文明安全生产知识。

任务 1.1 了解焊接的概念和分类

在近代的金属加工中，焊接比铸造、锻压工艺发展的晚，但发展速度很快。焊接结构的比重约占钢材产量的 45%，铝和铝合金焊接结构的比重也在不断增加。未来的焊接工艺，一方面要研制新的焊接方法、焊接设备和焊接材料，以进一步提高焊接质量和安全可靠性；另一方面要提高焊接机械化和自动化水平。

1. 焊接的概念

焊接是通过加热（或辅以锤击、加压或加熔化的填充材料等）将金属材料连接起来的加工方法。焊接时可以填充或不填充焊接材料，可以连接同种金属、异种金属、某些烧结陶瓷合金和非金属材

料。焊接接头能达到与母材同等强度。

2. 焊接的分类

焊接方法种类繁多，而且新的方法仍在不断涌现，因此如何对焊接方法进行科学的分类是一个十分重要的问题。正确的分类不仅可以帮助读者了解、学习各种焊接方法的特点和本质，而且可以为科学工作者开发新的焊接技术提供有力根据。目前，国内外著作中焊接方法分类法种类甚多，各有差异。这里只对现有的分类法进行综述，并讨论其原则和优点。

根据焊接时的工艺特点和母材金属所处的状态，可以把焊接方法分成熔焊、压焊和钎焊 3 大类。

（1）熔焊。焊接过程中，将焊件接头加热至熔化状态，不加压力完成的焊接方法，称为熔焊。从冶金角度看，熔焊属于液相焊接，除了被连接的（同质或异质）母材外，还可以添加同质或异质的填充材料共同构成统一的液相物质，冷凝后形成起连接母材作用的焊缝。常用的熔焊方法具体介绍如下。

① 电弧焊。电弧焊是目前应用最广泛的焊接方法，包括焊条电弧焊、埋弧焊、钨极氩弧焊、等离子弧焊、熔化极气体保护电弧焊等几大类。绝大部分电弧焊是以电极与工件之间燃烧的电弧作热源。在形成接头时，可以采用也可以不采用填充金属。所用的电极是在焊接过程中熔化的焊丝时，叫做熔化极电弧焊，如手工焊条电弧焊、埋弧焊、气体保护电弧焊、管状焊丝电弧焊等；所用的电极是在焊接过程中不熔化的碳棒或钨棒时，叫做不熔化极电弧焊，如钨极氩弧焊、等离子弧焊等。

- 焊条电弧焊。用手工操纵焊条进行焊接的电弧焊方法称为手工焊条电弧焊，简称手弧焊。手弧焊设备简单、轻便，操作灵活。可以应用于维修及装配中的短缝焊接，特别是可以用于难以达到部位的焊接。手孤焊配用相应的焊条可适用于大多数工业用碳钢、不锈钢、铸铁、铜、铝、镍及其合金的焊接。

- 埋弧焊。电弧在焊剂层下燃烧，利用电气和机械装置控制送丝和移动电弧的焊接方法，称为埋弧焊。焊接过程中，焊剂熔化产生的液态熔渣覆盖电弧和熔化金属，起保护、净化熔池、稳定电弧和渗入合金元素的作用。

埋弧焊的焊接效率高，焊缝光洁，无飞溅，少烟尘，无电弧闪光，劳动条件好，设备成本较低，是一种适于大量生产的焊接方法，广泛用于焊接各种碳钢、低合金钢和合金钢，也用于不锈钢和镍合金的焊接和表面堆焊。

- 钨极氩弧焊。钨极氩弧焊是利用钨极和工件之间的电弧使金属熔化而形成焊缝，它是一种非熔化极气体保护电弧焊。焊接过程中钨极不熔化，只起电极的作用。同时，由焊炬的喷嘴送进氩气或氦气作保护。还可根据需要另外添加金属，在国际上通称为 TIG 焊。

钨极氩弧焊由于能很好地控制热输入，所以它是连接薄板金属和打底焊的一种极好方法。这种方法几乎可以用于所有金属的连接，尤其适用于焊接铝、镁等能形成难熔氧化物的金属以及钛、锆等活泼金属。这种焊接方法的焊缝质量高，但与其他电弧焊相比，其焊接速度较慢。

- 等离子弧焊。等离子弧焊也是一种非熔化极电弧焊。等离子焊接与 TIG 焊十分相似，它们的电弧都是在尖头的钨电极和工件之间形成的。但是，通过在焊炬中安置电极，能将等离子弧从保护气体的气囊中分离出来，随后推动等离子通过孔形良好的铜喷管将弧压缩。焊接时可以外加填充

金属，也可以不加填充金属。

等离子弧焊的生产率高、焊缝质量好。但等离子弧焊设备（包括喷嘴）比较复杂，对焊接工艺参数的控制要求较高。钨极气体保护电弧焊可焊接的绝大多数金属，均可采用等离子弧焊接。与之相比，对于 1mm 以下的极薄的金属焊接，用等离子弧焊较容易进行。

● 熔化极气体保护电弧焊。熔化极气体保护电弧焊是采用可熔化的焊丝（熔化电极）与焊件之间的电弧作为热源来熔化焊丝与母材金属，并向焊接区输送保护气体，使电弧、熔化的焊丝、熔池及附近的母材金属免受空气的有害作用，CO_2 气体保护焊、氩弧焊等电极熔化类气体保护焊的焊接工艺都属于此类。

熔化极气体保护电弧焊的主要优点是可以方便地进行各种位置的焊接，同时也具有焊接速度较快、熔敷率高等优点。熔化极活性气体保护电弧焊可适用于大部分主要金属，包括碳钢、合金钢等。熔化极惰性气体保护焊适用于不锈钢、铝、镁、铜、钛、锆及镍合金等。利用这种焊接方法还可以进行电弧点焊。

② 激光焊。激光焊是利用大功率光子流聚焦而成的激光束为热源进行的焊接。激光焊的优点是不需要在真空中进行，缺点则是穿透力不如电子束焊强。激光焊时能进行精确的能量控制，因而可以实现精密微型器件的焊接。它能应用于很多金属，特别是能解决一些难焊金属及异种金属的焊接。

③ 电子束焊。电子束焊是以集中的高速电子束轰击工件表面时所产生的热能进行焊接的方法。电子束焊接时，由电子枪产生电子束并加速。常用的电子束焊有高真空电子束焊、低真空电子束焊和非真空电子束焊。前两种方法都是在真空室内进行，焊接准备时间（主要是抽真空时间）较长，工件尺寸受真空室大小限制。

电子束焊与电弧焊相比，主要的特点是焊缝熔深大、熔宽小、焊缝金属纯度高，所有用其他焊接方法能进行熔化焊的金属及合金都可以用电子束焊接。主要用于要求高质量的产品的焊接，还能解决异种金属、易氧化金属及难熔金属的焊接，但不适于大批量产品。

④ 气焊。气焊是用气体火焰为热源的一种焊接方法。应用最多的是以乙炔气作燃料的氧—乙炔火焰。其设备简单，操作方便，但气焊加热速度及生产率较低，热影响区较大，且容易引起较大的变形。气焊可用于很多黑色金属、有色金属及合金的焊接，一般适用于维修及单件薄板的焊接。

（2）压焊。焊接过程中，必须对焊件施加压力（加热或不加热）的焊接方法，称为压焊。压焊有以下两种形式。

① 被焊金属的接触部位加热至塑性状态，或局部熔化状态，然后加一定的压力，使金属原子间相互结合形成焊接接头，如电阻焊、摩擦焊等。

② 加热时仅在被焊金属接触面上施加足够大的压力，借助于压力引起的塑性变形，原子相互接近，从而获得牢固的压挤接头，如冷压焊、超声波焊、爆炸焊等。

（3）钎焊。采用比母材熔点低的金属材料作钎料，将焊件和钎料加热到高于钎料熔点，但低于母材熔点的温度，利用毛细作用使液态钎料润湿母材，填充接头间隙并与母材相互扩散，连接焊件

的方法，称为钎焊。根据热源或加热方法不同。钎焊可分为火焰钎焊、感应钎焊、炉中钎焊、浸沾钎焊、电阻钎焊等。根据钎料熔点的不同可分为如下两种。

① 软钎焊。软钎焊用熔点低于450℃的钎料（铅、锡合金为主）进行焊接，接头强度较低。

② 硬钎焊。硬钎焊用熔点高于450℃的钎焊（铜、银、镍合金为主）进行焊接，接头强度较高。

钎焊时由于加热温度比较低，故对工件材料的性能影响较小，焊件的应力变形也较小，但钎焊接头的强度一般比较低，耐热能力较差。钎焊可以用于焊接碳钢、不锈钢、高温合金、铝、铜等金属材料，还可以连接异种金属、金属与非金属。适于焊接受载不大或常温下工作的接头，对于精密的、微型的以及复杂的多钎缝的焊件尤其适用。

任务 1.2　焊条电弧焊的原理及特点

焊条电弧焊是最常用的焊接方法之一，它使用的设备简单，操作方便灵活，适应在各种条件下的焊接，特别适合于形状复杂的焊接结构的焊接。因此，虽然焊条电弧焊劳动强度大、焊接生产率低，但仍然在国内外焊接生产中占据着重要位置。

1. 焊条电弧焊的基本原理

焊条电弧焊是用手工操纵焊条进行焊接的电弧焊方法。它利用焊条与焊件之间建立起来的稳定燃烧的电弧，使焊条和焊件熔化，从而获得牢固的焊接接头，其原理如图4.1.1所示。焊接过程中，药皮不断地分解、熔化而生成气体及熔渣，保护焊条端部、电弧、熔池及其附近区域，防止大气对熔化金属的有害污染。焊条芯也在电弧热作用下不断熔化进入熔池，成为焊缝的填充金属。

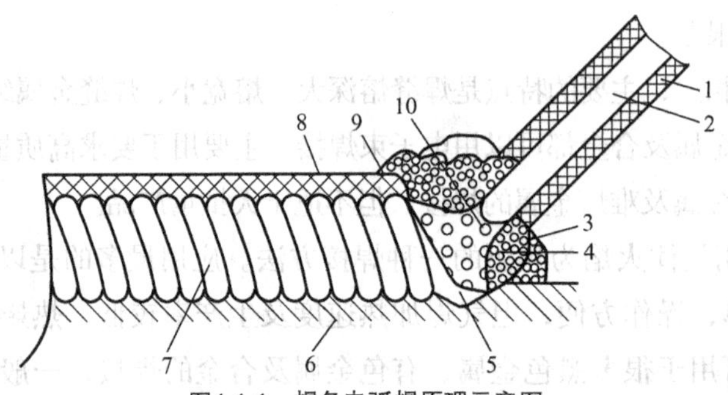

图4.1.1　焊条电弧焊原理示意图

1—药皮；2—焊芯；3—保护气；4—电弧；5—熔池；6—母材；7—焊缝；8—焊渣；9—熔渣；10—熔滴

2. 焊条电弧焊的特点

焊条电弧焊与其他的熔焊方法相比，具有以下特点。

（1）操作灵活。焊条电弧焊之所以成为应用最广泛的焊接方法，主要是因为它的灵活性。由于焊条电弧焊设备简单、移动方便、电缆长、焊把轻，因而广泛地应用于平焊、立焊、横焊、仰焊等各种空间位置和对接、搭接、角接、T形接头等各种接头形式的焊接，无论是在车间内，还是在野外施工现场均可采用。可以说，凡是焊条能达到的任何位置的接头，均可采用焊条电弧焊方法焊接。对于复杂结构、不规则形状的构件以及单件、非定型结构的制造，由于可以不用辅助工装、变位器、胎夹具等就可以焊接，因此焊条电弧焊的优越性显得尤为突出。

（2）待焊接头装配要求低。由于焊接过程由焊工手工控制，可以适时调整电弧位置和运条姿势，修正焊接参数，以保证跟踪接缝和均匀熔透。因此，对焊接接头的装配精度要求可以相对降低。

（3）可焊金属材料广泛。焊条电弧焊广泛应用于低碳钢、低合金结构钢的焊接。选配相应的焊条，焊条电弧焊也常用于不锈钢、耐热钢、低温钢等合金结构钢的焊接，还可用于铸铁、铜合金、镍合金等材料的焊接，以及对有耐磨损、耐腐蚀等特殊使用要求的构件进行表面层堆焊。

（4）焊接生产率低。焊条电弧焊与其他电弧焊相比，由于其使用的焊接电流小，每焊完一根焊条后必须更换焊条，以及因清渣而停止焊接等，因此这种焊接方法的熔敷速度慢，焊接生产率低，劳动强度大。

（5）焊缝质量依赖性强。虽然焊接接头的力学性能可以通过选择与母材力学性能相当的焊条来保证，但焊缝质量在很大程度上依赖于焊工的操作技能及现场发挥，甚至焊工的精神状态也会影响焊缝质量。

任务 1.3 熟悉焊接常用工具和辅具

焊接常用工具和辅具主要有焊钳、焊接电缆、面罩、防护服、敲渣锤、钢丝刷、焊条保温筒等。

1. 焊钳

焊钳是用以夹持焊条进行焊接的工具。其主要作用是使焊工能夹住和控制焊条，同时也起着从焊接电缆向焊条传导焊接电流的作用。焊钳应具有良好的导电性、不易发热、重量轻、夹持焊条牢固、装换焊条方便等特性。焊钳的构造如图 4.1.2 所示。

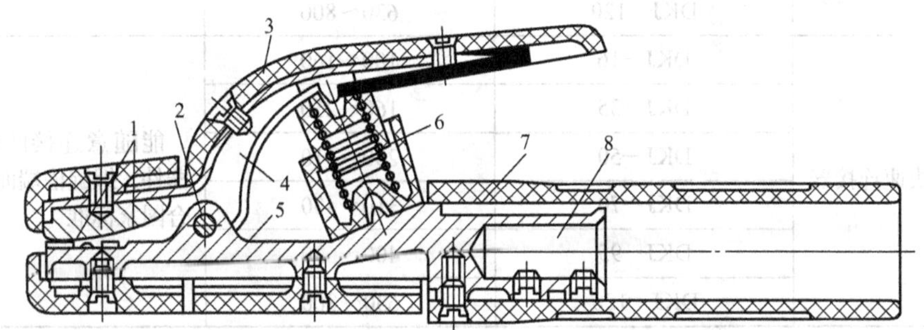

图4.1.2 焊钳的构造

1—钳口；2—固定销；3—弯臂罩壳；4—弯臂；5—手柄；6—弹簧；7—胶木手柄；8—焊接电缆固定处

焊钳分各种规格，以适应各种规格的焊条直径。每种规格的焊钳，是以所要夹持的最大直径焊条需用的电流设计的。常用的市售焊钳有 160A、300A 和 500A 3 种，其技术指标如表 4.1.1 所示。

表 4.1.1 常用焊钳的技术指标

焊钳型号	160A		300A		500A	
额定焊接电流/A	160		300		500	
负载持续率/%	60	35	60	35	60	35

续表

焊接电流/A	160	220	300	400	500	560
手柄温度/℃	≤40		≤40		≤40	
L 型尺寸 $A\times B\times C$/ mm × mm × mm	220 × 70 × 30		235 × 80 × 36		235 × 86 × 38	
重量/kg	0.24		0.34		0.40	
适用焊条直径/mm	1.6～4		2～5		3.2～8	
连接电缆截面积/mm²	25～35		35～50		70～95	

2. 焊接电缆快速接头、快速连接器

它是一种快速方便地连接焊接电缆与焊接电源的装置。其主体采用导电性好并具有一定强度的黄铜加工而成，具有轻便、接触电阻小、无局部过热、操作简单、连接快、拆卸方便等特点。常用的快速接头、快速连接器如表 4.1.2 所示。

表 4.1.2　　常用快速接头、快速连接器

名　称	型 号 规 格	额定电流/A	用　途
焊接电缆、快速接头	DKJ—16	100～160	由插头、插座两部件组成，能随意将电缆连接在弧焊电源上，符合国家标准 GB/ 7925—1987 的规定
	DKJ—35	160～250	
	DKJ—50	250～310	
	DKJ—70	310～400	
	DKJ—95	400～630	
	DKJ—120	630～800	
焊接电缆、快速连接器	DKJ—16	100～160	能随意连接两根电缆的器件，螺旋槽端面接触，符合国家标准
	DKJ—35	160～250	
	DKJ—50	250～310	
	DKJ—70	310～400	
	DKJ—95	400～630	
	DKJ—120	630～800	

3. 接地夹钳

接地夹钳是将焊接导线或接地电缆接到工件上的一种器具。接地夹钳必须能形成牢固的连接，又能快速且容易地夹到工件上。对于低负载率来说，弹簧夹钳比较合适。使用大电流时，需要螺纹夹钳，以使夹钳不过热并形成良好的连接。

4. 焊接电缆

利用焊接电缆可将焊钳和接地夹钳接到电源上。焊接电缆是焊接回路的一部分，除要求应具有足够的导电截面以免过热而引起导线绝缘破坏外，还必须耐磨和耐擦伤，应柔软易弯曲，具有最大的挠度，以便焊工容易操作，减轻劳动强度。焊接电缆应采用多股细铜线电缆，一般可选用电焊机

用 YHH 型橡套电缆或 YHHR 型橡套电缆。焊接电缆的截面积可根据焊机额定焊接电流进行选择，焊接电缆截面与电流、导线长度的关系如表 4.1.3 所示。

表 4.1.3　　焊接电缆截面与电流、电缆长度的关系

额定电流/A	电缆长度/m						
	20	30	40	50	60	70	80
	电缆截面面积/mm²						
100	25	25	25	25	25	25	25
150	35	35	35	35	50	50	60
200	35	35	35	50	60	70	70
300	35	50	60	60	70	70	70
400	35	50	60	70	85	85	85
500	50	60	70	85	95	95	95

5. 面罩及护目玻璃

面罩及护目玻璃是为防止焊接时的飞溅物、强烈弧光及其他辐射对焊工面部及颈部灼伤的一种遮蔽工具，有手持式和头盔式两种。护目玻璃安装在面罩正面，用来减弱弧光强度，吸收由电弧发射的红外线、紫外线和大多数可见光线。焊接时，焊工通过护目玻璃观察熔池情况，正确掌握和控制焊接过程，避免眼睛受弧光灼伤。

护目玻璃有各种色泽，目前以墨绿色的为多，为改善防护效果，受光面可以镀铬。护目玻璃的颜色有深浅之分，应根据焊接电流大小、焊工年龄和视力情况来确定。护目玻璃色号、规格的选用如表 4.1.4 所示。护目玻璃外侧应加一块同尺寸的一般玻璃，以防止金属飞溅的污染。

表 4.1.4　　焊工护目玻璃镜片选用

护目玻璃色号	颜色深浅	适用焊接电流/A	尺寸/mm
7～8	较浅	≤100	2×50×107
9～10	中等	100～350	2×50×107
11～12	较深	≥350	2×50×107

6. 焊条保温筒

焊条保温筒是焊工焊接操作现场必备的辅具，携带方便。将已烘干的焊条放在保温筒内供现场使用，起到防黏泥土、防潮、防雨淋等作用，能够避免焊接过程中焊条药皮的含水率上升。

7. 防护服

为了防止焊接时触电及被弧光和金属飞溅物灼伤，焊工焊接时，必须戴皮革手套、工作帽，穿好白帆布工作服、脚盖、绝缘鞋等。焊工在敲渣时，应戴平光眼镜。

8. 其他辅具

焊接中的清理工作很重要，必须清除掉工件和前层熔敷的焊缝金属表面上的油垢、熔渣和对焊接有害的任何其他杂质。为此，焊工应备有角向磨光机、钢丝刷、清渣锤、扁铲、锉刀等辅具。另

外，在排烟情况不好的场所焊接作业时，应配有电焊烟雾吸尘器或排风扇等辅助器具。

任务 1.4　掌握焊条的组成分类和选用

1. 焊条的组成

在焊接过程中，焊条既作为电极形成电弧又作为填充材料形成焊缝金属，故焊条必须具有引弧容易、电弧稳定性好、对焊缝熔池具有良好的保护作用、能够形成优良的合乎要求的焊缝。焊条由表面的药皮与内部的焊芯组成，如图 4.1.3 所示。

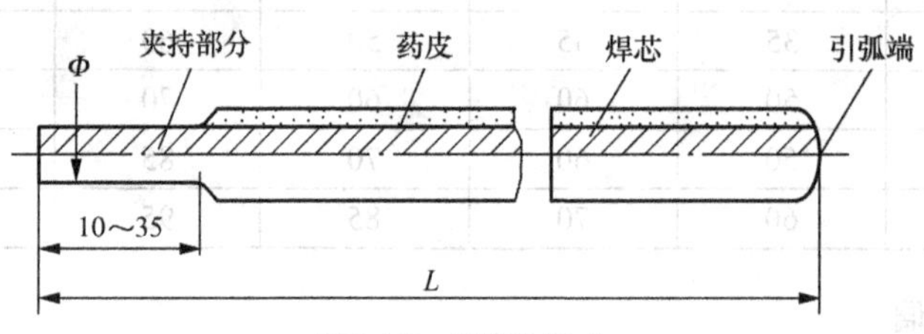

图4.1.3　焊条的组成

2. 焊条的作用

（1）焊芯的作用。焊芯的作用主要是导电，熔化后作为填充材料与母材形成焊缝。一般手工电弧焊时，焊缝金属的 50%～70%来自焊芯材料。因此，为保证焊缝形成质量，对焊芯的各金属元素用量进行严格控制，对有害杂质的要求更为严格。碳素钢、低合金钢焊条的焊芯一般用 H08A（H 表示焊 0 用钢，08 表示含碳量不大于 0.1%，A 为优质钢，即 S、P 的含量低于 0.03%）。

（2）药皮的作用。焊芯表面涂有一层成分均匀的涂层材料——药皮。焊条的药皮主要作用是保护焊缝熔池、形成稳定电弧、合金化作用使焊缝金属合乎性能要求。焊接药皮中的物质组成分为：矿物类（主要形成熔渣、产生保护性气体）、铁合金和金属粉类（主要是补充焊接过程烧损的合金元素）、有机物类（便于药皮成形）、化工材料类（便于药皮成形，如水玻璃的作用就是作为药皮黏结材料）等。

3. 焊条的分类与型号

（1）焊条的分类。

① 按用途分类。现行的焊条分类，一是根据相关国家标准分为 8 类：碳钢焊条（GB/T 5117—1995）、低合金钢焊条（GB/T 5118—1995）、不锈钢焊条（GB/T 983—1995）、堆焊焊条（GB/T 984—1985）、铸铁焊条（GB/T 10044—1988）、镍及镍合金焊条（GB/T 13814—1992）、铜及铜合金焊条（GB/T 3670—1995）、铝及铝合金焊条（GB/T 3669—1983）；二是按原国家机械工业委员会在《焊接材料产品样本》中分为 10 大类：结构钢焊条（J）、钼及铬钼耐热钢焊条（R）、低温钢焊条（W）、不锈钢焊条（铬不锈钢焊条 G、铬镍不锈钢焊条 A）、堆焊焊条（D）、铸铁焊条（Z）、镍及镍合金焊条（Ni）、铜及铜合金焊条（T）、铝及铝合金焊条（L）、特殊用途焊条（TS）。

② 药皮熔化后熔渣酸碱性分类。按熔渣酸碱性可分为酸性焊条（熔渣酸碱度小于 1.5）和碱性

焊条（熔渣酸碱度大于 1.5）两类。酸性焊条与碱性焊条焊接工艺性能对比如表 4.1.5 所示。

表 4.1.5 酸性焊条与碱性焊条焊接工艺性能对比

酸 性 焊 条	碱 性 焊 条
对水、铁锈的敏感性不大，使用前经 100℃～150℃烘焙 1h	对水、铁锈的敏感性较大，使用前经 300℃～350℃烘焙 1～2h
电弧稳定，可用交流或直流施焊	需用直流反接施焊；药皮加稳弧后，可交、直流两用施焊
焊接电流较大	同规格酸性焊条约小 10%左右
可长弧操作	须短弧操作，否则易引起气孔
合金元素过渡效果差	合金元素过渡效果好
熔深较浅，焊缝成形较好	熔深稍深，焊缝成形一般
熔渣呈玻璃状，脱渣较方便	熔渣呈结晶状，脱渣不及酸性焊条
焊缝的常、低温冲击韧度一般	焊缝的常、低温冲击韧度较高
焊缝的抗裂性较差	焊缝的抗裂性好
焊缝的含氢量较高，影响塑性	焊缝的含氢量低
焊接时烟尘较少	焊接时烟尘稍多

（2）焊条的型号。

① 碳钢焊条型号表示。根据国家标准 GB/T 5117—1995 规定，碳钢焊条型号编制为：首字母“E”表示焊条；前两位数字表示熔敷金属抗拉强度最小值，单位为 kgf/mm^2；第三位数字表示焊接适用位置，“0”和“1”表示焊条适用全位置焊，“2”表示焊条适用平焊与平角焊，“4”表示焊条适用于向下立焊；第三位、第四位数字组合时表示焊条药皮类型与适用焊接电流类型；在第四位数字后缀有字母表示有特殊要求的焊条，如附加“R”表示耐吸潮，附加“M”表示耐吸潮和有特殊性能规定的焊条。碳钢焊条中各字母和数字的含义举例如下。

举例：碳钢焊条 E4315 中各字母和数字的含义。

首字母“E”表示焊条；

前两位数字 43 表示熔敷金属抗拉强度最小值为 $43kgf/mm^2$；

第三位数字 1 表示焊条适用全位置焊接；

第四位数字 5 表示焊条药皮为低氢钠型，并可采用直流反接焊接。

② 低合金钢焊条型号表示。根据国家标准 GB/T 5118—1995 规定，低合金钢焊条型号编制为：用字母“E”与 4 位数字表示；首字母“E”表示焊条；前两位数字表示熔敷金属抗拉强度最小值，单位为 kgf/mm^2；第三位数字表示焊接适用位置，“0”和“1”表示焊条适用全位置焊，“2”表示焊条适用平焊与平角焊；第三位、第四位数字组合时表示焊条药皮类型与适用焊接电流类型；在第四位数字后缀有字母表示熔敷金属化学成分类型，用“-”与前面数字隔开；如还附加化学成分需要标明，可直接用元素符号表示，并用“-”隔开。低合金钢焊条中各字母和数字的含义举例如下。

举例：低合金钢焊条 E5515-B2-V 中各字母和数字的含义。

首字母“E”表示焊条；

前两位数字 55 表示熔敷金属抗拉强度最小值为 55 kgf/mm^2；

第三位数字 1 表示焊条适用全位置焊接；

第四位数字 5 表示焊条药皮为低氢钠型，并可采用直流反接焊接；

B2 表示该焊条为铬镍珠光体耐热钢焊条；

字母 V 表示附加化学成分 V。

（3）焊条的牌号。焊条的牌号是根据焊条的主要用途及性能特点对焊条产品具体命名，并由焊条厂制定。

现用焊条牌号是根据原机械工业部编制的《焊接材料产品样本》（以下简称“样本”）编写的，同时也采用了焊接材料新的国家标准。将新国标中的焊条型号与原牌号对照使用，并加以标注。

焊条牌号是用一个汉语拼音字母或汉字与 3 位数字来表示，拼音字母或汉字表示焊条各大类，后面的 3 位数字中，前两位数字表示各大类中的若干小类，第三位数字表示各种焊条牌号的药皮类型及焊接电源种类，其含义如表 4.1.6 所示。

表 4.1.6　焊条牌号第三位数字的含义

焊条牌号	药皮类型	焊接电源种类
口××0	不定型	不规定
口××1	氧化钛型	交流或直流
口××2	钛钙型	交流或直流
口××3	钛铁矿型	交流或直流
口××4	氧化铁型	交流或直流
口××5	纤维素型	交流或直流
口××6	低氢钾型	交流或直流
口××7	低氢钠型	直流
口××8	石墨型	交流或直流
口××9	盐基型	直流

（4）焊条规格。常用焊条的直径和长度规格如表 4.1.7 所示。

表 4.1.7　常用焊条的直径和长度规格/mm

焊条直径	2.0	2.5	3.2	4.0	5.0
焊条长度	250	250	350	350	400
	300	300	400	400	450
					450

4．焊条的选用与存储

（1）选用焊条的基本原则。焊条的种类很多，根据原国家机械工业委员会在《焊接材料产品样本》中规定，焊条有 10 大类，130 多个品种。不同的焊条适用不同的应用范围，能否正确选用焊条，直接影响到焊接质量、劳动生产率与产品成本。一般选用焊条时根据被焊材料的化学成分、力学性能、接头形式、焊接结构特点、受力状态、结构使用条件对焊缝性能要求、构件工作环境及焊接施工条件与经济效益等方面综合考虑选用焊条。具体选用原则如下。

① 考虑母材的力学性能和化学成分原则。

- 焊缝与母材等强度原则。所谓等强度就是焊缝与母材的抗拉强度相等或相近，选用焊条应选择焊条抗拉强度与母材相同或稍高的，但是焊缝强度并不是比母材越高越好，因为焊缝强度提高其塑性就会有所下降，反而对焊缝有害；对强度不等的两种金属的焊接，可按强度级别低的一侧母材选用焊条。
- 化学成分相近原则。根据被焊母材的化学成分选用相同或相近化学成分的焊条，但是在焊接合金结构钢时，通常考虑它的等强度原则，对它的化学成分要求不是那么严格；但在焊接焊耐热钢、耐蚀钢时，为了保证焊缝的力学性能合乎使用要求，则必须根据化学成分相同或相近原则选用焊条。
- 当母材中 C 及 S、P 等元素含量偏高时，焊缝容易产生裂纹，应选用抗裂性能好的低氢型焊条。

② 满足焊件工作条件与特点原则。焊接件在特定的环境下使用，要求选用的焊条也必须满足这样的工作环境，如对承受动载荷或复杂的厚壁结构以及低温使用时选用低氢型焊条而不选用酸性焊条；在高温或低温条件下工作的焊件，应选用相应的耐热钢或低温钢焊条，焊条工艺性能要满足施焊操作需要。例如，在非水平位置施焊时，应选用适于各种位置焊接的焊条；在向下立焊、管道焊接、底层焊接、盖面焊、重力焊时，可选用相应的专用焊条。

③ 满足焊接现场生产与经济性原则。在满足焊件使用性能前提下，应优先选用焊接工艺性好的酸性焊条；在工作环境狭小、通风不良的情况下，优先选用酸性焊条或低烟尘焊条；选用焊条在考虑能满足使用性能、工作环境等因素后尽量选用能提高工作效率，降低产品成本的焊条。

（2）焊条的存储。焊条的存储好坏直接影响焊条的使用与焊缝质量，因此焊条的存储要做到以下几点。

① 各类焊条必须分类、分牌号、分批次、按规格存储，避免混淆，焊条的使用发放做到先进后出，避免焊条存储时间过长。

② 焊条必须存储于通风良好、干燥的室内；存储焊条的仓库不允许放置有毒、有害和腐蚀性介质，保持库房整洁。

③ 焊条必须放于架上，架离地与墙面距离不应小于 30cm，室内必须保持干燥，室内相对湿度不大于 60%，必要时可放干燥剂于库房，严防焊条受潮。

任务 1.5 掌握焊接基本工艺参数

1. 焊条直径

根据焊件厚度和焊接位置的不同，应合理选择焊条直径。一般来说，焊厚焊件时用粗焊条，焊薄焊件时用细焊条；进行立焊、横焊和仰焊时，焊条直径应比平焊时细些，焊条直径的选择如表 4.1.8 所示。

表 4.1.8 焊条直径选择 （单位：mm）

焊件厚度	2	2～3	4～6	6～12	>12
焊条直径	1.6～2.0	2.5～3.2	3.2～4.0	4.0～5.0	5.0～6.0

2. 焊接电流

焊接电流的大小根据焊条直径来选择。一般来说，细焊条选小电流，粗焊条选大电流。

焊接低碳钢件时，焊接电流大小的经验公式如下：

$$I=(30\sim60)d$$

式中：I——焊接电流，A；

d——焊条直径，mm。

3. 电弧电压

电弧电压由电弧长度决定。电弧长则电弧电压高，反之则低。焊条电弧焊时的电弧长度是指焊芯熔化端到焊接熔池表面的距离。若电弧过长，电弧飘摆、燃烧不稳定、熔深减小、熔宽加大，并且容易产生焊接缺陷。若电弧太短，熔滴过渡时可能经常发生短路，使操作困难。正常的电弧长度应小于或等于焊条直径，即所谓短弧焊。

4. 焊接速度

焊接速度是指单位时间内焊接电弧沿焊件接缝移动的距离。焊条电弧焊时，一般不规定焊接速度，而由焊工凭经验掌握。

5. 焊接层教

厚板焊接时，常采用多层焊或多层多道焊。相同厚度的焊板，增加焊接层数，有利于提高焊缝金属的塑性和韧性，但焊接变形增大，生产效率下降。层数过少，每层焊缝厚度过大，接头性能变差。一般每层焊缝厚度以不大于 4～5mm 为好。

任务 1.6 了解焊接接头形式、坡口形状和焊接位置

1. 接头形式

根据焊件厚度和工作条件不同，需要采用不同的焊接接头形式。常用的焊接接头形式有对接、搭接、角接和丁字接。其中对接接头受力比较均匀，是最常用的一种焊接接头形式，重要的受力焊缝应尽量选用对接形式。

2. 坡口形状

当焊件较薄时（<6mm），在焊件接头处只要留有一定的间隙就可以保证焊透；当厚度≥6mm 时，为焊透和减少母材熔入熔池中的相对数量，根据设计和工艺要求，在焊件的待焊部位应加工成一定几何形状的沟槽，这种沟槽称为坡口，坡口各部分名称如图 4.1.4 所示。为了防止烧穿，常在坡口根部留有 2～3mm 直边，称为钝边。为保证钝边焊透也需留有根部间隙。

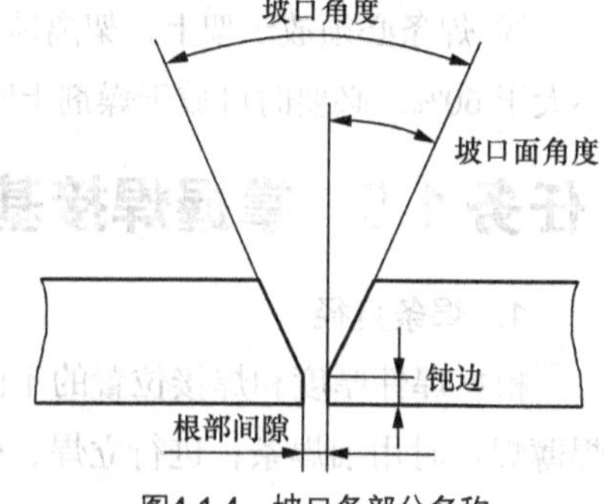

图4.1.4 坡口各部分名称

常见对接接头的坡口形状如图 4.1.5 所示；施焊时，对 I 形坡口、Y 形坡口和带钝边 U 形坡口可根据实际情况，采用单面焊和双面焊，如图 4.1.6 所示；但对双 V 形坡口施焊时，必须采用双面焊。

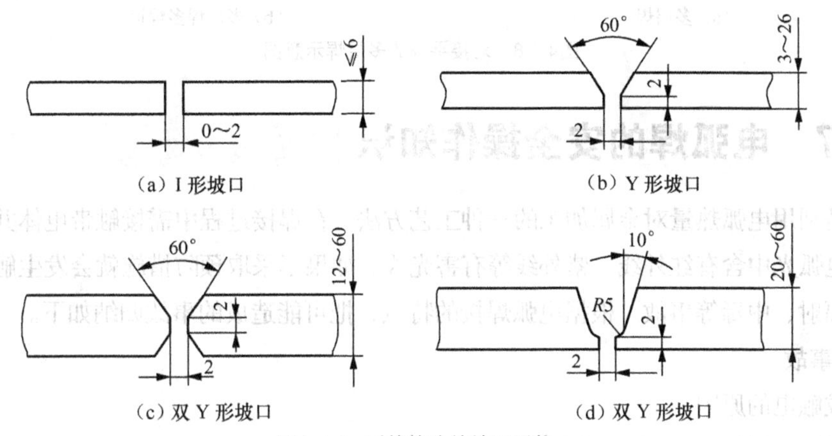

(a) I 形坡口　(b) Y 形坡口　(c) 双 Y 形坡口　(d) 双 Y 形坡口

图4.1.5　对接接头的坡口形状

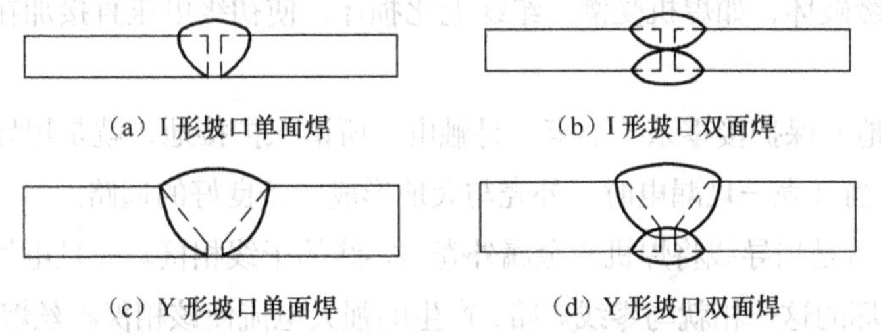
(a) I 形坡口单面焊　(b) I 形坡口双面焊　(c) Y 形坡口单面焊　(d) Y 形坡口双面焊

图4.1.6　单面焊和双面焊示意图

3. 焊接位置

按焊缝在空间位置的不同，可分为平焊、横焊、立焊和仰焊，如图 4.1.7 所示。平焊操作方便，劳动强度低，生产率高，熔融金属不易流散，容易保证焊缝质量，是理想的操作空间位置，应尽量采用；横焊、立焊次之；仰焊最差。

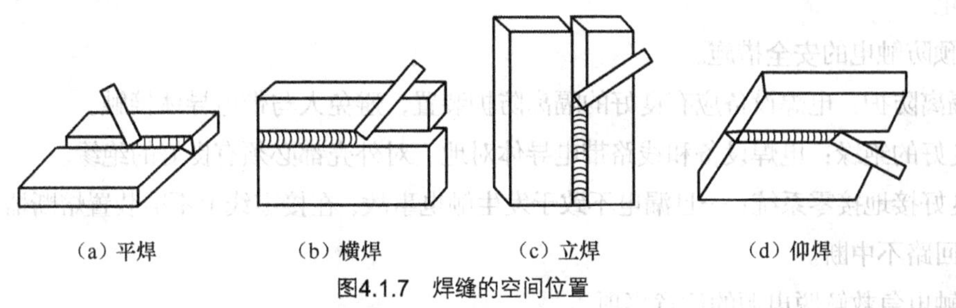
(a) 平焊　(b) 横焊　(c) 立焊　(d) 仰焊

图4.1.7　焊缝的空间位置

4. 多层焊

焊接厚板时，要采用多层焊或多层道焊，如图 4.1.8 所示。多层焊时，要保证焊缝根部焊透，并且每焊完一道后，要仔细检查、清理，才可施焊下一道，以防产生夹渣、未焊透等缺陷。

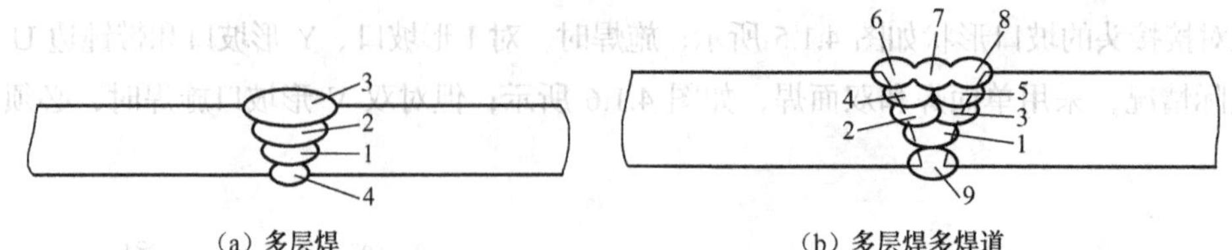

（a）多层焊　　（b）多层焊多焊道

图4.1.8　对接平焊的多层焊示意图

任务 1.7　电弧焊的安全操作知识

电弧焊是利用电弧热量对金属加工的一种工艺方法。在焊接过程中需接触带电体并产生电弧高温，强烈的电弧光中含有红外线、紫外线等有害光线。如果不采取预防措施就会发生触电、燃烧和爆炸、弧光幅射、中毒等事故。根据电弧焊接的特点，把可能造成的事故归纳如下。

1. 触电事故

（1）形成触电的原因。

① 初级电压转移，产生高压触电。

- 由于焊机绝缘破坏，如焊机受潮，绝缘老化损坏，使初级电压直接加在次级线圈上造成高压电转移。
- 由于保护接地或保护接零系统不牢，易触电。所谓保护接地，就是用导线将焊机的金属外壳与大地连接起来。当外壳一旦漏电时，外壳与大地形成一条良好的通路。

所谓保护接零，就是用导线将焊机的金属外壳与零线的干线相接。一旦电气设备因绝缘损坏而外壳带电时，绝缘破坏的这一相就与零线短路，产生的强大电流使该相保险丝熔断，切断该相电源，从而起到保护作用。

- 接线错误，把初级电压的引线误接入低压端，增加了触电的危险。

② 空载电压触电：手工电弧焊的空载电压为70～90V。在更换焊条、接触焊钳等带电部分时，两脚和其他部分对地面或金属之间绝缘不好而触电。

在金属容器内、船舱内或阴雨潮湿的地方焊接时，容易发生这类触电，碰到裸露的接线头、导线也会触电。

（2）预防触电的安全措施。

① 隔离防护：电焊设备应有良好的隔离防护装置，避免人与带电导体接触。

② 良好的绝缘：电焊设备和线路带电导体对地、对外壳都必须有良好的绝缘。

③ 良好接地接零系统：一旦漏电不致于发生触电事故，在接零线上不准装置熔断器或开关，以保证零线回路不中断。

（3）触电急救解脱电源的注意事项。

① 救护人员不可直接用手、金属或潮湿的物件作为救护工具，而必须使用适当的绝缘工具，救护人员最好用一只手操作，以防自己触电。

② 防止触电者脱离电源后可能的摔伤，应考虑防摔的措施。

③ 如触电事故发生在夜间，应迅速解决临时照明问题。

2. 火灾、爆炸事故和电弧幅射的损伤

电弧焊接是高温明火作业，焊接时产生大量的热量和飞溅的火花，因此要严格防止火灾和爆炸事故。

（1）防止火灾和爆炸的主要措施。

① 高空作业要注意火花的飞向，焊接场地周围不得有易燃、易爆物质存在。

② 严禁在有压力的容器上进行焊割作业。

③ 储盛过易燃、易爆物品的盛器和仓柜必须清洗干净，测爆合格后才能焊割。

④ 严禁将易燃、易爆管道作焊接回路使用。

⑤ 禁火区动火必须要经过安全、消防等部门审核批准后，才能施工。

由于电弧焊的特点，焊接时要受到电弧的光辐射和热辐射。同时，焊接电弧的高温将使金属产生剧烈的蒸发，焊条和被焊金属在焊接时会产生烟气，在空气中氧化形成粉沫产生有毒气体，为此要采取一定的保护措施。

（2）防止电弧辐射的主要措施。

① 在焊接作业区严禁直视电弧，操作者及辅助工在操作时要戴好面罩。

② 要穿好电焊工作服和电焊皮鞋，戴好电焊手套。

③ 工作场所周围用遮光板隔离，防止伤害他人。

④ 电焊场所必须有充分的照明并加强通风。

3. 电弧焊的安全操作规程

除了按劳动保护规定穿戴防护工作服、绝缘鞋和防护手套，并保持电焊场所干燥和清洁外，在操作中还应注意以下几点。

（1）焊接工作前，应先检查焊机和工具是否完好，如焊钳和电缆的绝缘有无损坏，焊机外壳的接地是否良好等。

（2）在狭小的仓室或容器内焊接时，必须穿绝缘套鞋，垫上橡胶板或其他绝缘衬垫；要两人轮换工作，以便互相照顾，或设有一名监护人员，随时注意操作人的安全动态，遇有危险时可立即切断电源进行抢救。

（3）身体出汗衣服潮湿时，切勿靠在带电的钢板或工件上。

（4）在潮湿地点焊接作业时，地面应铺上橡胶板和其他绝缘材料。

（5）更换焊条一定要戴皮手套，不要赤手操作。

（6）在带电情况下，不要将焊钳夹在腋下而去搬弄被焊工件或将电缆软线绕挂在脖颈上。

（7）推拉闸刀时，头部不要正对电闸防止因短路造成的电弧火花烧伤面部。

（8）下列操作应切断电源开关：

① 改变焊机接头时；

② 更换焊件需要改接二次回线时；

③ 转移工作地点时；

④ 焊机发生故障要检修时；

⑤ 更换保险丝时。

1. 简述焊接的概念及如何分类。
2. 简述焊条的组成、作用和选用方法。
3. 焊接常用的辅助工具有哪些？
4. 影响焊接质量的工艺参数有哪些？
5. 焊接接头形式、坡口形状和焊接位置有哪些？
6. 手工电弧焊的安全注意事项有哪些？

电焊机的使用

【学习目标】

1. 掌握焊接电源设备的分类及使用；
2. 了解电焊机的分类；
3. 掌握常用电焊机的使用与管理。

任务 2.1 掌握焊接电源设备的分类及使用

焊接的电源设备主要有 3 类：交流弧焊机、直流弧焊机和逆变式弧焊变压器。

1. 交流弧焊机

交流弧焊机是一种特殊的降压变压器，它具有结构简单、噪声小、价格便宜、使用可靠、维护方便等优点。交流弧焊机分为动铁磁分路式和动圈式两种。BX1 型动铁磁分路式交流弧焊机是目前应用较为广泛的一种交流弧焊机，其结构示意图如图 4.2.1 所示。交流弧焊机可将工业用的电压（220V 或 380V）降低至空载 60～70V、电弧燃烧时 20～35V。BX3 型动圈式交流弧焊机示意图如图 4.2.2 所示。

2. 直流弧焊机

直流弧焊机正、负两极与焊条、焊件有两种不同的接线法，即焊件接至弧焊机正极，焊条接至负极，这种接法称为正接，又称正极性；反之，将焊件接至负极，焊条接至正极，称为反接，又称反接性。直流弧焊机的不同极性接法如图 4.2.3 所示。焊接厚板时，一般采用直流正接，这是因为电弧正极的温度和热量比负极高，采用正接能获得较大的熔深。焊接薄板时，为了防止烧穿，常采用反接。在使用碱性低氢钠型焊条时，均采用直流反接。

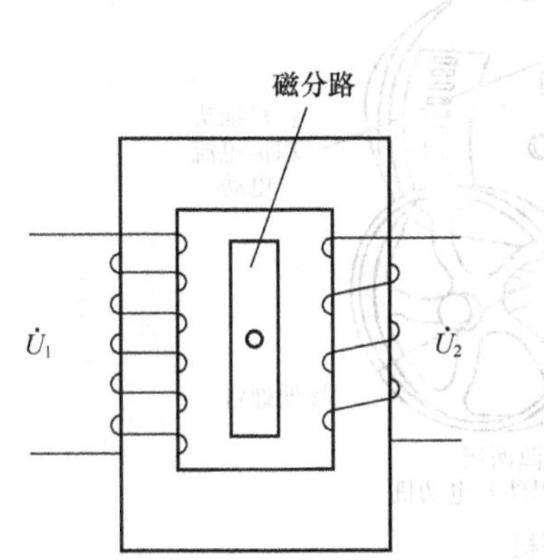

图4.2.1　BX1型动铁磁分路式交流弧焊机结构

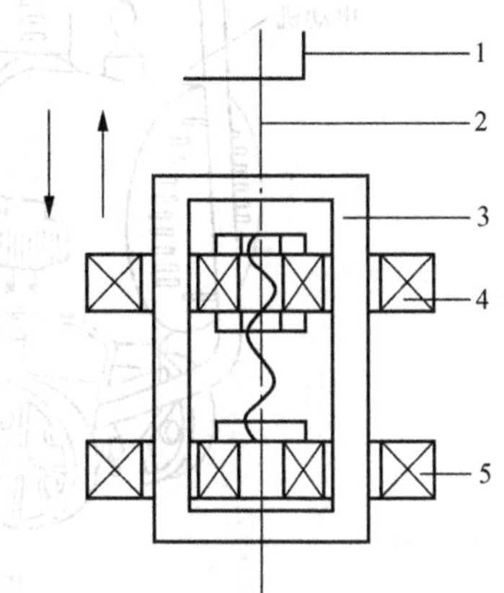

图4.2.2　BX3型动圈式交流弧焊机示意图

1—调节手柄；2—调节螺杆；3—主铁芯；4—焊接电源两极；5—线圈抽头

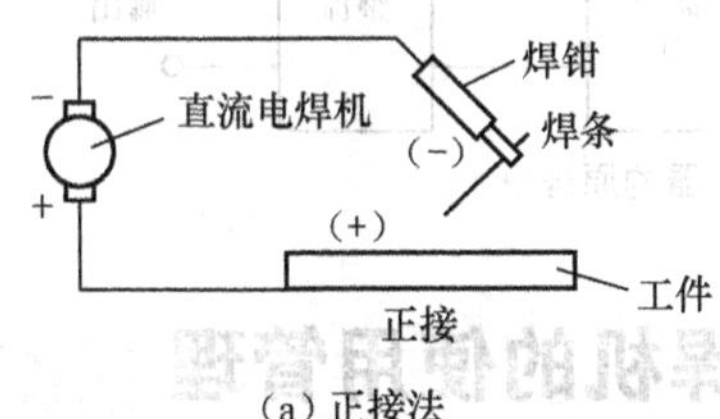

(a) 正接法

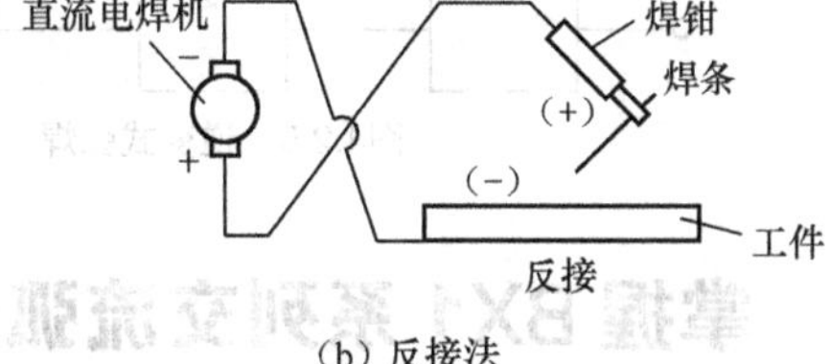

(b) 反接法

图4.2.3　直流弧焊机的不同极性接

常用的直流弧焊机有以下几种形式。

（1）旋转式直流弧焊机。旋转式直流弧焊机是由一台三相感应电动机和一台直流弧焊发电机组成，又称弧焊发电机。图 4.2.4 所示为旋转式直流弧焊机的外形。它的特点是能够得到稳定的直流电，因此，引弧容易，电弧稳定，铁水流动性好，焊接质量较好。但这种直流弧焊机结构复杂，价格比交流弧焊机贵得多，维修较困难，使用时噪声大。目前，这种弧焊机已停止生产。

（2）整流式直流弧焊机。整流式直流弧焊机的结构相当于在交流弧焊机上加上整流器，从而把交流电变成直流电。它既弥补了交流弧焊机电弧稳定性不好的缺点，又比旋转式直流弧焊机结构简单，消除了噪声。它已逐步取代旋转式直流弧焊机。

3. 逆变式弧焊变压器

逆变是指将直流电变为交流电的过程。它可通过逆变改变电源的频率，得到想要的焊接波形，提高了变压器的工作频率，使主变压器的体积大大缩小，方便移动，飞溅小。其原理框图如图 4.2.5 所示。

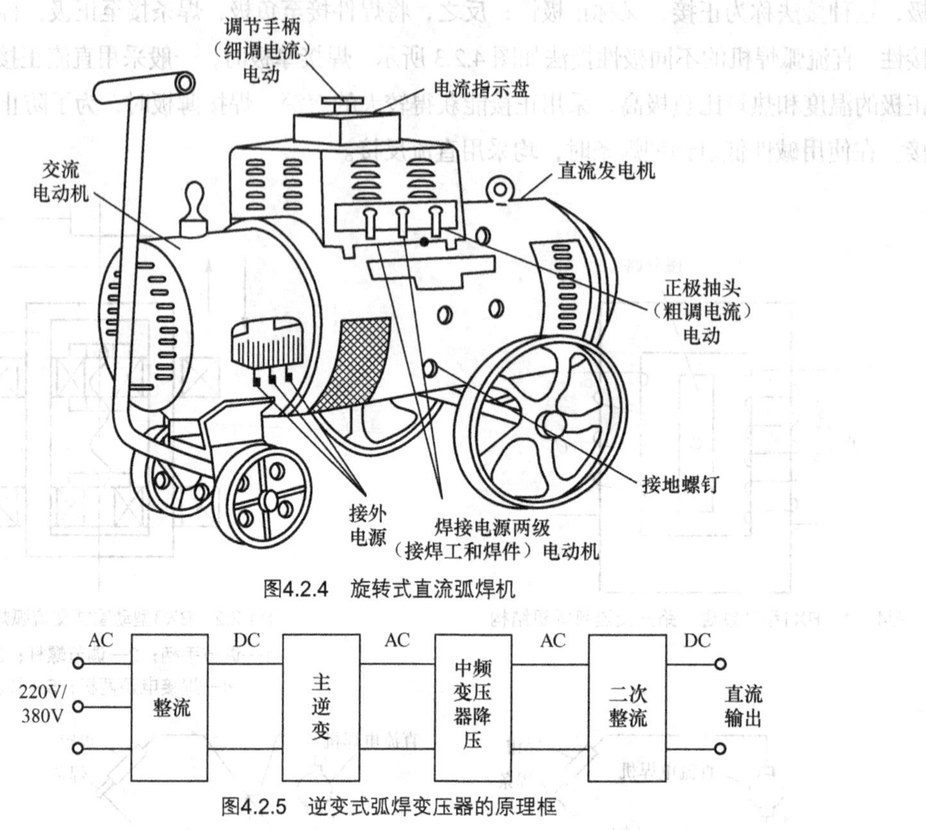

图4.2.4 旋转式直流弧焊机

图4.2.5 逆变式弧焊变压器的原理框

任务 2.2 掌握 BX1 系列交流弧焊机的使用管理

1. BX1 系列支流弧焊机性能简介

图 4.2.6 和图 4.2.7 所示的 BX1 系列交流弧焊机，符合 GB1579.1—2004 及 GB/T 8118—95 标准要求。BX1—250—2、BX1—315—2、BX1—315、BX1—400、BX1—500、BX1—630 型动铁芯式手工交流弧焊机适用于所有牌号的药皮焊条焊接低碳钢、中碳钢和普通的低合金钢，在使用酸性焊条焊接时效果优佳。

使活动铁芯前后移动可调节输出电流的大小，电流变化与铁芯移动距离呈线性关系；电流可调节性均匀，范围大；该焊机在与氩弧焊控制箱配用时，可对不锈钢、铝、镁合金、铜及铜合金进行氩弧焊；广泛用于建筑、造船、冶金、机械、矿山、化工机械、汽车制造等行业的焊接工作。

2. 工作原理

电源电压经电源开关供给弧焊变压器初级绕组，焊接电压由次级绕组输出。初、次级绕组均为固定绕组，其间装有一个活动铁芯作为绕组间漏磁分路。摇动手柄使丝杆带动活动铁芯前后移动来改变漏磁量的大小，也就改变了次级绕组输出电流的大小，获得电流的调节，以满足焊接要求。该焊机在正常焊接范围内，焊接电源具有在焊接电流增大时，压降为大于 7V/100A 的下降特性。其结构简单，工作可靠，使用维修方便。

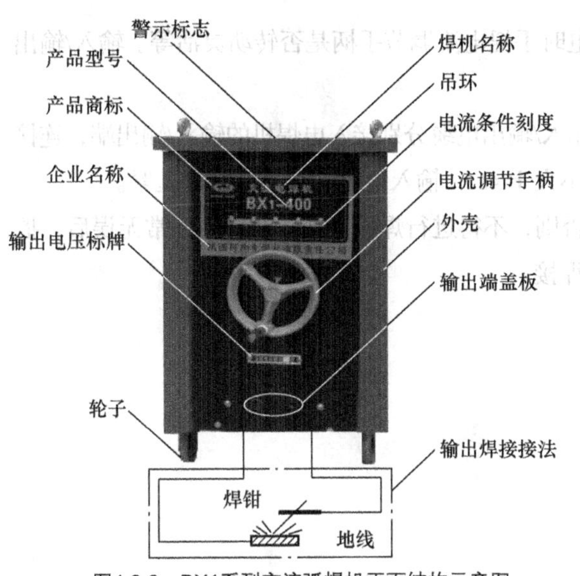

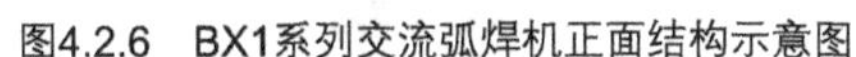
图4.2.6　BX1系列交流弧焊机正面结构示意图

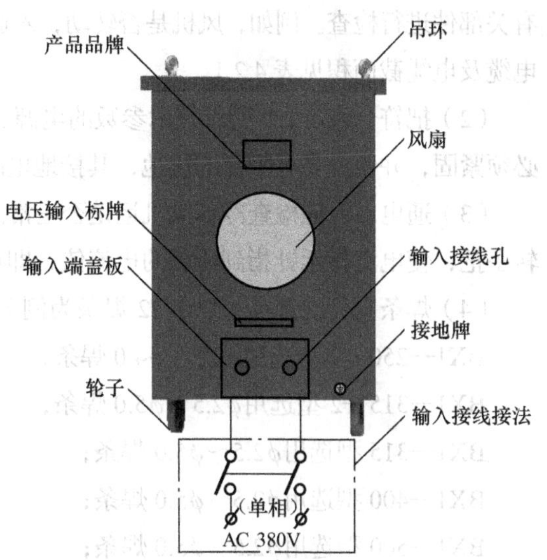

图4.2.7　BX1系列交流弧焊机背面结构示意图

焊机示意图及接线方法如图 4.2.6、图 4.2.7 所示，技术参数如表 4.2.1 所示。

表 4.2.1　BX1 系列焊机技术参数

	BX1—250—2	BX1—315—2	BX1—315	BX1—400	BX1—500	BX1—630
电源电压	380V/220V	380V/220V	380V	380V	380V	380V
相数	1	1	1	1	1	1
频率	50Hz	50Hz	50Hz	50Hz	50Hz	50Hz
空载电压	55V	55V	60V	70V	70V	75V
额定工作电压	28V	30.6V	32.6V	36V	40V	44V
额定焊接电流	250A	315A	315A	400A	500A	630A
额定初级电流	38A	50A	53A	83A	102 A	126A
电流调节范围	70～250A	70～315A	63～315A	80～400A	100～500A	126～630A
额定负载持续率	20%	20%	35%	35%	35%	35%
电源保护装置	50A	70A	70A	100A	120A	140A
额定输入容量	15kV · A	20kV · A	20kV · A	31.5kV · A	38.6kV · A	47.5kV · A
输入电缆截面	≥6mm²	≥10mm²	≥10mm²	≥16mm²	≥25mm²	≥35mm²
输出电缆截面	≥25mm²	≥35mm²	≥35mm²	≥50mm²	≥50mm²	≥70mm²
效率	84%	84%	84%	84%	84%	84%
冷却方式	风冷	风冷	风冷	风冷	风冷	风冷
重量	50kg	62kg	95kg	115kg	135kg	145kg
体积（长×宽×高）	500 × 350 × 550		545 × 445 × 740		650 × 500 × 810	

3. 操作要领

（1）焊机使用的正确操作：用户在使用之前，首先阅读产品说明书及警示标识，对产品外观、

有关部件进行检查。例如，风机是否转动，未通电时手摇电流调节手柄是否转动灵活等。输入/输出电缆及电缆截面积见表 4.2.1。

（2）把符合表 4.2.1 所示技术参数的电源、输入/输出电缆分别接入电焊机的输入/输出端，连接必须紧固，并使外壳有可靠的接地，其接地电阻不大于 4Ω。输入电缆必须用压紧块压紧。

（3）通电后，应检查冷却风机运是否正常。否则，不得进行焊接工作。经检查正常无误后，摇转手把，使电流指示针指到所需的电流值，即可焊接。

（4）焊条直径的选择（以 J422 焊条为例）：

BX1—250—2 型选用ϕ2.5～ϕ4.0 焊条；

BX1—315—2 型选用ϕ2.5～ϕ5.0 焊条；

BX1—315 型选用ϕ2.5～ϕ5.0 焊条；

BX1—400 型选用ϕ2.5～ϕ5.0 焊条；

BX1—500 型选用ϕ2.5～ϕ5.0 焊条；

BX1—630 型选用ϕ3.2～ϕ6.0 焊条。

（5）标记或符号说明如下。

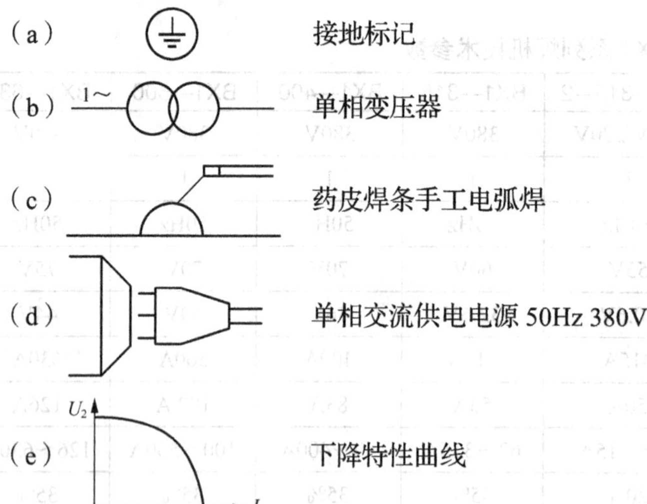

（6）焊机工作时，如果发生故障或异常现象，应首先切断电源，请专业人员检修。

4. 故障及排除

电焊机一般故障及排除如表 4.2.2 所示。

表 4.2.2　　电焊机一般故障及排除

故　障	原　因	排　除
风机不转无输出电源	外接电源没有接好，焊机内部断线，风机损坏	检查外接电源及焊机，检查风机
输出电流小且输出接头发热	焊机输出端子有紧固，焊机把线接头锈	紧固输出端螺母除锈

续表

故　　障	原　　因	排　　除
线包发热	温升超标	按规定的持续率使用
线包冒烟	温度过高，线包局部短路	停机检查
线包打火	局部漏电	线包重新进行绝缘、浸漆

任务 2.3　掌握 ZX7 系列交流电焊机的使用管理

1. 焊机结构特征

以 ZX7—400（PE50—400）为例，其前后面板结构及说明如图 4.2.8 所示。

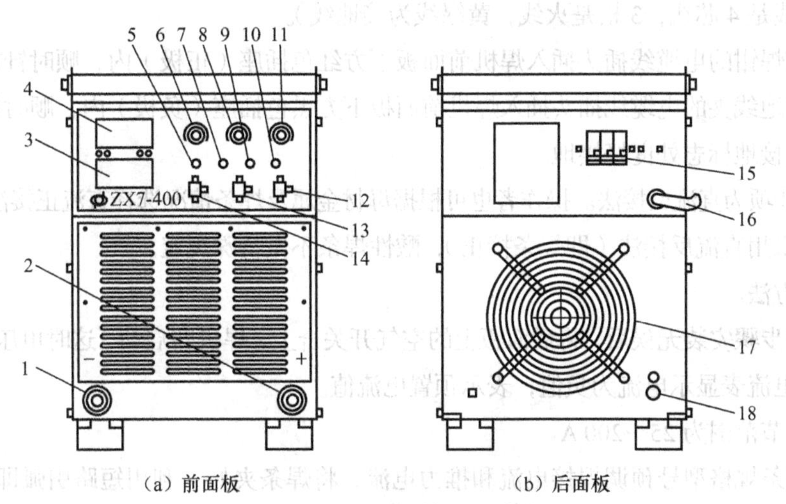

图4.2.8　ZX7—400前后面板结构

1—负极输出端子（黑色）；2—正极输出端子（红色）；3—电压表；4—电流表；5—欠压报警灯；6—电流调节旋钮；7—过压报警灯；8—推力调节旋钮；9—过流报警灯；10—过热报警灯；11—引弧电流调节旋钮；12—有线遥控器插座；13—斜特性开关；14—遥控器开关；15—空气开关；16—三相电源输入线380VAC；17—风扇罩；18—接地端子

2. 主要功能单元及其工作原理

ZX7—400 弧焊电源主要由功率主电路，控制、保护及显示电路，电源及驱动电路，遥控电路等几部分构成，其工作原理简要说明如下。

（1）功率主电路。开机后，电网输入的三相交流电经整流电路整流、滤波，成为纹波较小的直流，然后由逆变电路逆变为高频交流电，最后再经主变压器降压，后经整流电路整流、滤波，实现直流输出。

（2）控制、保护及显示电路。控制电路部分主要控制输出电流，实现其输出外特性及动特性要求，并对主电路工作状态进行监控。

保护电路主要用于确保主电路安全工作。当主电路发生异常，如在开关器件上有过流产生、功率器件过热、电网电压下降到较低值时切断主电路，以保证元器件及电网不受损坏。

显示电路采用数显表显示设定电流/焊接电流（斜特性时不显示设定电流）、空载电压/电弧电压（选装），操作者可以通过电流数显表直接预置较为准确的焊接电流，预置焊接电流值为燃弧电流值，实际焊接电流值包含有推力电流。

（3）电源及驱动电路。电源与驱动部分有两个方面的作用，一方面为驱动电路及控制电路提供电源，另一方面驱动功率器件实现逆变。

（4）遥控电路。遥控电路主要用于远距离或高空作业时，对焊接电流和推力电流等参数进行远距离控制，此时焊机面板上的两个相应的功能旋钮不起作用。

3. 焊机安装及操作

（1）安装方法。

① 将焊机后面板的电源输入线（ACINPUT）接入频率为50Hz/60Hz的380V三相交流电（注：本焊机的电源线是4芯线，3根是火线，黄绿线为接地线）。

② 将带有焊钳的电缆线插头插入焊机前面板下方红色插座（正极）内，顺时针旋紧。

③ 将带有地线夹的电缆线插头插入焊机前面板下方黑色插座（负极）内，顺时针旋紧。

④ 在机壳接地标志处良好接地。

上述②和③项为直流反接法。操作者也可根据母材金属及焊条情况选择直流正接法。一般来说，碱性焊条推荐采用直流反接法（即焊条接正），酸性焊条不做特殊规定。

（2）操作方法。

① 按上述步骤安装无误后，将后面板上的空气开关合上，焊机即启动，这时电压表显示电压为空载电压值，电流表显示电流为负值，表示预置电流值。

② 推力调节范围为25～200 A。

③ 根据焊条规格型号预调焊接电流和推力电流，将焊条夹好，利用短路引弧即可进行焊接。焊接参数可参考表4.2.3。

表4.2.3 低碳钢焊接参数推荐表

焊条直径/mm	推荐焊接电流/A	推荐焊接电压/V
1.0	20～60	20.8～22.4
1.6	44～84	21. 76～23. 36
2.0	60～100	22.4～24.0
2.5	80～120	23.2～24.8
3.2	108～148	24. 32～24. 92
4.0	140～180	24.6～27.2
5.0	180～220	27.2～28.8
6.0	220～260	28.8～30.4

④ 本焊机可采用自适应加推力技术，有效解决了在加长线焊接时可能存在的不加推力的问题，能可靠满足使用加长线焊接时的需要。

⑤ 在前面板上有一个斜特性选择开关，当操作者不使用斜特性方式时，请将此开关打在关位，即关闭斜特性。当操作者使用斜特性方式时，此时不显示预设电流，且推力旋钮不起作用。当线路过长时，也可使用斜特性，并将电流设定值调大（焊接时最大电流约为230A），直至能够正常焊接。

引弧电流调节一般推荐在较大的位置，若工件太薄为防止烧穿工件，或焊接时要减小引弧飞溅，则可以调在较小的位置。

推力电流的调节要适当，推力电流大，焊接时不易黏焊条；但推力电流过大，飞溅增加。在细焊条小电流焊接或全位置焊接时，推力电流大小的选择尤为重要，具体参数要根据焊接工艺的要求来制订。

4. 故障及维修

ZX7—400 具有过热、过流、欠压、过压等保护功能，当焊机大负荷工作时间过长，主电路功率器件过热、因故 IGBT 过流、电网电压过低或机器内部出现类似于短路时，焊机会自动切断主电路，以保证焊机或电网不受损坏。

（1）过热保护。当焊机长时间大负荷运行，其负载持续率大大超过焊机的额定负载持续率时，焊机会逐渐升温。为了避免焊机温升过高而损坏内部器件，当主功率器件温度升高到一定值后，焊机过热保护电路动作，前面板的过热指示灯亮，并切断主电路，焊机不输出电流，电流表显示设定电流，电压表显示 000。此时可以不关机，待一段时间功率器件温度降下来后，焊机将自动恢复正常工作。

（2）过流保护。当主电路 IGBT 因故出现过电流时，IGBT 可能会受损，此时焊机将自动切断主电路并锁定，焊机前面板上的过流灯亮。出现这种情况后须关机，稍后再开机，若继续出现过流保护，需维修人员处理，待故障排除后再使用焊机。

（3）欠压保护。当电网电压低至 280V 以下时，焊机将不能正常工作，前面板的欠压指示灯亮，并切断主电路。出现这种情况后可不关机，待电网恢复正常后焊机将自动恢复正常工作。

（4）过压保护。当电网电压超过 470V 时，焊机将不能正常工作，前面板的过压指示灯亮，并切断主电路。出现这种情况后可不关机，待电网恢复正常后焊机将自动恢复正常工作。

（5）常见问题及解决方法。

① 开机后风扇不转或转速不正常：原因可能是电源缺相或电网电压太低，可检查电源线或电网，待电源线接好或电网恢复正常后，问题可解决。

② 不能建立正常电弧：原因同上。

③ 引弧：若感觉引弧困难，可适当增大引弧电流；若感觉引弧暴躁或引弧熔池过大甚至引弧时烧穿工件，则适当减小引弧电流。

④ 飞溅与断弧：焊接过程中容易黏条或断弧时，应适当增大推力；若飞溅大、焊缝成型差时应适当减小推力。

⑤ 焊钳发烫：原因可能是焊钳额定电流太小，换电流大的焊钳即可。

1. 简述焊接电源设备如何分类及使用。

2. BX1 系列交流电焊机的操作要点有哪些？

3. ZX7—400 型电焊机的工作原理是什么？

4. 交流电焊机常见故障及维护保养方法有哪些？

项目三 引弧

【学习目标】

1. 了解焊接电弧的特点及产生条件；
2. 掌握引弧的方法。

任务 3.1 了解焊接电弧的特点

1. 电弧特点

焊接电弧电压低、电流大、温度高、能量密度大、移动性好，一般具有以下工艺特点。

（1）维持电弧放电的电压较低，一般为 10～50V。

（2）电弧中的电流很大，可从几安到几千安。

（3）具有很高的温度，弧柱中心温度可达 5 000K～30 000K，某些情况下电弧的阴极温度达 2 400K，阳极温度达 2 600K、弧柱温度可高达 5 000K～8 000K（等离子弧）。正是由于弧柱中心具有如此高的温度，超过金属的熔点，因此可以用来熔化金属，作为各种焊条电弧焊方法的热源。

2. 电弧产生条件

焊接电弧是由焊接电源供给的，具有一定电压的两电极间或电极与工件间，在气体介质中产生的强烈而持久的放电现象。电弧和气体放电示意图如图 4.3.1 所示。

焊接电弧是焊条电弧焊的热源。焊接电弧的产生必须同时具备以下 3 点。

（1）引弧。不同的焊接方法其引燃电弧的方法也不同，引弧方法主要有摩擦引弧法（见图 4.3.2）、接触短路引弧法和敲击引弧法 3 种。

（2）空载电压。当电弧稳定燃烧时，其电压为电弧电压。而空载电压就是焊接时引弧的电压，一般为 50～90V。空载电压越高，越有利于电弧的引燃和稳定燃烧，但从安全角度和经济观点考虑，又希望空载电压低一些。这就需要根据实际情况来选择空载电压。我国规定的空载电压值如表 4.3.1 所示。

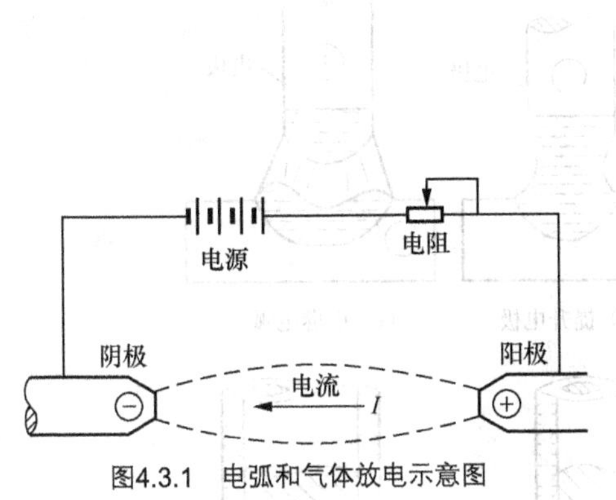

图4.3.1　电弧和气体放电示意图

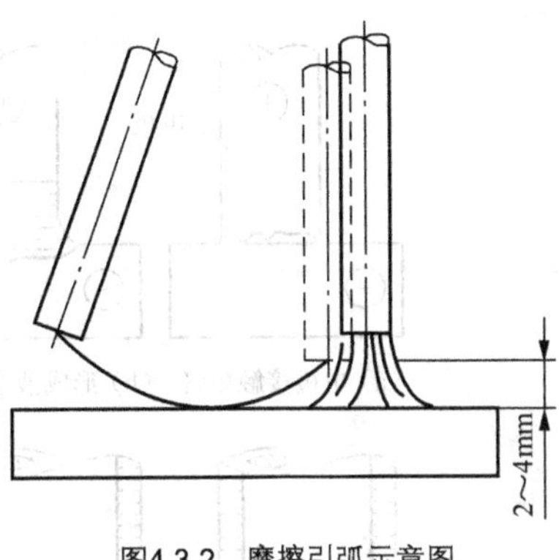

图4.3.2　摩擦引弧示意图

表 4.3.1　我国规定的空载电压值

额定电流 I_e/A	空载电压 U_0/V	
	弧焊整流器	弧焊变压器
＜500	≤85	≤85
≥500	≤95	≤95

（3）导电粒子。如果没有导体，电流就不可能通过。所以不管是采用哪种方法引弧，在电极空间的介质中，都要产生足够多的导电粒子来传送电荷。这样就有电流通过，保证了电弧引燃和连续燃烧。

任务 3.2　掌握引弧的方法

不同的焊接方法其引燃电弧的方法也不同，引弧方法主要有摩擦引弧法、接触短路引弧法和敲击引弧法 3 种。

1. 摩擦引弧法

摩擦引弧法如图 4.3.2 所示，引弧时，先将焊条对准工件，再将焊条像划火柴似的在工件表面轻轻划擦，引燃电弧，然后迅速将焊条提起 2～4mm，并使之稳定燃烧。摩擦引弧法比较容易掌握，适宜于初学者引弧操作。

2. 接触短路引弧法

接触短路引弧法引弧时，首先接通焊接电源，再将焊条或焊丝与焊件接触短路，这时在接触点上由于通过较大的短路电流而产生高温，电极金属和接触焊件的表面立刻熔化，形成液态金属间层，充满在电极和焊件之间。当将焊条或焊丝提起时，液态金属间层的横截面减小，电流密度增加，温度升高。当液态金属间层被拉断瞬时，间层的温度达到沸点，产生大量金属蒸气，在电场的作用下，气体被电离，因而产生焊接电弧。引弧过程如图 4.3.3 所示。

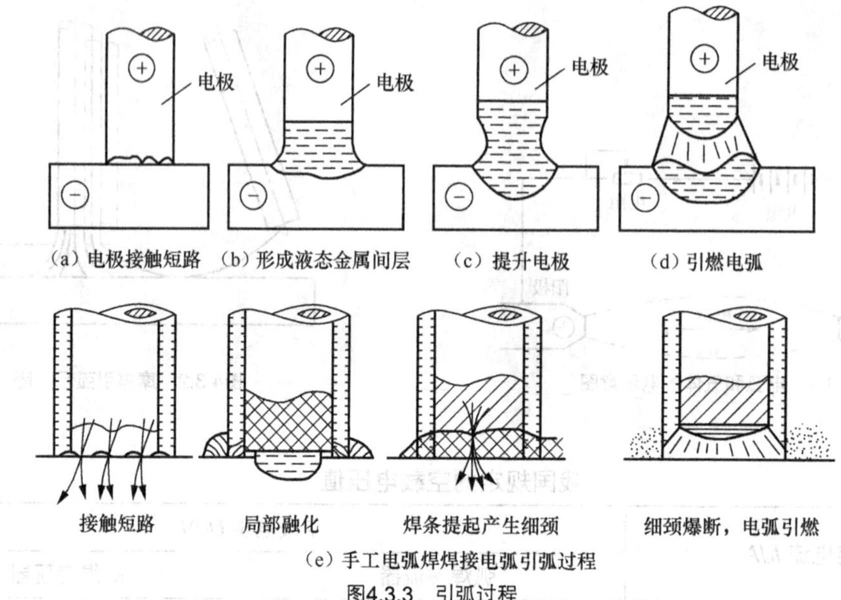

（e）手工电弧焊焊接电弧引弧过程

图4.3.3 引弧过程

3. 敲击引弧法

敲击引弧法如图 4.3.4 所示。引弧时，先将焊条末端对准工件，然后手腕下弯，使焊条轻微碰一下工件，再迅速将焊条提起 2～4mm，引燃电弧后手腕放平，使电弧保持稳定燃烧。这种引弧方法不会使工件表面划伤，又不受工件表面大小、形状的限制，是生产中主要采用的引弧方法。但操作不易掌握，需提高熟练程度。

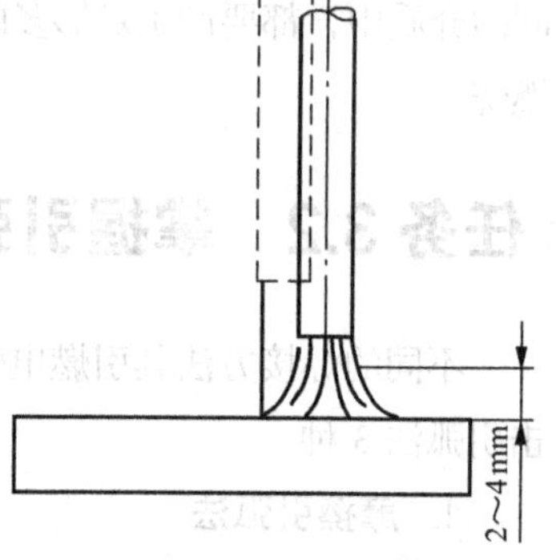

图4.3.4 敲击引弧法

4. 注意事项

引弧质量主要用引弧的熟练程度来衡量。在规定时间内，引弧成功次数越多，引弧位置越准确，说明越熟练。

如果发生焊条“粘着”钢板的现象，不能打开面罩查看，而应当在盖住面罩的情况下，用手摇动焊钳使焊条脱落或用力握焊钳使焊钳脱离焊条之后才能打开面罩，以免弧光灼伤眼睛。焊钳与焊条断开后，千万不要立即用手去拔焊条，以免烫伤手，等到焊条冷却后，方可拔掉焊条，若焊条与工件短路时间过长，容易烧坏电机，对初学者应引起特别注意。

课业练习

1. 摩擦引弧法操作。
2. 敲击引弧法操作。

平敷焊

【学习目标】

1. 掌握平敷焊的操作要点；　　2. 掌握平敷焊的运条方法。

任务 4.1　掌握平敷焊的操作要点

平敷焊就是在水平摆放的钢板表面施焊，堆敷出焊道（也有人叫焊缝）的一种操作。这种操作本身多数情况下只是一种手法和感觉的练习手段，没有实际的焊接意义，只有当进行堆焊时，它才是有焊接意义的操作。

平敷焊操作的三要点为：焊道的起头、焊道的连接、焊道的收尾。

1. 焊道的起头

起头是指刚开始焊接的阶段，在一般情况下这部分焊道略高些，质量也难以保证。因为，焊件未焊之前温度较低，而引弧后又不能迅速使焊件温度升高，所以起点部分的熔深较浅；对焊条来说在引弧后 1～2s 内，由于焊条药皮未形成大量保护气体，最先熔化的熔滴几乎是在无保护气氛的情况下过渡到熔池中去的，这种保护不好的熔滴中有不少气体。如果这些熔滴在施焊中得不到二次熔化，其内部气体就会残留在焊道中形成气孔。

为了解决熔深太浅的问题，可在引弧后先将电弧稍微拉长，使电弧对端头有预热作用，然后适当缩短电弧进行正式的焊接。

为了减少气孔，可将前几滴熔滴甩掉。操作中的直接方法是采用挑弧焊，即电弧有规律地瞬间离开熔池，把熔滴甩掉，但焊接电弧并未中断。另一种间接方法是采用引弧板，即在焊前装配一块金属板，从这块板上开始引弧，焊后割掉。采用引弧板不但保证了起头处的焊缝质量，也能使焊接接头始端获得正常尺寸的焊缝，常在焊接重要结构时应用。

2. 焊道的连接

操作中，由于受焊条长度的限制或操作姿势的变换，一根焊条往往不能完成一条焊道。因此，出现了焊道前后两段的连接问题。焊道的连接一般有以下几种方式，如图 4.4.1 所示。

第一种方式使用最多，接头的方式是在先焊焊道弧坑稍前处（约 10mm）引弧。稍微拉长电弧将电弧移到原弧坑 2/3 处，填满弧坑后，即向前进入正常的焊接。电弧后移太多，可能造成接头过高；后移太少，将造成接头脱节，出现弧坑未填满的缺陷。

第二种连接方式，要求先焊焊道的起头处略低些，接头时在先焊焊道的起头略前处引弧，并稍微拉长电弧，将电弧引到先焊焊道的起头处，并覆盖它的端头，待起头处焊道焊平后再向先焊焊道相反的方向移动。

第三种连接方式，是后焊焊道从接口的另一端引弧，焊到前焊道的结尾处，焊接速度略慢些，以填满焊道的弧坑，然后以较快的速度再略向前焊一小段，熄弧。

第四种连接方式，后焊的焊道结尾与先焊焊道起头相连接，要利用结尾时的高温重复熔化先焊焊道的起头处，将焊道焊平后快速收弧。

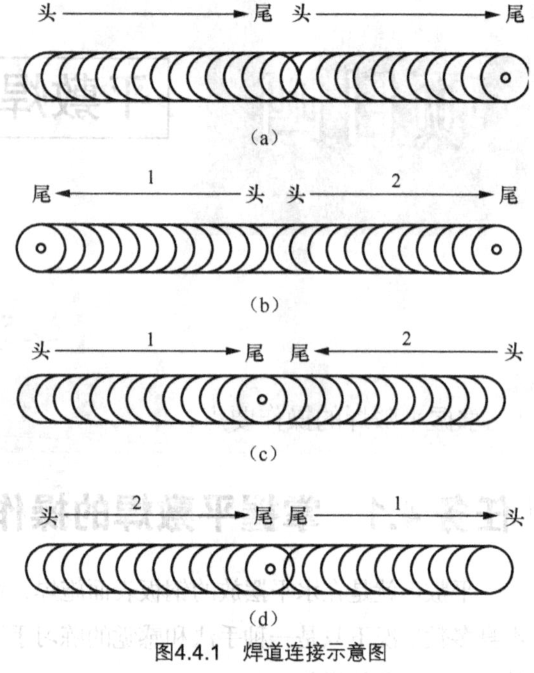

图4.4.1 焊道连接示意图

1—先焊焊道；2—后焊焊道

3. 焊道的收尾

指一条焊道结束时如何收尾，如果操作无经验，收尾时即拉断电弧，则会形成低于焊件表面的弧坑，过深的弧坑使焊道收尾处强度减弱，并容易造成应力集中而产生弧坑裂纹。所以，收尾动作不仅是熄弧，还要填满弧坑。一般收尾的动作有以下几种。

第一，划圈收尾法：焊条移至焊道终点时，作圆圈运动，直到弧坑填满再拉断电弧。此方法适用于厚板焊接，对于薄板则有焊穿的危险。

第二，反复断弧收尾法：焊条移至焊道终点时，在弧坑上需作数次反复熄弧、引弧，直到填满弧坑为止。此方法适用于薄板焊接。但碱性焊条不宜用此法，因为容易产生气孔。

第三，回焊收尾法：焊条移至焊道收尾处即停止，但未熄弧，此时，适当改变焊条角度，焊条由位置 1 转到位置 2，待填满弧坑后再转到位置 3，然后慢慢拉断电弧。碱性焊条宜用此方法。

任务 4.2 掌握平敷焊的运条方法

焊条在引弧之后，一般有 3 个方向的基本运动，即沿焊条轴线送进、沿焊接方向移动和横向摆动。运条方法如图 4.4.2 所示。

1. 沿焊条轴线送进

沿焊条轴线向熔池送进，既是为了向熔池添加填充金属，也是为了焊条熔化后，继续保持一定的电弧长度以维持电弧的稳定存在，因此，送进的速度理论上应当等于焊条熔化的速度，否则电弧长度就会有所波动甚至断弧或焊条黏着焊件。

2. 沿焊接方向移动

焊条沿焊接方向移动，目的是完成焊接操作控制焊缝成型。若焊条移动速度过慢，则焊道过高、过宽、外形不整齐，还可能发生焊穿的现象，也可能会出现焊渣失控导致夹渣的现象。若焊条移动速度过快，则焊条和焊件熔化不均，造成焊道较窄，甚至焊道未能成型。焊条移动的速度究竟是多少，没有速度的测量，而是靠眼睛看已经堆积的焊道的宽度和高度是否合适来进行调整。通常与焊接电流、焊条直径有关。

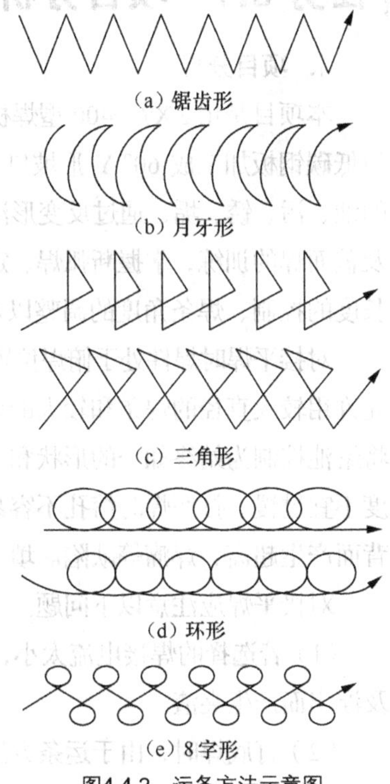

图4.4.2 运条方法示意图

3. 横向摆动

焊条的横向摆动，是为了对焊件输入足够的热量增加熔深，更好地排渣排气，获得合适的焊缝宽度。其摆动范围根据焊件厚度、坡口形式、焊条直径、焊接电流等来决定。

（1）直线型运条——适用于一般的场合。

（2）直线往返型运条——适用于薄板以及接头间隙较大的场合。

（3）锯齿型运条——适用于较厚钢板的对接（俯焊、立焊、仰焊）及填角焊立焊。

（4）月牙型运条——同锯齿型运条。

（5）三角型运条——正三角型适用于开坡口立焊和填角焊立焊；斜三角型适用于填角焊俯焊、仰焊；对接接头开坡口横焊。

（6）圆圈型运条——正圆圈型适用于厚焊件对接俯焊；斜圆圈型适用于对接接头横焊、角接接头俯焊、仰焊。

（7）八字型运条——厚板开坡口的对接接头。

1. 焊道的起头、焊道的连接、焊道的收尾操作。
2. 焊条轴线送进、沿焊接方向移动和横向摆动运条操作。

平对接焊

【学习目标】

1. 掌握单面焊双面成型技术；
2. 掌握板对接平焊的操作要点及步骤。

任务 5.1 项目分析及准备

1. 项目分析

本项目是用 ZX7—400 型焊机在 V 形坡口焊件上进行打底焊、填充焊及盖面焊操作训练。将两块低碳钢板加工成 60° Y 形坡口，钝边 0.5～1mm，清除两侧坡口面及坡口边缘 20～30mm 范围内的油、污、锈、垢，通过反变形法，进行 V 形坡口对接平焊单面焊双面成型。通过打底焊、填充焊及盖面焊的训练，掌握断弧焊、定位焊和 V 形坡口多层焊的操作技能，熟悉焊接电流的选择、电弧长度的控制、焊条角度的凋整以及磁偏吹的控制措施。

对接平焊时焊件处于俯焊位置，焊接时熔滴金属主要靠自重自然过渡，操作技术比较容易掌握，允许用较大直径的焊条和较大的焊接电流。为获得优质焊缝，必须熟练掌握焊条角度和运条技术，将熔池控制为始终如一的形状和大小，一般熔池形状为半圆形或椭圆形，且表面下凹，焊条移动速度不宜过慢。打底焊时熔孔不容易观察和控制，在电弧吹力和熔化金属的重力作用下，容易使焊道背面产生超高、焊瘤等缺陷。填充焊和盖面焊时，如果焊接电流调整过小，容易出现夹渣等缺陷。

对接平焊应注意以下问题。

（1）若选择的焊接电流太小，熔渣与液态金属容易混在一起，当焊接速度过快时，熔渣会来不及浮出而产生夹渣。

（2）打底焊时，由于运条方法不当、焊接速度和焊接电流不合适而容易产生焊瘤、未焊透或背面成型不良。

（3）盖面焊时，若选择的焊接电流过大、电弧过长或坡口内填充量不足，当运条时焊缝两侧停顿时间少、焊条角度小时，焊缝两侧会出现咬边。

2. 焊机、焊条选用

焊机选用 ZX7—400 型交直流两用焊机；焊条选用 E4303 型或 E4315 型，焊条直径分别为 3.2mm 和 4.0mm。焊条使用前应放在焊条烘箱内烘干，烘干温度为 150℃～200℃，然后保温 1～2h，在正式焊接前，应对焊条进行现场检验，检验合格后方可进行试焊。

3. 焊件

焊件为 Q235 钢板，规格为 300mm × 100mm × 12mm。钢板的一侧加工出 30° 的坡口，如图 4.5.1 所示，每两块装配成一组焊件。焊前要将开成 V 形坡口的焊件表面清理干净，露出金属光泽，然后锉削钝边，其尺寸为 0.5～1mm，最后在距坡口边缘两侧一定距离处（约为 50mm），用划针划一条平行线，作为焊后测量焊缝在坡口每侧增宽的基准线。

30°
12
100
300

图4.5.1 焊体备料尺寸

4. 焊件装配与定位焊

将两块钢板装配成 V 形坡口的对接接头，并预留一定的根部间隙，焊件装配定位焊要求始焊端为 3.2mm，终焊端为 4.0mm。由于焊接过程中有横向收缩量，为保证熔透坡口根部所需要的间隙，终焊端间隙应放大些。装配时可分别用直径为 3.2mm、直径为 4.0mm 的焊条头夹在焊件坡口的始端和终端处，定位焊后再敲除。定位焊时，应在焊件背面两端 20mm 的范围内进行，其长度为 10～15mm，且应焊牢，以避免焊缝的收缩将末端段坡口间隙变小而影响打底层焊接。具体装配尺寸如表 4.5.1 所示。

表 4.5.1 焊接装配尺寸

焊接层次	运条方法	焊条直径/mm	焊接电流/A
打底层	断弧焊法	3.2	95～105
填充层	锯齿形或月牙形运条法	4.0	160～170
盖面层	锯齿形或正圆圈形运条法		140～160

5. 预留反变形量

由于 V 形坡口不具对称性，只在一侧焊接，焊缝在厚度方向横向收缩不均，钢板会向上翘起而产生角变形，其大小用变形角 d 来表示。由于焊件要求变形角控制在 3° 以内，可采用预留反变形量的方法来控制焊后的角变形。

预留反变形量可利用公式 $h=100\sin\alpha$ 进行计算，当预留角度 $\alpha=30°$ 时，$h=5.2\text{mm}$。操作方法：焊前将组对好的焊件，用两手拿住其中一块钢板的两端，轻轻敲打另一块，使两板向焊后角变形的相反方向折弯成一定的反变形量（测量 $h=5.2\text{mm}$），如图 4.5.2 所示。

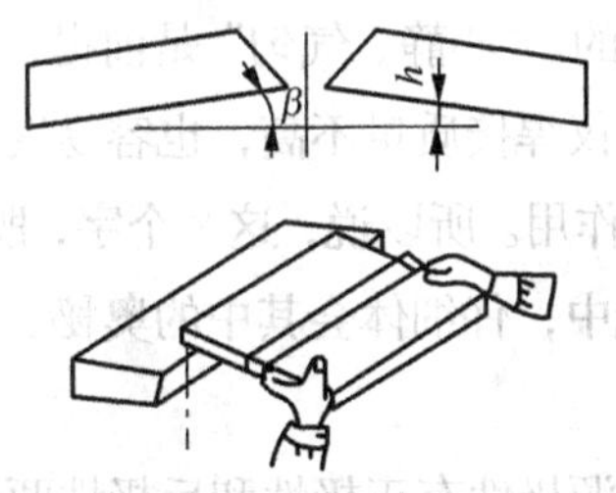

（a）获得反变形的方法

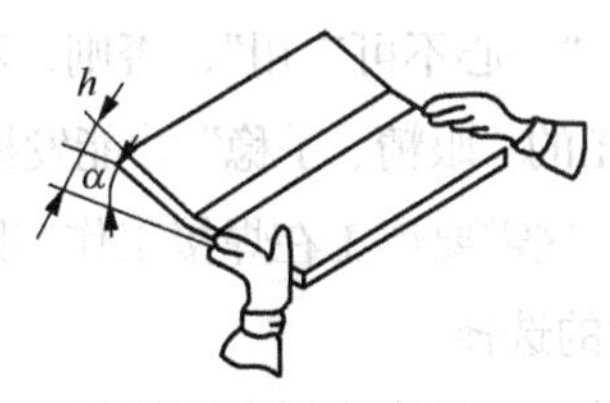

（b）反变形的角度测量

图4.5.2 预留反变形量

6. 辅助工具和量具的准备

操作者应准备好工作服、工作帽、绝缘鞋、电焊手套、面罩、防光眼镜等劳保用品；焊接操作作业区附近应备好焊条保温筒、角向打磨机、钢丝刷、敲渣锤、样冲、划针、焊缝万能量规等辅助工具和量具。

焊前，应先检查设备和工具是否安全可靠，不允许未进行安全检查就开始操作。焊工操作时必须按劳动保护规定穿戴防护工作服、绝缘鞋和防护手套，并保持干燥和清洁。所选用的护目玻璃要符合安全要求。牢记焊工操作时应遵循的安全操作规程，在作业中贯彻始终。同时还要注意预防电弧光伤害和防止飞溅金属造成的灼伤。通常焊接设备的动力箱上接有 220V 或 380V 电源，电焊机的空载电压大多在 60V 以上，焊接操作者要注意大于 36V 的危险电压，使用灯照明时，其电压不应超过 36V。检查电焊开关箱的电气线路或焊接设备是否绝缘，焊机是否接地或接零，避免发生触电事故。

任务 5.2 平对接焊操作理论基础

1. 单面焊双面成型技术

单面焊双面成型技术，是锅炉、压力容器焊工应熟练掌握的操作技能。在单面焊双面成型操作过程中，不需采用任何辅助措施，只是在坡口根部，组装定位焊时，按不同的操作手法留出适当的间隙，当在坡口正面用普通焊条进行焊接时，就会在坡口的正、反面都得到均匀、整齐、成型良好、符合质量要求的焊缝。这种特殊的焊接操作，就叫单面焊双面成型。作为焊工，在单面焊双面成型过程中，应牢记“心静、气匀、眼精、手稳”8 个字。

（1）心静。焊工在焊接过程中，专心焊接，别无它想。任何与焊接无关的杂念，都会使焊工分心，在运条、断弧频率、焊接速度等方面出现错误，从而导致产生焊接缺陷。

（2）气匀。焊工在焊接过程中，无论是站位焊接、蹲位焊接，都要求呼吸平稳、均匀。既不能大憋气，以免因缺氧而烦躁，影响焊工发挥操作技能；也不要大喘气，使身体上下浮动，影响手稳。

（3）眼精。在焊接过程中，焊工的眼睛要时刻注意观察焊接熔池的变化，注意熔孔尺寸，每一个焊点与前一个焊点重合面积的大小，熔池中液态金属与熔渣的分离等。

（4）手稳。眼睛看到哪儿，焊条就应该按运条方法，选择合适的弧长，准确无误地送到哪儿，保证正、背两面焊缝成型良好。

总之，这 8 个字是焊工经多年的实践总结出来的。“心静、气匀”是前提，是对焊工思想素质的要求。在焊接岗位上，“一心不可二用”，否则，不仅焊接质量不高，也容易发生安全事故。只有做到“心静、气匀”，焊工的“眼精、手稳”才能发挥作用。所以说，这 8 个字，既有各自独立的特性，又有相互依托的共性。这需要焊工在焊接工作实践中，仔细体会其中的奥秘。

2. 焊接电源极性的选择

使用直流弧焊机时，要正确选择电源极性。电源极性有正极性和反极性两种。采用直流电焊接时，因焊机有正、负两极，所以有两种不同的接法，将焊件接到电焊机的正极，焊钳接至负极，这种方法叫正接，又称正极性。反之将焊件接至负极，焊钳接至正极，称为反接，或称反极性。通常应根据焊条性质和焊件厚度来选用不同的接法。如用碱性焊条时，必须采用直流反接才能使电弧燃烧稳定。实际上，一般部采用反接，这样可减少焊缝出现气孔和飞溅，噪声小，电弧燃烧稳定。

电弧焊时，直流弧焊机的正极部分放出的热量比负极部分高。所以，当焊条需要的热量高时就选用直流反接法；反之，要用正接法。选择焊机的极性时，还需要考虑焊条的性质。因为有些焊条规定了其使用的极性，如 E4315（J427）、E5015（J507）等焊条，就必须使用直流反接法焊接，才能使得电弧燃烧稳定，飞溅小，并有利于焊缝良好成型。若采用直流正接，电弧燃烧稳定，但电弧声音暴躁，飞溅很大。图 4.5.3 所示为不同接法的电弧形状。

3. 焊接电弧偏吹

在焊接过程中，因焊条偏心、气流干扰和磁场的作用，常会使焊接电弧的中心偏离焊条轴线，这种现象称为电弧偏吹。电弧偏吹使电弧燃烧不稳定，飞溅加大，熔滴下落失去保护，容易产生气孔，甚至无法正常焊接，直接影响焊缝成型。

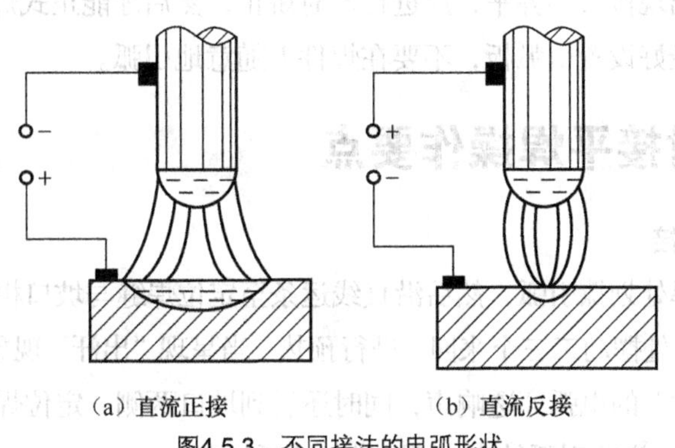

（a）直流正接　（b）直流反接

图4.5.3　不同接法的电弧形状

焊条偏心引起的偏吹如图 4.5.4 所示，这是焊条制造中的质量问题造成的，在施焊前如发现，应及时更换偏心焊条。

气流的干扰来自作业环境的影响，在狭小通道内或大风天气焊接作业时，可采取遮挡大风或“穿堂风”的措施，对电弧进行保护。

只有使用直流弧焊机时，磁场的作用才会产生电弧偏吹。焊接电流越大，磁偏吹现象越严重。在操作中通过调整焊条角度，使焊条向偏吹的一侧倾斜，如图 4.5.5 所示，这是减少电弧偏吹较为有效的方法。当电弧在焊件两端出现的偏吹比较严重时，可以采取在焊件两端连接引弧板和引出板的措施，以减小偏吹现象。

图4.5.4　焊条偏心引起的偏吹

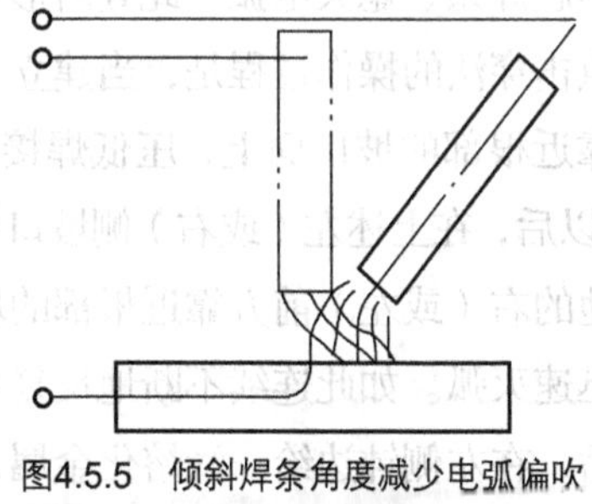

图4.5.5　倾斜焊条角度减少电弧偏吹

另外，采用短弧焊接和使用小电流对克服电弧偏吹也能起到一定的作用。

4．定位焊的要求

焊前为固定焊件的相对位置进行的焊接操作叫定位焊，俗称点固焊。焊接定位焊缝时必须注意以下几点。

（1）定位焊缝一般要形成最终焊缝金属，因此选用的焊条应与正式焊接所用的焊条相同。

（2）为防止未焊透等缺陷，定位焊时电流应比正式焊时大 10%～15%。

（3）定位焊缝余高不能过大，焊缝两端应与母材平缓过渡，以防止焊接时产生未焊透等缺陷。

（4）如遇有焊缝交叉时，定位焊缝应离交叉处 50mm 以上。

（5）尤其是重要焊件，如发现定位焊缝有开裂、未焊透、超高等缺陷，就必须铲除或打磨焊点，必要时重新定位焊。

（6）定位焊之后如出现接头不齐平，应进行及时矫正，然后才能正式焊接。

（7）定位焊件时，最好设置引弧板，不要在焊件上随意地引弧。

任务 5.3　板对接平焊操作要点

1. 断弧法打底层焊接

（1）引弧。在定位焊处划擦引弧，然后沿直线运条至定位焊缝与坡口根部相接处，以稍长电弧（弧长约为 3.5mm），在该处摆动二三个来回，进行预热。当呈现"出汗"现象时，立即压低电弧（弧长约 2mm），听到"噗噗"的电弧穿透响声，同时还看到坡口两侧、定位焊缝及坡口根部金属开始熔化，形成熔池并有熔孔，说明引弧结束，可以进行断弧焊接。

（2）焊条角度。平焊时焊条与焊接方向夹角为 45°～55°，如图 4.5.6 所示。当坡口根部钝边大时，夹角要大些；反之，夹角就小些。

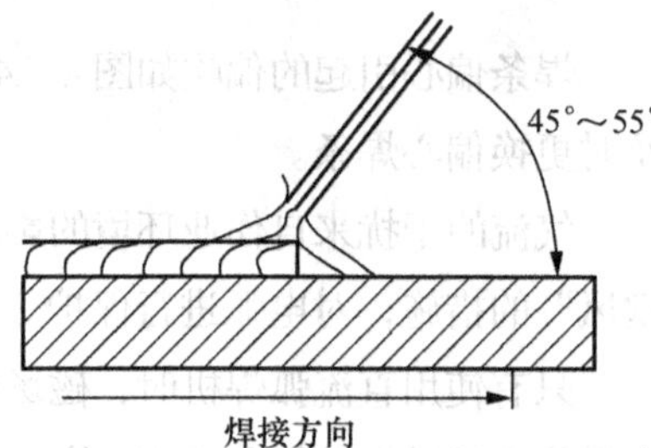

图4.5.6　平焊时焊条与焊接方向夹角

（3）运条方法。如图 4.5.7 所示，平焊位背断弧焊操作有一点击穿法、二点击穿法和三点击穿法。一点击穿法是在始焊端定位焊缝上引弧，然后将电弧移至待焊处，来回摆动二三次进行预热，预热后立即压低电弧，听到电弧穿透坡口根部而发出"噗噗"的声音，在焊接防护镜保护下看到定位焊缝以及相接的坡口两侧金属开始熔化并形成熔池，这时迅速提起焊条、熄灭电弧。此处所形成的熔池是整条焊道的起点，以此点击穿焊接以后再引燃电弧。二点击穿法的操作过程是，当建立了第一个熔池重新引弧后，迅速将电弧移向熔池的左（或右）前方靠近根部的坡口面上，压低焊接电弧，以较大的焊条倾角击穿坡口根部，然后迅速灭弧，大约经 1s 以后，在上述左（或右）侧坡口根部熔池尚未完全凝固时再迅速引弧，并迅速将电弧移向第一个熔池的右（或左）前方靠近根部的坡口面上，压低焊接电弧，以较大的焊条倾角直击坡口根部，然后迅速灭弧。如此连续不断地反复在坡口根部左右两侧交叉击穿的运条操作。三点击穿法是电弧引燃后，在左侧钝边给一滴熔化金属，右侧钝边给一滴熔化金属，中间的间隙处再给一滴熔化金属，然后迅速熄灭电弧，在熔池将要凝固时，又在灭弧处引燃电弧，击穿、停顿，周而复始重复直行，形成打底层焊缝。

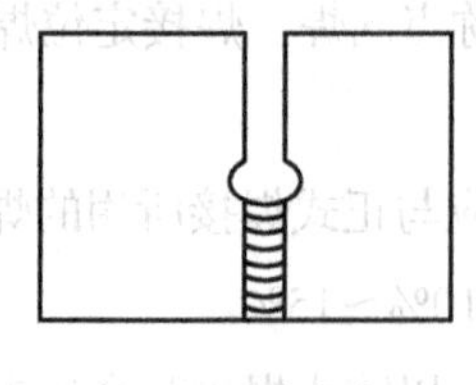
（a）一点击穿法

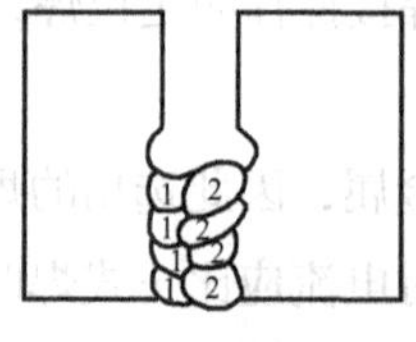

（b）二点击穿法

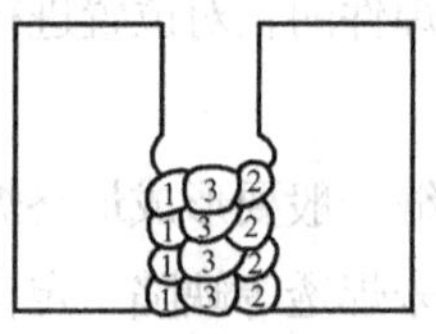

（c）三点击穿法

图4.5.7　平焊位背断弧焊操作方法

2. 填充层焊接

填充焊时，焊条与焊接方向成 75°～85° 夹角，采用横向锯齿形，焊条摆动到坡口两侧要稍作停留，使两侧温度均衡，填充层的焊肉要比盖面层低 0.5～1.5mm，使焊接盖面层时能看清坡口，保证焊缝平直。引弧时可在距焊缝起始点 10～15mm 处进行，然后将电弧拉回到起始点。下一层焊道焊接前需对前一层焊道仔细清理，特别是死角处，更要清理干净，防止焊缝产生夹渣。

3. 盖面层焊接

同填充焊一样，焊前要仔细清理两侧焊缝与母材坡口死角以及焊道表面。盖面焊时，焊条与焊接方向仍成 75°～85° 夹角。可用锯齿形运条，焊接电流适当小些，焊条摆动到坡口边缘时，要稳住电弧使两侧边缘各熔化 1～2mm；接头时在距焊缝收弧点 10～15mm 处引弧，然后将电弧拉回到原熔池即可。焊接时，控制弧长和摆动幅度，防止产生咬边。焊速要均匀，宽窄一致。引弧时在距焊缝起始点 10～15mm 处引弧，然后将电弧拉回到起始点施焊。

4. 工艺参数选择

各层的焊接工艺参数如表 4.5.2 所示。

表 4.5.2　　焊接工艺参数

层次（道数）	焊条直径/mm	焊接电流/A	电弧电压/V
打底层（1）	3.2	105～115	22～26
填充层（2）	3.2	115～125	
填充层（3）	4	175～185	
盖面层（4）	4	170～180	

5. 焊缝质量要求

（1）平焊焊缝表面焊缝尺寸要求如表 4.5.3 所示。

表 4.5.3　　平焊焊缝表面焊缝尺寸要求

焊缝宽度		余高	余高差	焊缝宽度差
正面	比坡口每侧增宽 0.5～2	0～3	<2	<2
背面		≤3	<2	≤2

（2）焊缝表面不得有气孔、咬边、裂纹等缺陷。

（3）焊缝经 X 射线无损探伤，按 JB 4730—1994 标准，达到Ⅱ级以上为合格。

6. 板对接平焊常见缺陷

板对接平焊时易出现的缺陷及排除方法如表 4.5.4 所示。

表 4.5.4　　板对接平焊时易出现的缺陷及排除方法

缺 陷 名 称	产 生 原 因	排 除 方 法
焊接接头不良	换焊条时间长	换焊条速度要快
	收弧方法不当	将收弧处打磨成缓坡
背面出现焊瘤和未焊透	运条不当	掌握好运条时在坡口两侧停留的时间

续表

缺陷名称	产生原因	排除方法
背面出现焊瘤和未焊透	打底焊时，熔孔尺寸过大而产生焊瘤，熔孔尺寸过小而造成未焊透	注意熔孔尺寸的变化
咬边	焊接电流强度太大	适当减小电流强度
	运条动作不当	运条至坡口两侧时稍作停留
	焊条倾斜角度不合适	掌握好各层焊接时焊条的倾斜角度

任务 5.4 平对接焊操作步骤及注意事项

1. 焊接层次确定

修磨坡口及钝边，装配、定位焊并预留反变形量等准备工作完成后，确定焊接层次及焊接工艺参数。焊接层次分布如图 4.5.8 所示，焊缝共分 4 层，第一层为打底焊层，第二层、第三层为填充层，第四层为盖面层。平焊位置焊条电弧焊的焊接工艺参数如表 4.5.5 所示。

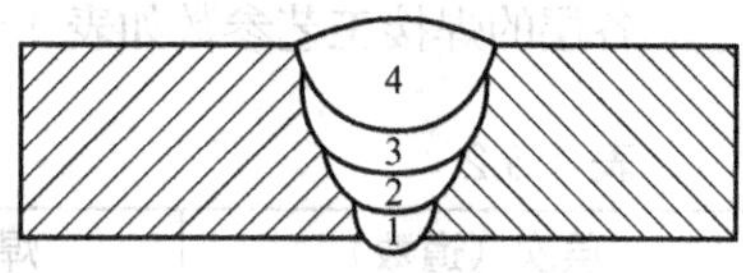

图4.5.8 焊接层次

表 4.5.5 平焊位置焊条电弧焊的焊接工艺参数

焊接层次	运条方法	焊条直径/mm	焊接电流/A
打底层	断弧焊法	3.2	95～105
填充层	锯齿形或月牙形运条法	4.0	160～170
盖面层	锯齿形或正圆圈形运条法		140～160

2. 打底层的断弧焊

酸性焊条可采用断弧焊法。正式焊接前，先在试板上试焊，检查焊接电流是否合适及焊条有无偏吹现象，确认无误后，从焊件间隙较小的一端开始引弧。

首先，将焊条与定位焊缝接触，在始焊端定位焊缝上引弧。电弧引燃后迅速拉长，弧长控制为 3.2～4mm，并轻轻摆动 2～3 次预热始焊部位，然后立即压低电弧，弧长约为 2mm。听到电弧穿透坡口根部而发出“噗噗”的声音，在焊接防护镜保护下看到定位焊缝以及相接的坡口两侧金属开始熔化并形成熔池，这时迅速提起焊条、熄灭电弧，使之形成第一个熔池座。此时的焊条与焊件的角度为 30°～50°，如图 4.5.9 所示。

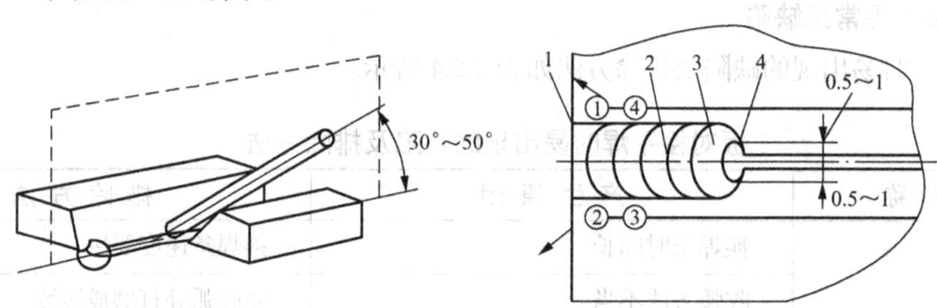

图4.5.9 打底层焊接

1—定位焊缝；2—焊道；3—熔池；4—熔孔

当第一个熔池约有部分金属已呈凝固状态时，即熔池颜色由明亮开始变暗，迅速将焊条落在熔池 2/3 处燃弧，沿坡口一侧摆动到另一侧，然后向后方熄弧。当新熔池的颜色变暗时，立即在刚熄弧的坡口那一侧引弧，压弧熔焊之后再运条到另一侧，听到"噗噗"声后立即熄弧（在两侧①②③④点均应作瞬间停顿，使钝边每侧熔化 1mm，形成大小均匀的熔孔）。这样左右击穿、周而复始，直至完成打底层焊接。

断弧焊法每引燃、熄灭电弧一次，完成一个焊点的焊接，其节奏控制在每分钟灭弧 45～55 次，使每一个熔滴都要准确送到欲焊位置。焊工应根据坡口根部熔化程度，控制电弧的灭弧频率。节奏过快，坡口根部熔不透；节奏过慢，熔池温度过高，焊件背面焊缝会超高（应控制在 2mm 以下），甚至出现焊瘤和烧穿等焊接缺陷。同时，每形成一个熔池都要在其前面出现一个熔孔，熔池的轮廓由熔池边缘和坡口两侧被熔化的缺口构成。打底层焊道正面、背面焊缝高度控制在 2mm 左右，其焊接质量主要取决于熔孔的大小和间距，熔孔应大于根部间隙 1～2mm，其间距始终应保持熔池之间有 2/3 的搭接量。

当焊条长度在 50～60mm 时，需要做更换焊条的准备。此时迅速压低电弧，向焊接熔池边缘连续过渡几个熔滴，以便使背面熔池饱满，防止形成冷缩孔，然后迅速更换焊条，并在图 4.5.10 中①的位置引燃电弧。以普通焊速沿焊道将电弧移到焊缝末尾焊的 2/3 处，即图 4.5.10 中②的位置，在该处以长弧摆动两个来回（电弧经③位置→④位置→⑤位置→⑥位置）。看到被加热的金属有了"出汗"的现象之后，在⑦位置压低电弧并停留 1～2s，待末尾焊点重熔并听到"噗噗"两声之后，迅速将电弧沿坡口的侧后方拉长电弧熄弧，更换焊条操作结束。更换焊条时电弧移动的轨迹如图 4.5.10 所示。

3. 填充层的焊接

施焊前先用清渣锤和钢丝刷将打底层焊道的熔渣、飞溅物清理干净，并适当地调节焊接电流。

引弧应在距离始焊端 10～15mm 处，引燃后立即抬高电弧拉向始焊端部，压低电弧开始焊接。焊接过程中采用连弧焊接，运用锯齿形运条法或月牙形运条法，焊条倾角如图 4.5.11 所示。在坡口两侧要作适当的停顿，以保证熔池及坡口两侧温度均衡，有利于良好熔合和排渣。填充层的最后一层焊道（第三层），应比坡口边缘约低 1.5mm，最好呈凹形，保持坡口两侧边缘的原始状态，以便控制焊缝宽度和焊缝高度，为盖面层焊接打好基础。

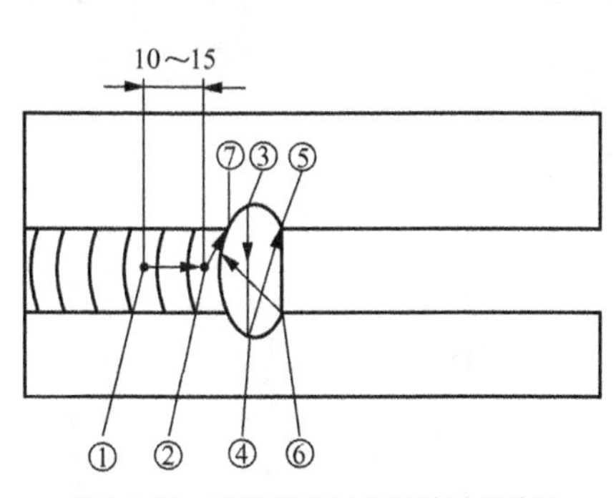

图4.5.10　更换焊条时电弧移动的轨迹

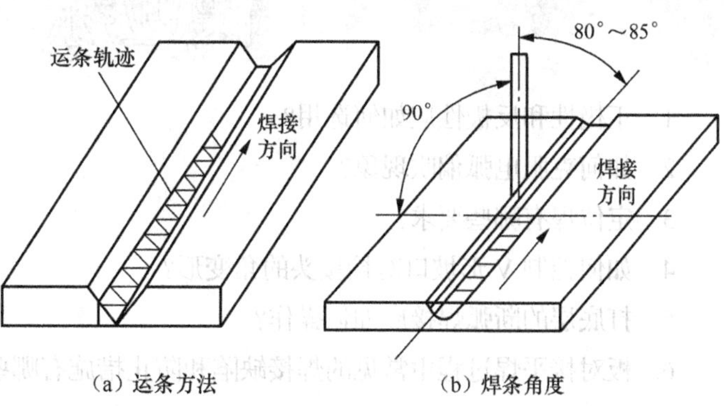

图4.5.11　填充层操作

4. 盖面层的焊接

盖面层的质量关系到焊件的外观质量是否合格，焊接时要注意焊接变形能否使焊件达到平整状态。

盖面焊时，焊接电流要低于填充层 10%～15%，采用锯齿形或正圆圈形运条法，焊条与焊接方向夹角为 75° ～80° 。焊接过程中，焊条摆动幅度要比填充层大，且摆动幅度一致，运条速度均匀，摆动焊条时，要使电弧在坡口边缘稍作停留，待液体金属饱满后，再运至另一侧，以避免焊趾处产生咬边。焊条的摆幅由熔池的边缘确定，保证熔池的边缘不得超过焊件表面坡口棱边 2mm。否则，焊缝超宽会影响表面焊缝质量。

盖面层焊接接头时，应将接头处的熔渣轻轻敲掉仅露出弧坑，然后，在弧坑前 10mm 处引弧，拉长电弧至弧坑的 2/3 处，如图 4.5.12 所示，保持一定弧长，靠电弧的喷射效果使熔池边缘与弧坑边缘相吻合，此时，焊条立即向前移动，转入正常的盖面焊操作。

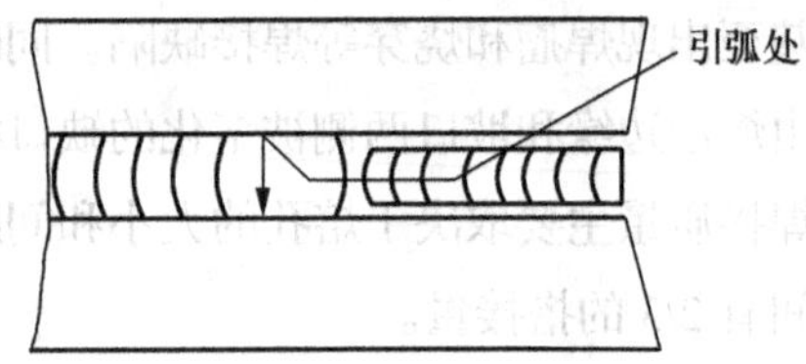

图4.5.12 盖面层操作

5. 焊缝清理

焊完焊缝后，用敲渣锤清除焊渣，用钢丝刷进一步将焊渣、焊接飞溅物等清除干净，并检查焊接质量。

6. 操作注意事项

（1）操作过程中，要随时观察熔池与熔渣是否可以分清。若熔渣超前，熔池与熔渣分不清，即电弧在熔渣后方时（焊接电流过小），很容易产生夹渣的缺陷；若熔渣明显拖后，熔池裸露出来（焊接电流过大），会使焊缝成型粗糙。

（2）填充焊的最后一层焊道要低于焊件表面，且有一定下凹，千万不能超出坡口面的棱边，否则会影响盖面焊缝的成型。

（3）本任务操作过程中电弧要短，所送熔滴要少，形成焊道要薄，断弧节奏要快。

（4）当完成打底层焊道长度的 2/3 时，焊件的温度已经升高，有时还会出现坡口间隙过小现象，应根据实际情况，适当调整燃弧和熄弧时间，确保整条焊道背面成型均匀。

1. 正极性和反极性应如何选用？
2. 如何克服电弧偏吹现象？
3. 定位焊有哪些要求？
4. 如何控制 V 形坡口对接接头的角变形？
5. 打底层的断弧焊接应如何操作？
6. 板对接平焊过程中常见的焊接缺陷和防止措施有哪些？

平角焊

【学习目标】

1. 掌握平角焊的操作要点；　　2. 掌握平角焊的运条方法。

任务 6.1　T 形接头平角焊的技术要点

平角焊主要是指 T 形接头的平角焊、搭接接头的平角焊和管子管板接头的平角焊。搭接接头平角焊与 T 形接头平角焊的操作方法相类似。

T 形接头平角焊在操作时除了正确选择焊接参数外，还必须根据两板的厚薄来调节焊条的角度。如果焊接两板厚度不同的焊缝时，电弧就要偏向于厚板的一边，使两板的温度均匀。常用焊条角度如图 4.6.1 所示。

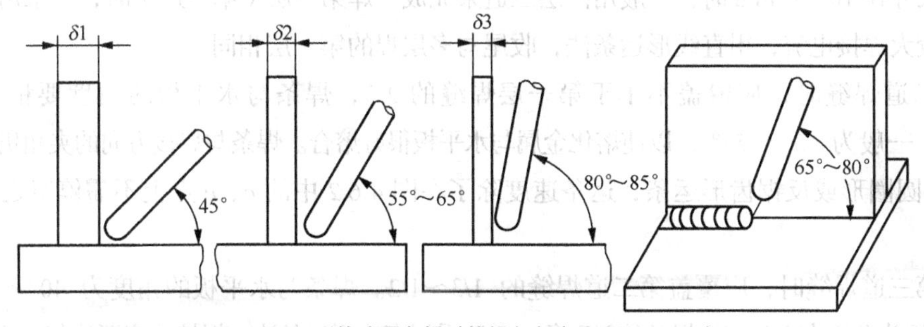

图4.6.1　T形接头平角焊时的焊条角度（$\delta_1>\delta_2>\delta_3$）

T 形接头的焊接除单层焊外也可采用多层焊或多层多道焊，其焊接方法如下。

1. 单层焊

焊脚尺寸小于 8mm 的焊缝，通常用单层焊（一层一道焊缝）来完成，焊条直径根据钢板厚度不同在 3～5mm 范围内选择。

焊脚尺寸小于 5mm 的焊缝，可采用直线形运条法和短弧进行焊接，将焊条端头的套管边缘靠在焊缝上，并轻轻地压住它，借焊条的熔化逐渐沿着焊接方向移动，焊接速度要保持均匀，焊条角度与水平板成 45°，与焊接方向成 65°～80° 的夹角。

焊脚尺寸在 5～8mm 时，可采用斜圆圈形或反锯齿形运条法进行焊接。正确的运条方法按图 4.6.2

所示，在图中 a 点至 b 点运条速度要稍慢些，以保证熔化金属与水平板很好熔合；b 点至 c 点的运条速度要稍快些，以防止熔化金属下淌，但运条到 c 点时要稍作停留，以保证熔化金属与垂直板很好熔合，并且还能避免产生咬边现象；c 点至 d 点的运条速度又要稍慢些，才能避免产生夹渣现象及保证根部焊透；c 点至 d 点的运条速度与 a 点至 b 点一样要稍慢些；d 点至 e 点与 b 点至 c 点一样，要稍作停留。整个运条过程就是不断地重复上述过程，同时在整个运条过程中，短弧焊接。操作时还应注意焊缝宽窄一致，高低平整，避免咬边、夹渣等缺陷。

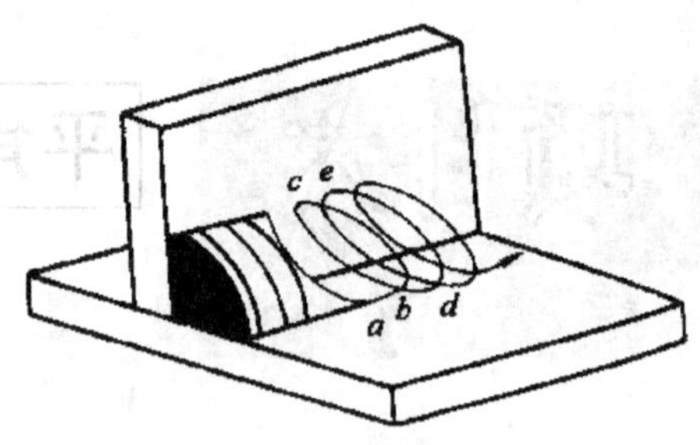

图4.6.2 T形接头平角焊时的斜圆圈形运条法

在T形接头平角焊中往往由于收尾弧坑未填满而产生裂纹。所以在收尾时，弧坑填满，具体措施可参阅焊缝收尾法。

2. 多层焊

焊脚尺寸在8～10mm时，可采用两层两道的焊法。焊第一层时，可采用3～4mm直径的焊条，焊接电流稍大些，以保证熔透。采用直线形运条法，在收尾时应把弧坑填满或略高些。在焊第二层时，可采用4mm直径的焊条，焊接电流不宜过大，以免产生咬边现象。用斜圆圈形或反锯齿形运条法施焊，具体运条方法与单层焊相同。

3. 多层多道焊

当焊脚尺寸大于10mm时，可采用多层多道焊。

焊脚尺寸在10～12mm时，一般用两层三道来完成。焊第一层（第一道）时，可采用较小直径的焊条及较大焊接电流，用直线形运条法，收尾与多层焊的第一层相同。

焊第二道焊缝时，应覆盖不小于第一层焊缝的2/3，焊条与水平板的角度要稍大些（见图4.6.3），一般为45°～55°，以使熔化金属与水平板很好熔合。焊条与焊接方向的夹角仍为65°～80°，用斜圆圈形或反锯齿形运条，运条速度除了在图4.6.2中的 c、e 点上不需停留之外，其他都一样。

焊接第三道焊缝时，应覆盖第二道焊缝的1/3～1/2。焊条与水平板的角度为40°～45°（见图4.6.3），因为角度太大易产生焊角偏斜现象。一般采用直线形运条法，焊接速度要均匀，不宜太慢。

如果焊接焊脚尺寸大于12mm以上的焊件时，可采用三层六道、四层十道来完成，焊脚尺寸越大，焊接层数、道数就越多，如图4.6.4所示。

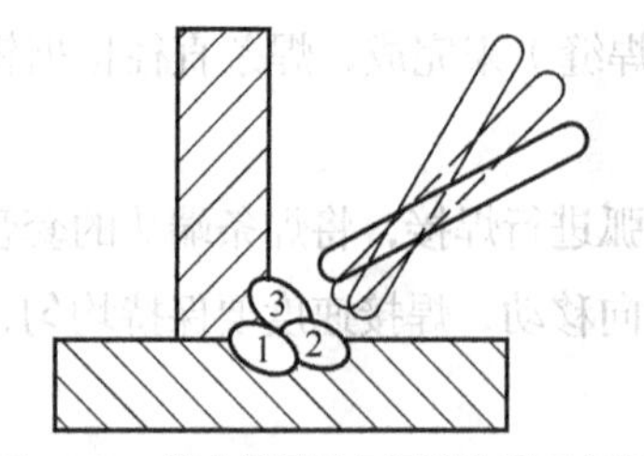

图4.6.3 多层多焊道各焊道的焊条角度

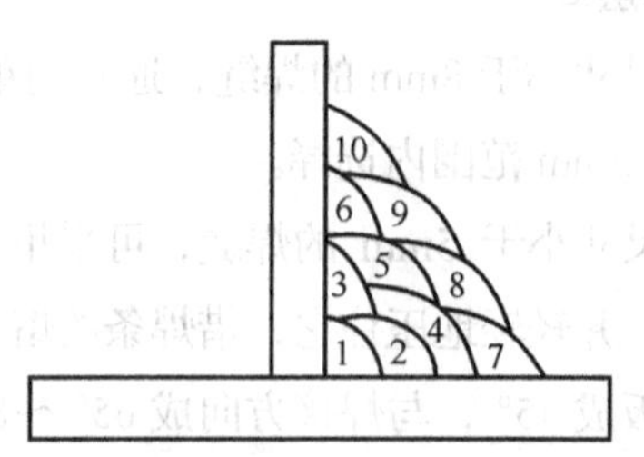

图4.6.4 多层多焊道的焊道排列

任务 6.2 低碳钢板的 T 形接头平角焊

平角焊缝包括 T 形接头、角接接头和搭接接头，其焊接方法相类似。其中，T 形接头是典型的角接形式，T 形接头钢结构焊件形状和尺寸如图 4.6.5 所示。

1. 焊前准备

（1）焊接方法。用焊条电弧焊连弧焊手法分两层焊完。

（2）焊接电源。用 ZX7—400 型直流电弧焊机，直流反接。

（3）焊条。选用 E4315（J427），规格ϕ4.0mm，焊条烘干温度为 300℃～350℃，保温 1～2 h。

（4）焊前清理。焊前对坡口及两侧各 30mm 范围内的油污、铁锈及其污物进行砂轮打磨或清洗，使焊件露出金属光泽。

（5）装配定位焊。T 形接头焊缝组对时，可考虑留有 1～2mm 间隙；点焊缝长度为 8～10mm，点焊缝位置如图 4.6.6 所示。

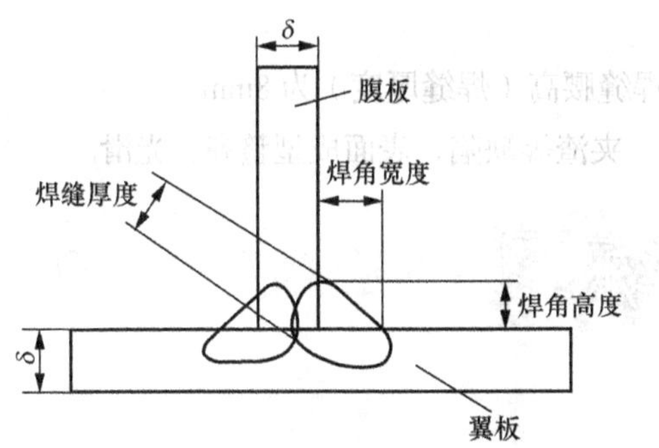

图4.6.5 T型接头钢结构焊件板厚δ=12mm焊角高度≥6mm

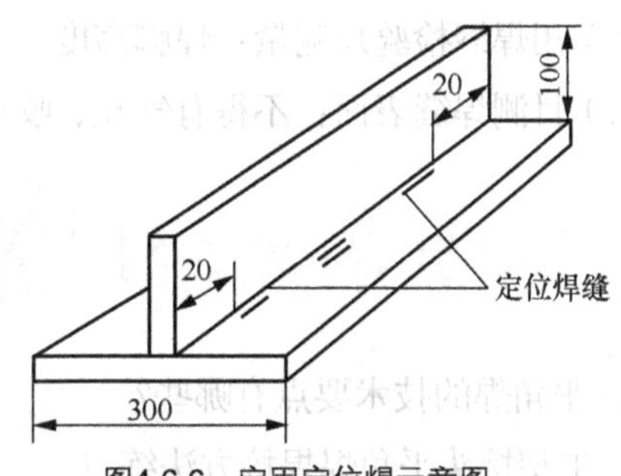

图4.6.6 定固定位焊示意图

2. 焊接操作要点

（1）引弧。起焊时，引弧点的位置如图 4.6.7 示。引弧后，将电弧拉回焊缝端头，开始焊接。这样，可利用电弧的预热作用，减少起头处产生焊接缺陷。

（2）焊接采用分两层焊法。焊第一层时，电流应稍大些，以获得较大的熔深。运条采用直线形，焊条角度应保持与水平板件成 45° 角。角度太小，会造成根部熔深不足；角度过大，熔渣容易跑到熔池前边，产生夹渣现象；焊接收尾时，要填满弧坑或略高些。这样，在第二层结尾时，不会因温度过高而留下弧坑。

焊接第二层之前，必须将第一层的熔渣清除干净。如发现夹渣，应用小直径焊条进行修补，以免焊接第二层时产生夹渣。由于第二层的焊缝较宽，运条可采用斜圆圈法焊接，以防止焊道边缘熔合不良。斜圆圈法运条如图 4.6.8 所示。从 a 到 b 要慢速，以避免咬边；从 c 到 d 稍快，防止熔化金属下淌；在 c 处稍作停留，从 c 到 d 稍慢，保证根部焊透；从 d 到 e 也要稍快，到 e 处作一下停留。按上述规律性，用短弧焊接，就能获得良好的焊缝质量。

3. 工艺参数

打底和盖面层的焊接工艺参数如表 4.6.1 所示。

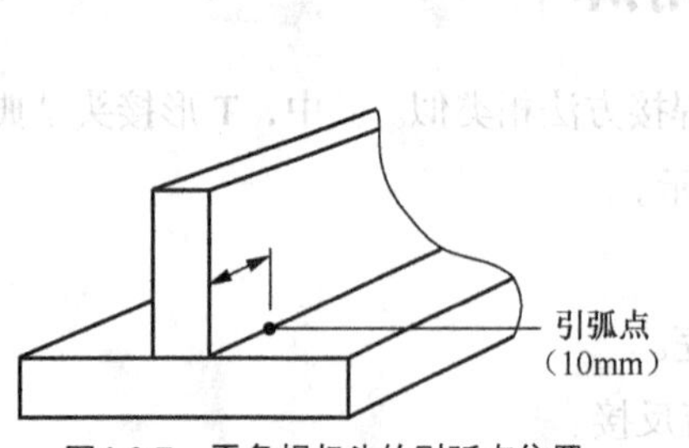

图4.6.7 平角焊起头的引弧点位置

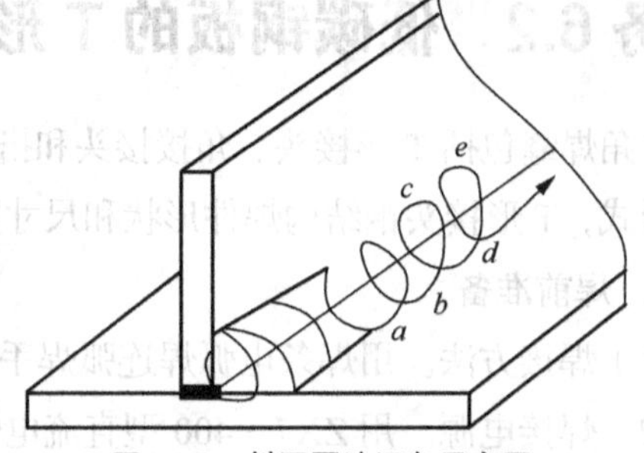

图4.6.8 斜圆圈法运条示意图

表 4.6.1 打底层和盖面层的焊接工艺参数

层次（道数）	焊条直径/mm	焊接电流/A	电弧电压/V
打底层（1）	4.0	140～180	22～26
盖面层（2）	4.0	145～175	

4. 焊缝质量要求

（1）用焊缝检验尺测量：焊脚高度为 10mm；焊缝腰高（焊缝厚度）为 8mm。

（2）目测焊缝表面：不得有气孔、咬边、裂纹、夹渣等缺陷，表面成型整齐、光滑。

课业练习

1. 平角焊的技术要点有哪些？
2. T 型接头平角焊焊接方法练习。

项目七 管与板焊接

【学习目标】

1. 掌握管板水平固定打底层的焊接要点；
2. 掌握管板水平固定盖面层的焊接要点。

任务 7.1 管板水平固定打底层焊接要点

由管子和平板组成的 T 形接头称为管板接头。将管子固定在水平位置，称为管板水平固定焊，其连接焊缝为全位置角焊缝，如图 4.7.1 所示。

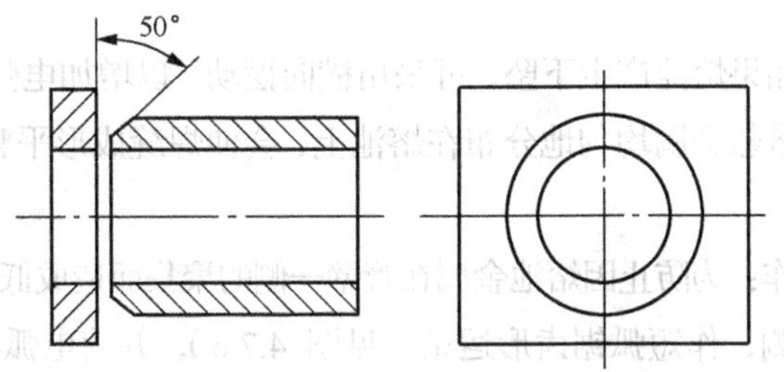

图4.7.1　全位置角焊缝

打底层采用直径为 3.2mm 的焊条，焊接电流为 95～105A。由于是全位置焊，所以操作时将管子分成前半圈和后半圈两部分，如图 4.7.2 所示。通常情况下，应先焊前半圈部分，因为右手握焊钳时，前半圈便于在仰焊位置观察与焊接。施焊前，应将待焊处的铁锈、污物清理干净。

1. 前半圈的焊接操作

引弧时，在管子与管板连接的 4 点处向 6 点处以划擦法引弧，引弧后将电弧移至 6 点与 7 点之间进行 1～2s 的预热，再将焊条向右下方倾斜，倾斜角度如图 4.7.3 所示。然后压低电弧，将焊条端部轻轻顶在管子与底板的倾角上，进行快速施焊。施焊时，须使管子与底板达到充分熔合，同时焊缝也要尽量薄些，以利于与后半圈焊道连接平整。

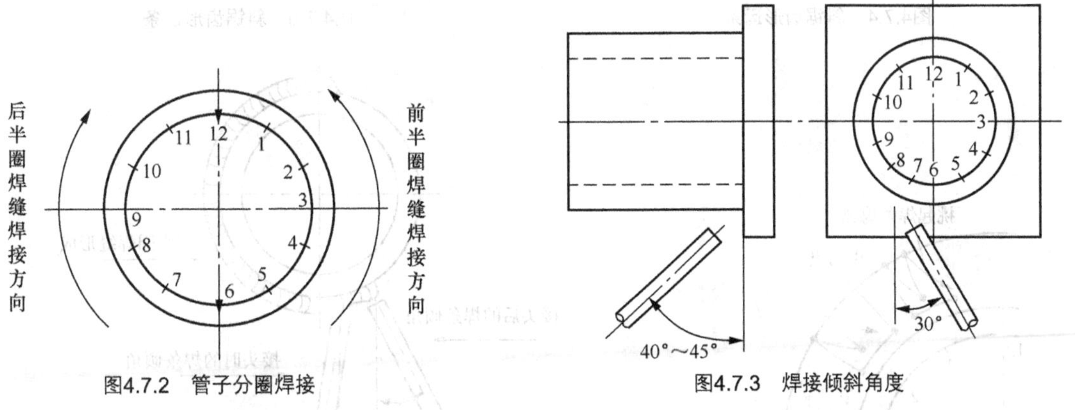

图4.7.2　管子分圈焊接　　图4.7.3　焊接倾斜角度

6 点至 5 点处位置的操作：操作时用斜锯齿形运条，以避免产生焊瘤。焊条端部摆动的倾斜角度应逐渐地变化。在 6 点位置时，焊条摆动的轨迹与水平线倾角呈 30°；当焊至 5 点时，倾角为 0°，如图 4.7.4 所示。运条时，向斜下方摆动要快，焊到底板面（即熔池斜下方）时要稍作停留；向斜上方摆动相对要慢，到管壁处稍作停留，使电弧在管壁一侧的停留时间比在底板一侧要长些，目的是为了增加管侧的焊脚尺寸。运条过程中要始终采用短弧，以便在电弧吹力作用下，能托住下坠的熔池金属。

5 点至 2 点位置的操作：为控制熔池温度和形状，使焊缝成形良好，宜用间断熄弧或跳弧焊法施焊。间断熄弧的操作要领为：当熔敷金属将熔池填充得十分饱满，使熔池形状欲向下变长时，握电焊钳的手腕应迅速向上摆动，挑起焊条根部熄弧，待熔池中的液态金属将凝固时，焊条端部要迅

速靠近弧坑，引燃电弧，再将熔池填充得十分饱满。引弧、熄弧，如此不断地进行。每熄弧 1 次的前进距离为 1.5～2mm。

进行间断灭弧焊时，如果熔池产生下坠，可采用横向摆动，以增加电弧在熔池两侧的停留时间，使熔池横向面积增大，把熔敷金属均匀地分布在熔池上，会使焊缝成形平整。为使熔渣能自由下淌，电弧可稍拉长些。

2 点至 12 点位置的操作：为防止因熔池金属在管壁一侧的聚集而造成低焊脚或咬边（见图 4.7.5），应将焊条端部偏向底板一侧，作短弧锯齿形运条（见图 4.7.6），并使电弧在底板侧停留时间长些。若采用间断灭弧焊，作 2～4 次运条摆动之后，灭弧 1 次。当施焊至 12 点处位置时，以间断灭弧或挑弧法填满弧坑后收弧。前半圈焊缝的形状如图 4.7.7 所示。

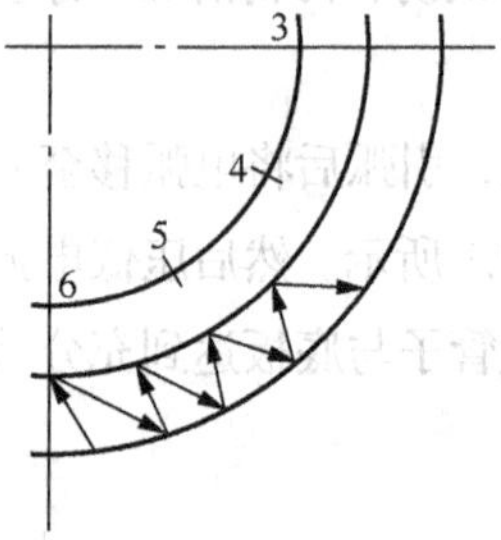

图4.7.4　斜锯齿形运条

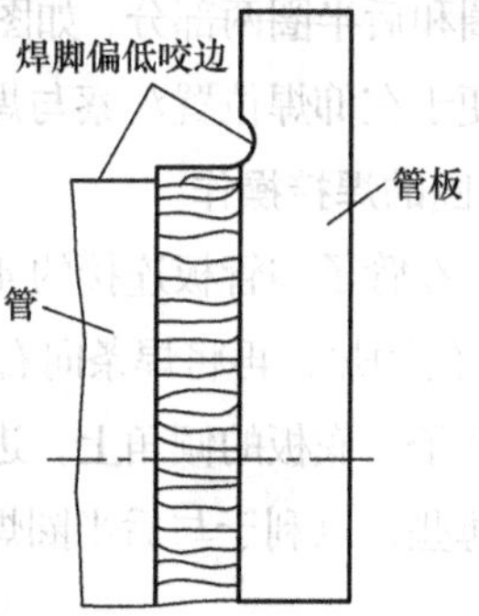

图4.7.5　斜锯齿形运条

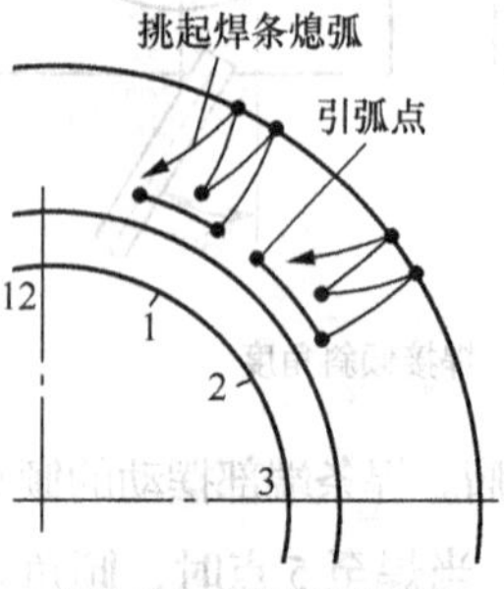

图4.7.6　斜锯齿形运条

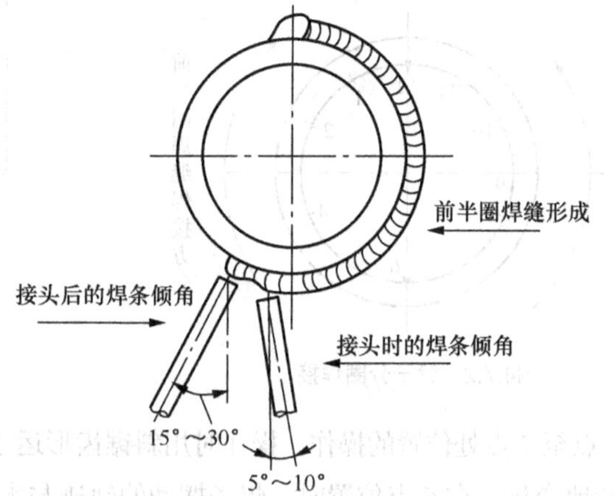

图4.7.7　前半圈焊缝形状

2. 后半圈的焊接操作

施焊前，将前半圈焊缝始、末端的熔渣清理干净。如果 6 点至 7 点处焊道过高或有焊瘤、飞溅物时，必须进行清除或整修。

焊道始端的连接：由 8 点处向右下方以划擦法引弧，将引燃的电弧移到前半圈焊缝的始端（即 6 点）进行 1～2s 的预热，然后压低电弧，以快速小斜锯齿形运条，由 6 点向 7 点处进行施焊，但焊道不宜过厚。

焊道末端的连接：当后半圈焊道于 12 点处与前半圈焊道相连接时，须以挑弧焊或间断灭弧焊施焊。当弧坑被填满后，方可挑起焊条熄弧。

后半圈其他部位的焊接操作，均与焊前半圈的相同。

任务 7.2 管板水平固定盖面层的焊接要点

盖面层采用直径 3.2mm 的焊条，焊接电流为 100～120A。操作时也按前、后两个半圈进行焊接，同样先焊前半圈的焊缝再进行后半圈的焊接。施焊前，须将打底焊道上的熔渣及飞溅物全部清理干净。

1. 前半圈的焊接操作

引弧时，由 4 点处的打底焊道表面向 6 点处用划擦法引弧。引燃电弧后，将弧长保持在 5～10mm 左右迅速移至 6 点与 7 点处之间，进行 1～2s 的预热，然后再将焊条向右下方倾斜，倾斜角度如图 4.7.8 所示。然后将焊条端部轻轻地顶在 6 点至 7 点处的打底焊道上，以直线运条法施焊，焊道要薄，以利于与后半圈焊道连接平整。

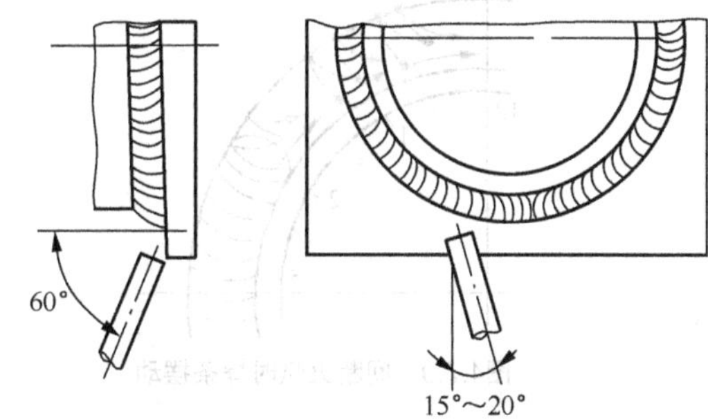

图4.7.8 焊条倾斜角度

6 点至 5 点位置的操作：采用锯齿形运条，操作方法与焊条角度同打底层操作。运条时由斜下方管壁侧开始，摆动速度要慢，使焊脚能增高；向斜上方移动时，摆动速度要相对快些，以防止产生焊瘤。摆动过程中，电弧在管壁侧停留的时间比在管板侧要长一些，以便较多的填充金属聚集于管壁侧，使焊脚增大。当焊条摆动到熔池中间时，应使焊条的端部尽可能地离熔池近些，利用短弧的吹力托住因重力作用而下坠的液态金属，防止产生焊瘤，并使焊道边缘熔合良好，成形平整。操作过程中，若发现熔池金属下坠或管子边缘有未熔合现象时，可增加电弧在焊道边缘停留的时间，尤其要增加电弧在管壁侧的停留时间，并增加焊条摆动的速度。当采取上述措施仍不能控制熔池的温度和形状时，采用间断灭弧法施焊。

5 点至 2 点位置的操作：由于此处的温度局部增高，施焊过程中，电弧吹力起不到上托熔敷金属的作用，而且还容易促进熔敷金属的下坠。因此，只能采用间断灭弧焊，即当熔敷金属将熔池填充得十分饱满并欲下坠时，挑起焊条灭弧。当熔池凝固时，迅速在其前方 15mm 处的焊道边缘处引弧，切不可直接在弧坑上引弧，以免因电弧的不稳定而使该处产生密集气孔。紧接着再将引燃的电弧移到底板侧内焊道边缘上停留片刻；当熔池金属覆盖在被电弧吹成的凹坑上时，将电弧向下倾斜，并通过熔池向管壁侧移动，使其在管壁侧再停留片刻。

当熔池金属将前弧坑覆盖 2/3 以上时，迅速将电弧移到熔池中间灭弧。前半圈盖面层间断灭弧焊时焊条约摆动如图 4.7.9 所示。一般情况下，灭弧时间为 1～2s，燃弧时间为 3～4s，相邻熔池的重叠间距（即每熄弧一次的熔池前移距离）为 1～1.5mm。

2 点至 12 点位置的操作：该处逐渐成为平角焊的位置。由于熔敷金属在重力作用下，易向熔池

低处（即管壁侧）聚集，而处于焊道上方的底板侧又易被电弧吹成凹坑，产生咬边，难以达到所要求的焊脚尺寸，为此先采用由后半圈管壁侧向前半圈底板侧运条的间断灭弧焊，即焊条端部先在距原熔池 10mm 处的管壁侧引弧，然后将电弧缓慢地移至熔池下侧停留片刻，待形成新熔池后再通过熔池将电弧移到熔池斜上方，以短弧填满熔池，再将焊条端部迅速向后半圈的左侧挑起灭弧。当焊至 12 点处时，将焊条端部靠在打底焊道的管壁处，以直线运条至 12 点与 11 点之间处收弧，以便为后半圈焊道末端的接头打好基础。施焊过程中，焊条可摆动 2～3 次再灭弧一次，但焊条摆动时向斜上方要慢，向下方要稍快，此段位置的焊条摆动路线如图 4.7.9 所示。施焊过程中，更换焊条的速度要快。再燃弧后，焊条倾角须比正常焊接时多向下倾斜一些，并使第一次燃弧时间稍长，以免接头处产生凹坑。前半圈盖面焊道的形状如图 4.7.10 所示。

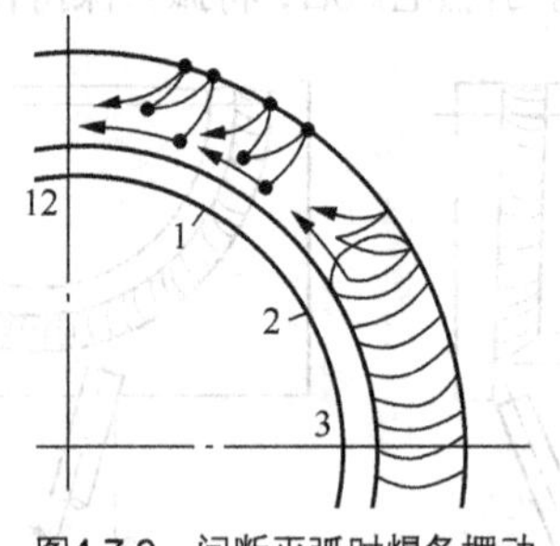

图4.7.9　间断灭弧时焊条摆动

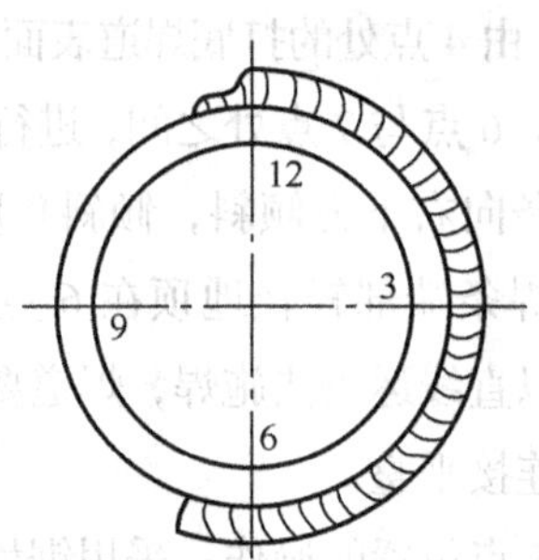

图4.7.10　前半圈盖面焊焊道的形状

2. 后半圈的焊接操作

施焊前，先将右半圈焊道始、末端的熔渣除尽，若接头处存在过高的焊瘤或焊道时，须将其加工平整。

焊道始端的连接：在 8 点处的打底焊道表面以划擦法引弧后，将引燃的电弧拉到前半圈 6 点处的焊缝始端进行 1～2s 的预热，然后压低电弧。接头时的焊条倾角如图 4.7.11（a）所示。6 点至 7 点处以直线运条，逐渐加大摆动幅度，如图 4.7.11（b）所示。摆动的速度和幅度，由前半圈焊道连接处 6 点至 7 点之间的一小段焊道所要求的焊接速度、焊道厚度来确定，以保证连接处光滑平整。

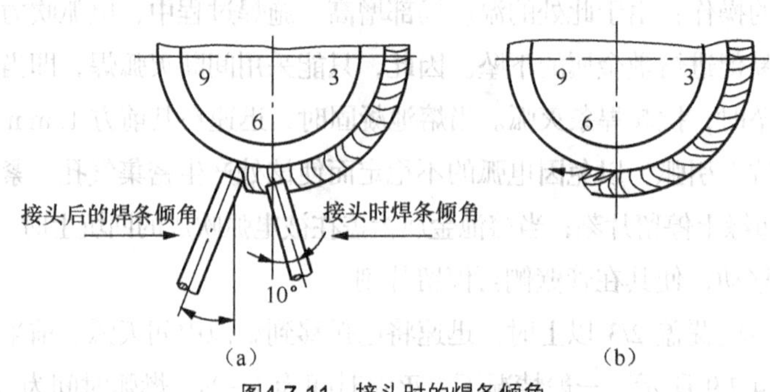

图4.7.11　接头时的焊条倾角

焊道末端的连接：当施焊至 12 点处时，作几次挑弧动作，将熔池填满即可收弧。后半圈其他部位的焊接操作，均与前半圈的焊接相同。

1. 管板水平固定打底层焊接前、后半圈操作方法有哪些？
2. 管板水平固定盖面层的焊接技术要点有哪些？

立对接焊

【学习目标】

1. 掌握立对接焊的操作特点；
2. 掌握立对接焊的操作技术要点及方法；
3. 了解立对接焊缺陷产生的原因及防止措施。

任务 8.1 板立对接焊分析与准备

1. 板立对接焊项目分析

本项目是用 ZX7—400 型焊机在 V 形坡口立位焊件上进行打底焊、填充焊及盖面焊操作训练。将两块低碳钢板加工成 60°Y 形坡口，钝边 0.5～1mm，清除两侧坡口面及坡口边缘 20～30mm 范围内的油、污、锈、垢，通过反变形法，进行 V 形坡口立对接焊单面焊双面成型。通过打底焊、填充焊及盖面焊的训练，掌握运条方法和挑弧焊法、断弧焊的操作技能，熟悉焊接电流的选择、引弧和熄弧的控制、焊条角度的调整以及磁偏吹的控制措施。

板立对接焊是在垂直方向上进行焊接的一种方法。焊接时，由于液态金属和熔渣受重力作用容易下淌，当操作方法不当、运条节奏不一致、熔池形状控制得不好以及焊条角度不正确时，会直接影响焊缝成型。立焊时选用的焊条直径和焊接电流均应小于平焊，并采用短弧焊接，要保证焊接接头质量，正确的焊条倾角和运条方法是立位单面焊双面成型的关键。板立对接焊应注意以下问题。

（1）虽然液态金属和熔渣因自重下坠易分离，但熔池温度过高，液态金属易下流形成焊瘤。因此焊接电流应较小，以控制熔池温度。

（2）立焊易掌握焊透，但表面易咬边，不易焊得平整，焊缝成型差，焊接时焊条角度应向下倾斜 60°～80°，电弧指向熔池中心。

2. 任务准备

（1）焊机。焊机选用 ZX7—400 型交直流两用焊机。

（2）焊条。焊条选用 E4303 型或 E5015 型，直径为 3.2mm 和 4.0mm。焊条使用前应放在焊条烘箱内烘干，E4303 型烘干温度为 150℃～200℃，保温 1～2 h。E5015 型烘干温度为 350℃～400℃，保温 1～2h。使用前应认真检查焊条药皮有无偏心、开裂、脱落等现象。

（3）焊件。焊件为 Q235 钢板，规格为 300mm × 100mm × 12mm。钢板的一侧开 300 的坡口，每两块装配成一组焊件。焊前，将焊件坡口正、反两侧 20mm 范围内清理干净，将所需钝边锉削好，并矫平焊件。

（4）焊件装配与定位焊。将两块钢板背面朝上进行组对，检查有无错边现象，留出合适的根部间隙，始焊端预留间隙 3.2mm，终焊端预留间隙 4.0mm。在焊件两端 10～15mm 范围内进行定位焊，终焊端定位焊缝要牢固，以防焊接过程中焊缝收缩使间隙尺寸减小或开裂。

定位焊后的焊件表面应平整，错边量≤1.2mm。检查无误后，将焊件通过敲打留出反变形量。

（5）辅助工具和量具的准备。操作者应准备好工作服、工作帽、绝缘鞋、电焊手套、面罩、防光眼镜等劳保用品；焊接操作作业区附近应备好焊条保温筒、钢丝刷、手锤、敲渣锤、样冲、划针、焊缝万能量规等辅助工具和量具。

任务 8.2　立对接焊操作基础知识

立对接焊是对接接头焊件处于立焊位置时的操作，如图 4.8.1 所示。一般采取由下向上施焊，有时在对薄板对接或间隙较大的薄件立对接焊时，采取由上向下施焊，这种焊法熔深浅，薄件不易烧穿，有利于焊缝成型。

1. 立焊的操作特点

（1）采用小直径焊条。一般选用直径 4mm 以下的焊条，选用比对接平焊小 10%左右的焊接电流，这样熔池体积小，冷却凝固快，可以减少和避免熔化金属下淌。

（2）短弧焊接。保持弧长不大于焊条直径，短弧既可以控制熔滴过渡准确到位，又可避免因电弧电压过高而使熔池温度升高，以致难以控制熔化过程。

（3）控制焊条角度。焊接时焊条应垂直于焊件的平面，并与焊件成 60°～80° 的夹角（见图 4.8.1），利用电弧吹力对熔池的推力作用，使熔滴顺利过渡并托住熔池。

（4）合理运用握焊钳的方法。握焊钳有正握法和反握法。在焊接位置操作较为方便的情况下，均用正握法；当焊接部位距离地面较近，采用正握法焊条难以摆正时，则采用反握法。正握法在焊接时较为灵活，活动范围较大，尤其立焊位置利用手腕的动作，便于控制焊条摆动的节奏。因此，正握法是握焊钳常用的方法。

（5）控制熔孔大小和形状。立焊时熔孔可以比平焊时稍大些，熔池形状呈水平的椭圆形较好，如图 4.8.2 所示。焊接过程中，电弧要尽可能地短些，使焊条端头约 1/2 覆盖在熔池上，电弧的 1/2 在熔池的上部坡口间隙中燃烧，利用熔渣和焊条药皮产生的气体保护熔池，可避免产生气孔。每当焊完一根焊条收弧时，先在熔池上方做一个稍大些的熔孔，然后回焊 10mm 再断弧，并使其形成缓坡，为下面的接头做好准备。

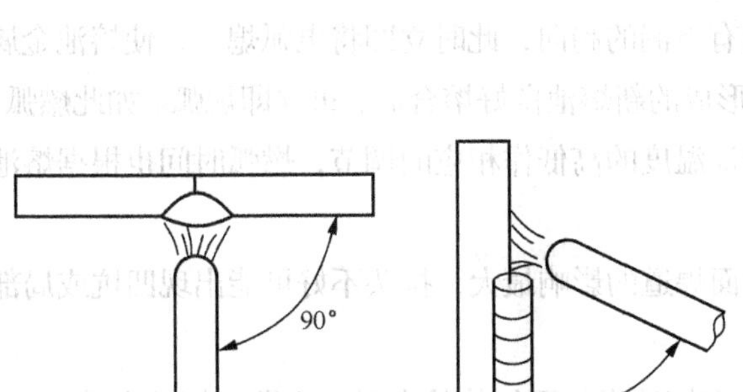

图4.8.1　立对接焊操作示意图1

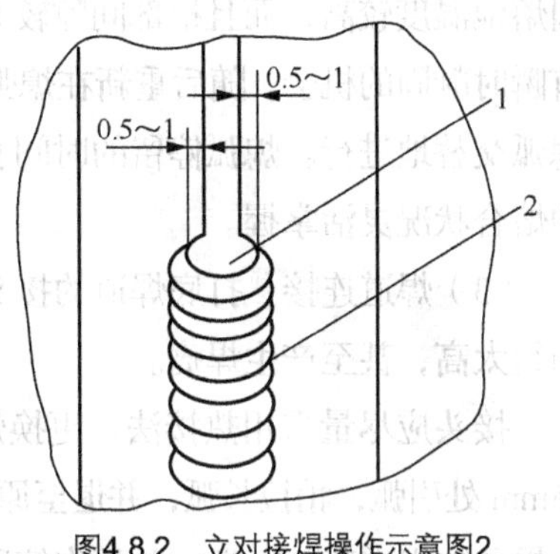

图4.8.2　立对接焊操作示意图2

1—熔孔；2—焊道

（6）运条方法。运条方法采用月牙形或锯齿形运条，如图 4.8.3 所示。月牙形运条法适用于间隙适中的焊件，采取对准根部间隙直接击穿，同时在坡口两侧作轻微的月牙形摆动；当焊件间隙较大时，从坡口一侧落弧采用锯齿形运条摆动到另一侧，始终控制熔池温度，可以保证焊件背面良好成型。

2. 打底焊的焊接

焊接第一层焊道时，可根据焊件的根部间隙来选择不同的焊法，并通过有节奏的运条动作，控制好熔池温度和形状，从而获得均匀且平整的底层焊道。

（1）挑弧焊法。当焊件根部间隙不大，而且不要求背面焊缝成型的第一层焊道采用挑弧焊法。挑弧焊法的要领是将电弧引燃后，拉长弧预热始焊端的定位焊缝，适时压弧开始焊接。当熔滴过渡到熔池后，立即将电弧向焊接方向（向上）挑起，弧长不超过 6mm，如图 4.8.4 所示。但电弧不熄灭，使熔池金属凝固，等熔池颜色由亮变暗时，将电弧立刻拉回到熔池，当熔滴过渡到熔池后，再向上挑起电弧，如此不断地重复直至焊完第一层焊道。

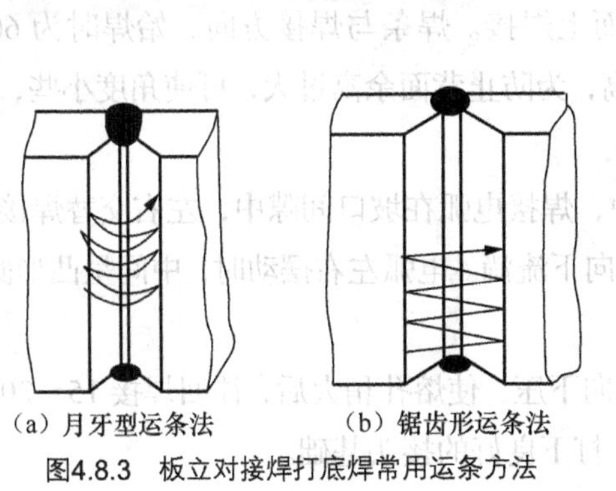

图4.8.3　板立对接焊打底焊常用运条方法

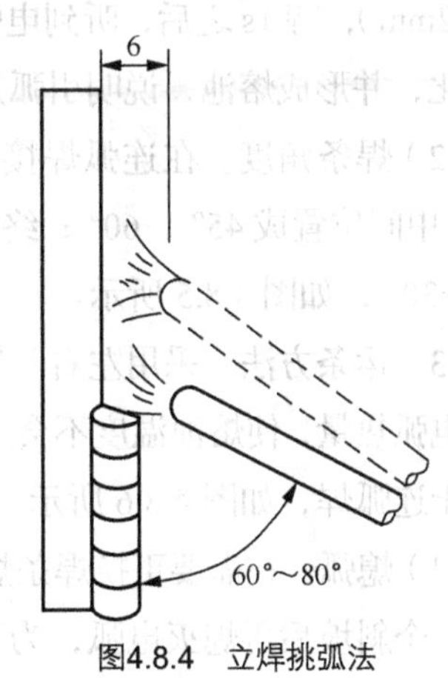

图4.8.4　立焊挑弧法

（2）断弧焊法。当焊件根部间隙较大时采用断弧焊法。断弧焊法的要领是当熔滴过渡到熔池后，

因熔池温度较高，而且根部间隙较大，熔池金属有下淌的趋向，此时立即将电弧熄灭，使熔池金属有瞬时凝固的机会，随后重新在熄弧处引弧，当形成的新熔池良好熔合后，再立即熄弧。如此燃弧、熄弧交替地进行。熄弧停留的时间长短需根据熔池温度的高低作相应的调节，燃弧时间也根据熔池的熔合状况灵活掌握。

（3）焊道连接。打底焊道的接头好坏，对背面焊道的影响最大，接头不好可能出现凹坑或局部凸起太高，甚至产生焊瘤。

接头应尽量采用热接法，更换焊条要迅速，在熔池尚处于红热状态时，立即在熔池上端 10～15mm 处引弧，稍拉长弧，并退至原焊接熔池处（1～2s）进行预热，然后逐渐压低电弧移到熔孔处，将焊条向焊道背面压送，并稍作停留。当听到击穿声形成新熔孔时，不宜急于熄弧，最好连弧锯齿形摆动几下之后，再恢复正常的断弧焊法。

冷接法一般是在最初练习阶段或耽搁了热接时间时采用。冷接时要将熔池周围的熔渣和飞溅物清理干净，必要时将接头打磨成缓坡，然后在熔池的上方 10～15mm 处引燃电弧，迅速移至原熔池下部 10mm 处将电弧稍稍拉长，轻轻摆动 2～3 s，对熔池及其附近区域预热，接下来将电弧压下，作向上的预热焊接，焊至熔孔处随着温度的升高熔孔熔化，将电弧推向焊道背面直接击穿形成新的熔孔，然后采用与热接法相同的操作方法进行焊接。如果操作得当，效果与热接法基本一样，只是预热焊所产生的局部高出部分，需要在进行填充焊时将其熔合。使熔池与焊件良好熔合后，转入正常的焊接。

任务 8.3　板立对接焊操作要点

1. 打底层焊接

（1）引弧。在定位焊缝上划擦引弧，然后以稍长些的电弧（弧长约为 3.5mm）在边缘与坡口根部进行预热。当看到定位焊缝与母材金属有“出汗”现象时，表明温度已合适，应立即压低电弧（弧长约 2mm），待 1s 之后，听到电弧穿透的“噗噗”声，同时看到定位焊缝以及坡口根部两侧金属开始熔化，并形成熔池，说明引弧过程结束，可以进行焊接。

（2）焊条角度。在连弧焊接过程中，焊条自下而上焊接。焊条与焊接方向，始焊时为 60°～80°；中间位置成 45°～60°；终端焊缝的温度已很高，为防止背面余高过大，可使角度小些，变为 20°～30°，如图 4.8.5 所示。

（3）运条方法。采用左右凸摆法。在焊接过程中，焊接电弧在坡口间隙中，左右交替焊接，以分散电弧热量，使熔池温度不会过高，防止液态金属向下流淌。电弧左右摆动时，中间呈凸形圆弧，适用于连弧焊，如图 4.8.6 所示。

（4）熄弧。在需要更换焊条熄弧时，应先将焊条向下压，使熔孔稍大后，往回焊接 15～20mm，形成一个斜坡后再熄灭电弧，为下一根焊条的引弧，打下良好的接头基础。

（5）接头。先在弧坑稍前处（约 10mm）引弧，电弧比正常焊接时长些。然后移到弧坑的 2/3 处，填满弧坑后，向前进入正常焊接。

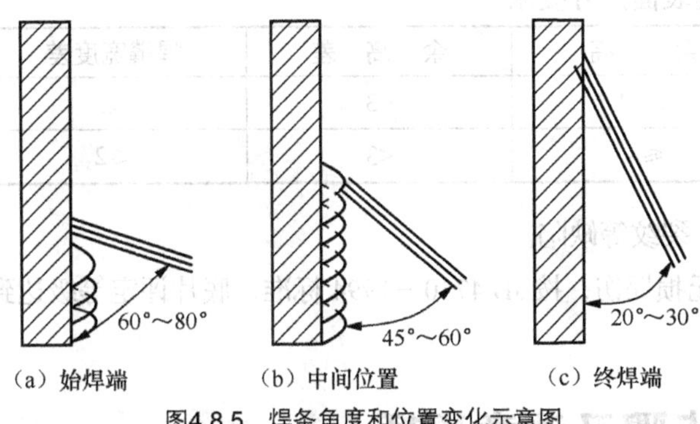

图4.8.5　焊条角度和位置变化示意图

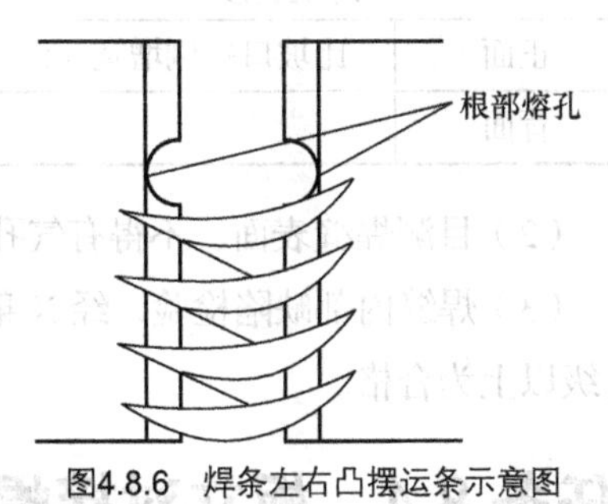

图4.8.6　焊条左右凸摆运条示意图

2. 填充层焊接

（1）清渣。对前一层焊道仔细清理，特别是死角处，更要清理干净，防止焊缝产生夹渣。

（2）引弧。在距焊缝起始点 10～15mm 处引弧，然后将电弧拉回到起始点施焊。每次接头也都要按此法引弧，防止出现焊接缺陷。

（3）运条方法。采用横向锯齿形，焊条摆动到坡口两侧要稍作停留，使两侧温度均衡。填充层的焊肉，要比盖面层低 0.5～1.5mm，使焊接盖面层时能看清坡口，保证焊缝平直。

（4）焊条角度。焊条与焊接方向成 75°～85° 夹角。

3. 盖面层焊接

（1）焊前。仔细清理两侧焊缝与母材坡口死角及焊道表面。

（2）引弧。在距焊缝起始点 10～15mm 处引弧，然后将电弧拉回到起始点施焊。

（3）运条方法。用锯齿形摆动运条，焊接电流适当小些，焊条摆动到坡口边缘时，要注意观察两侧边缘各熔化 1～2mm。认真控制弧长和摆动幅度，防止产生咬边。焊条摆动频率比平焊时要快，焊速应均匀，每个新熔池应覆盖前一个熔池的 2/3～3/4。

（4）焊条角度。焊条与焊接方向成 65°～70° 夹角。

4. 工艺参数

各层的焊接工艺参数如表 4.8.1 所示。

表 4.8.1　焊接工艺参数

<table>
<tr><th>层次（道数）</th><th>焊条直径/mm</th><th>焊接电流/A</th><th>电弧电压/V</th></tr>
<tr><td>打底层（1）</td><td>3.2</td><td>100～105</td><td rowspan="4">22～26</td></tr>
<tr><td>填充层（2）</td><td>3.2</td><td>105～115</td></tr>
<tr><td>盖面层（3）</td><td>3.2</td><td>105～115</td></tr>
<tr><td>填充层（4）</td><td>3.2</td><td>95～105</td></tr>
</table>

5. 焊缝质量要求

（1）用焊缝检测尺测量，立焊焊缝表面尺寸要求如表 4.8.2 所示。

表 4.8.2　　立焊焊缝表面尺寸要求

焊缝宽度		余　高	余　高　差	焊缝宽度差
正面	比坡口每侧增宽 0.5～2	0～4	<3	<2
背面		≤4	<3	≤2

（2）目测焊缝表面，不得有气孔、咬边、裂纹等缺陷。

（3）焊缝内部缺陷检验，经 X 射线照相无损探伤，按 JB 4730—1994 标准，底片评定等级达到Ⅱ级以上为合格。

任务 8.4　板立对接焊操作步骤及注意事项

1. 焊接工艺参数的确定

立焊位置焊条电弧焊的焊接工艺参数如表 4.8.3 所示。

表 4.8.3　　立焊位置焊条电弧焊的焊接工艺参数

焊 接 层 次	运 条 方 法	焊条直径/mm	焊接电流/A
打底层（1）	断弧焊法	3.2	100～110
填充层（2）	锯齿形运条法	4.0	110～120
盖面层（3）	锯齿形运条法	3.2	95～105

2. 打底层的焊接

将焊件垂直固定在工作台上，焊条与焊件下侧成 70°～80° 角度，电弧引燃后迅速将电弧拉至定位焊缝上，长弧预热 2～3s 后，压向坡口根部，当听到击穿声后，即向坡口根部两侧作小幅度的摆动，形成第一个熔孔，坡口根部两边熔化 0.5～1mm。

当第一个熔孔形成后，立即熄弧，熄弧时间应视熔池液态金属凝固的状态而定，当液态金属的颜色由明亮变暗时，立即送入焊条施焊约 0.8s，进而形成第二个熔池。依次重复操作，直至焊完打底焊道。

打底层焊可采用单面或双面挑弧法，也可采用小月牙形或小三角形运条。

3. 填充层的焊接

应仔细清理打底层焊道时产生的熔渣及飞溅物。然后在距离焊缝始端 10mm 处引弧，将电弧拉回到始焊端采用连弧焊法，锯齿形横向摆动运条进行施焊。焊条摆动到坡口两侧要稍作停顿，以利于熔合及排渣，避免焊道两边出现死角。

最后一层填充厚度，应比坡口棱边低 1～1.5mm，且应呈凹形，便于盖面层焊接时借助于棱边来控制焊缝宽度，以保证形成良好焊缝。

4. 盖面层的焊接

先将前一层熔渣清理干净，其引弧与填充焊相同，盖面层的运条方法可以根据前层焊缝的不同高度加以选择，如前层焊缝略低，焊条可作月牙形运条，焊速稍慢。如前层焊缝稍高时，可采用锯齿形摆动，焊速稍快，如图 4.8.7 所示。

施焊时，焊接电弧要控制短些，焊条摆动的频率应比平焊时稍快，运条速度要均匀，向上运条时的间距力求相等，使每个新熔池覆盖前一个熔池的 2/3～3/4。横向摆动要有节奏，其规律是：运条至 a、b 两点时，电弧稍作停留，使熔池边缘线越出坡口边缘线约 1mm，从 a→b 或从 b→a 时，运条稍快，以防产生焊瘤，从而获得宽度一致的平直焊缝。

换焊条前收弧时，在弧坑上方 10mm 左右的填充层焊道上引弧，将电弧拉至原弧坑处稍加预热，当熔池出现熔化状态时，逐渐将电弧压向弧坑，使新形成的熔池边缘与弧坑边缘吻合时，转入正常的锯齿形运条，直至完成盖面焊接。

5. 焊缝清理

焊完焊缝后，用敲渣锤清除焊渣，用钢丝刷进一步将焊渣、焊接飞溅物等清除干净，并检查焊接质量。焊道外形如图 4.8.8 所示。

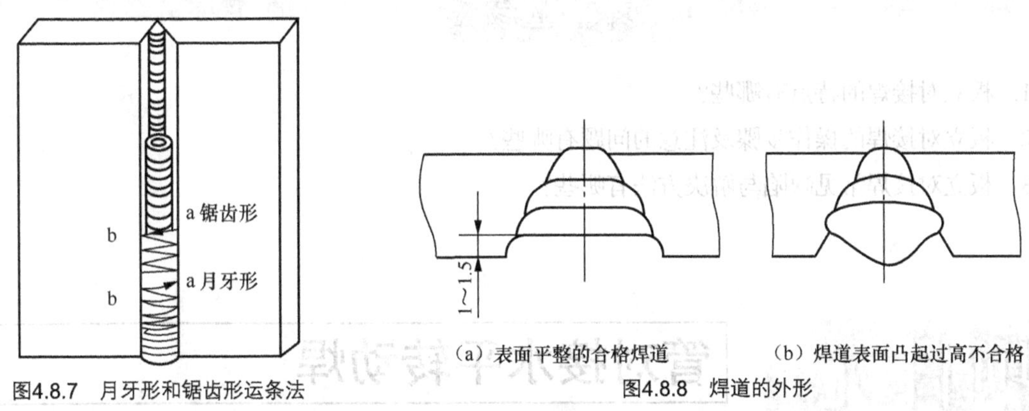

图4.8.7　月牙形和锯齿形运条法

图4.8.8　焊道的外形

6. 操作注意事项

（1）在焊接每层焊道过程中，焊条角度要基本保持一致，才能获得均匀的焊道波纹。但是操作者往往在更换焊条之后或焊至焊道上部时，因手臂伸长，焊条角度发生变化而影响焊道成型。

（2）打底焊时，熔敷金属的熔入量应尽可能少，保持焊道薄些，起弧处、收弧处和接头处要处理良好，保证焊道平整，以利于背面焊缝成型。打底击穿焊的电弧燃烧时间要适宜，熔孔大小、形状要一致，焊条角度要正确，保持短弧焊接。

（3）填充焊时，除避免产生各种缺陷外，正面焊道的表面还应平整，避免出现凸形，在坡口与焊道间形成夹角，焊层应低于焊件表面 1～2mm，避免产生夹渣、焊瘤、气孔等缺陷。

（4）焊缝背面不应有烧穿和焊瘤缺陷。

（5）用较细直径的焊条和较小的焊接电流，焊接电流一般比平焊小 10%～15%。

（6）弧法施焊，电弧离开熔池的距离尽可能短些，挑弧的最大弧长不大于 6mm。挑弧焊的节奏要有规律，落弧时，要控制熔池体积尽量小，但要保证熔合良好；挑弧时，控制熔池温度要得当，适时下落很重要。

（7）在立焊过程中，应始终控制熔池形状为椭圆形或扁圆形，保持熔池外形下部边缘平直，熔池宽度一致、厚度均匀，从而获得良好的焊缝成型。

7. **板立对接焊常见缺陷分析与解决办法**

板立对接焊时易出现的缺陷与解决办法如表 4.8.4 所示。

表 4.8.4　　板立对接焊时易出现的缺陷与解决办法

缺陷名称	产生原因	产生原因
焊缝成型不好	熔化金属受重力作用下淌	采用小直径焊条，短弧焊接
	运条时焊条角度不当	焊条角度应有利于托住熔池，保持熔滴过渡
焊瘤	熔化金属受重力作用容易下淌	铲除焊瘤
	熔池温度过高	注意熔池温度的变化，若熔池温度过高应立即灭弧或向上挑弧

1. 板立对接焊的特点有哪些？
2. 板立对接焊的操作步骤及注意的问题有哪些？
3. 板立对接焊常见缺陷与解决方法有哪些？

管对接水平转动焊

【学习目标】

1. 掌握水平转动焊的操作特点；
2. 掌握水平转动焊的操作要领。

任务 9.1　水平转动管的焊接

对长度不大、不固定管子的环形接口，如管段、法兰等，可采用水平转动的方法焊接。此方法也适用于小直径容器环缝（如锅炉集箱管）的单面焊双面成形。水平转动管的焊接位置近似于平焊。

1. 操作特点

（1）工作条件较好，焊接操作较固定管容易掌握，易保证焊缝质量。

（2）可连续进行焊接，能提高工作效率。

（3）操作时需附加转动装置，常用的转动装置为焊接滚轮架。焊接滚轮架可由焊工直接用手转动或由电动机驱动，前者用于一些小型焊件的施焊，滚轮架可由车床的三爪自定心卡盘代替，操作时，焊工需戴盔式头罩，一只手持电焊钳，另一只手转动夹持在三爪自定心卡盘上的焊件进行焊接；在由电动机驱动的滚轮架上进行施焊时，可将电动机的控制开关接在面罩手柄上，根据需要可点动或连续驱动。在滚轮架上焊接水平转动管的操作如图 4.9.1 所示。

2. 焊接位置

水平转动管焊接时，可采用两种不同的焊接位置，即立焊位置或倾斜管位置。不论哪一种位置，管子的转动速度即为焊接速度。

（1）在管子立焊位置焊接。这个位置可保证接缝根部熔合良好和焊透，液态金属与熔渣能很好地分离，尤其在对接间隙较小时，常采用此方法。水平转动管在立焊位置的操作如图 4.9.2 所示。

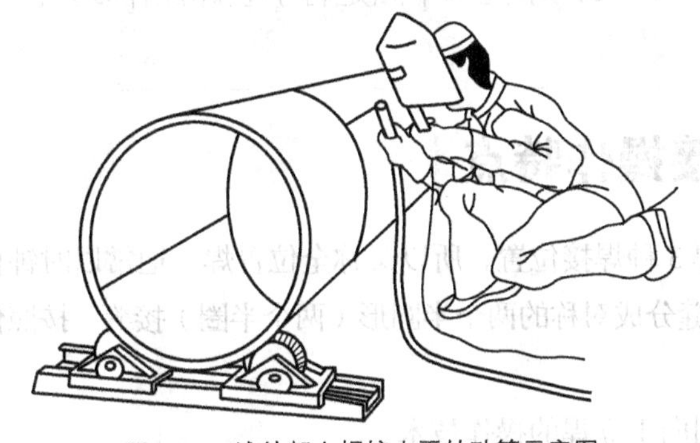

图4.9.1 滚轮架上焊接水平转动管示意图

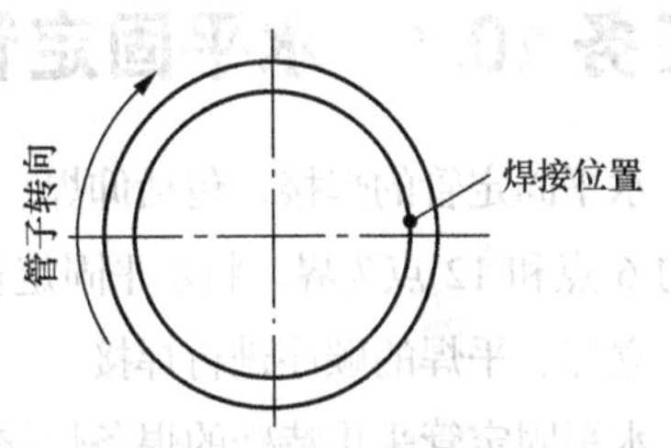

图4.9.2 立焊位置操作示意图

（2）在管子倾斜位置焊接。这个位置除具备上述在立焊位置施焊的优点外，还兼有平焊位置操作方便的优点，并且可用比立焊位置较大的焊接电流焊接，以提高效率。水平转动管在倾斜位置的操作如图 4.9.3 所示。

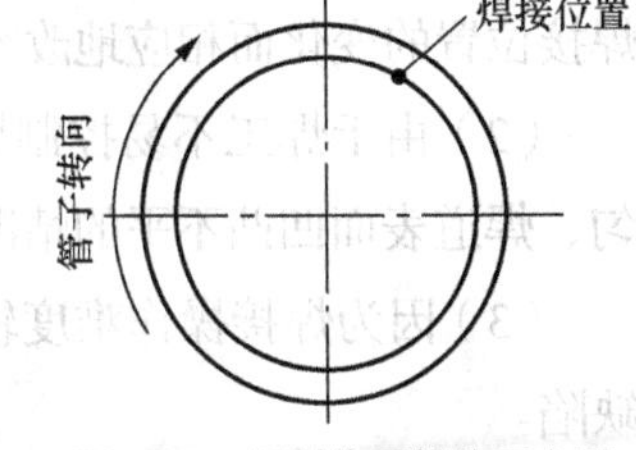

图4.9.3 倾斜位置操作示意图

3. 操作要领

（1）接缝根部及表面施焊时，既可采用灭弧焊，也可采用连弧焊，运条与水平固定管的焊接相同，但焊条不做向前运条的动作，而是管子向后转动。

（2）焊后对每层焊道必须仔细清理干净，以免造成层间夹渣、气孔等缺陷。

（3）操作时应注意，各层焊道的接头处应熔合良好，并相互错开。尤其是根部一层焊缝的起头、收尾更应注意使其内部可能存在的缺陷能重新熔化掉。

（4）施焊时采用两侧慢、中间快的运条方式，使两侧坡口面能充分地熔合。

（5）运条速度不宜过快，以保证焊道层间熔合良好，这一点对厚壁管子尤其重要。

课业练习

1. 水平转动焊的操作特点有哪些？
2. 水平转动焊的操作要领有哪些？

项目十 水平固定管子焊接

【学习目标】

1. 掌握水平固定管子焊接操作特点；
2. 掌握水平固定管子焊接操作技术要点；
3. 掌握水平固定管子立焊操作要点。

任务 10.1 水平固定管子焊接操作特点

水平固定管的焊接，包括仰焊、立焊、平焊 3 种焊接位置，所以又称全位置焊。通常以时钟位置的 6 点和 12 点为界，将水平固定管的环形接缝分成对称的两个半圆形（两个半圈）接缝，按照仰焊、立焊、平焊的顺序进行焊接。

水平固定管采用特殊的焊条焊接，也可采用向下立焊的操作技术。

1. 操作特点

（1）管件的空间焊接位置沿环形接缝连续不断地发生变化。焊接过程中，焊工不易随管子空间焊接位置的变化而相应地改变焊条角度，因此操作难度较大。

（2）由于焊工不易控制熔池形状，所以焊接过程中，常出现打底层根部第一层焊透程度不均匀、焊道表面凹凸不平的情况。

（3）因为焊接操作难度较大（管径越小，操作难度越大），所以焊成的焊缝中经常会出现各种缺陷。

水平固定管开 V 形坡口，焊后焊缝根部经常出现的缺陷分布状况如图 4.10.1 所示。位置 1 与 6 处易出现多种缺陷，特别是在位置 1 处易出现气孔；2 处易出现塌陷与气孔；3、4 处液态金属与熔渣易分离，所以焊透程度良好；5 处易出现焊透程度过分，形成焊瘤或不均匀。

带垫圈的水平固定管（钢制垫圈一般壁厚及宽度为 3mm × 20mm，焊后与管子焊合在一起）焊后经常出现的缺陷如图 4.10.2 所示。位置 1 与 3 处易出现夹渣，2 处易烧穿垫圈。

2. 装配及定位焊

水平固定管的装配及定位焊应满足如下要求。

（1）必须使管子轴线对正，不应出现中心线偏斜。由于施焊时先焊管子的下部，为了补偿这部分焊接过程中所造成的收缩，应把管子的上部间隙放大 0.5～2.0mm，作为反变形量（管径小时取下限，管径大时取上限）。

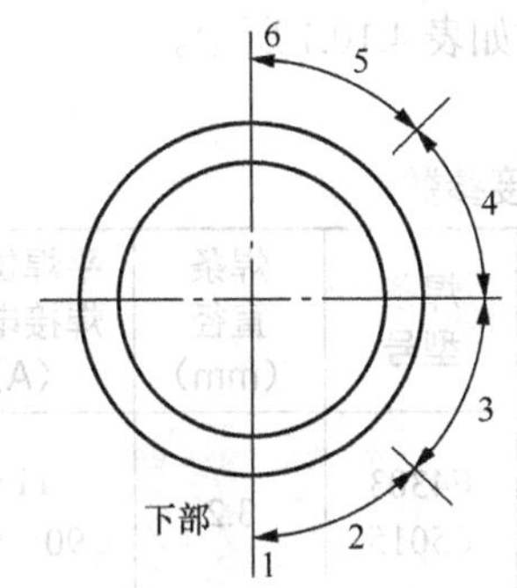

图4.10.1　V形坡口焊接根部缺陷分布

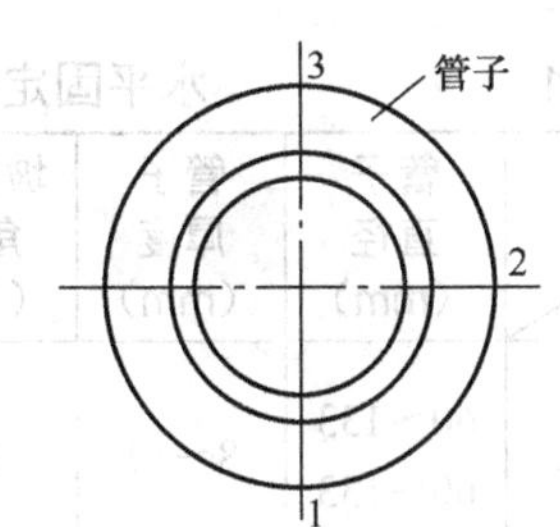

图4.10.2　带垫圈焊接根部缺陷分布

（2）管径不同时，定位焊缝的数目及位置亦不同，如图 4.10.3 所示。管径小于或等于 42mm 时，可在一处进行定位焊；管径为 42～76mm 时，可沿圆周均布在两处进行定位焊；管径为 76～133mm 时，同样沿圆周均布可在 3 处进行定位焊；管径更大时，再适当增加定位焊缝的数目。

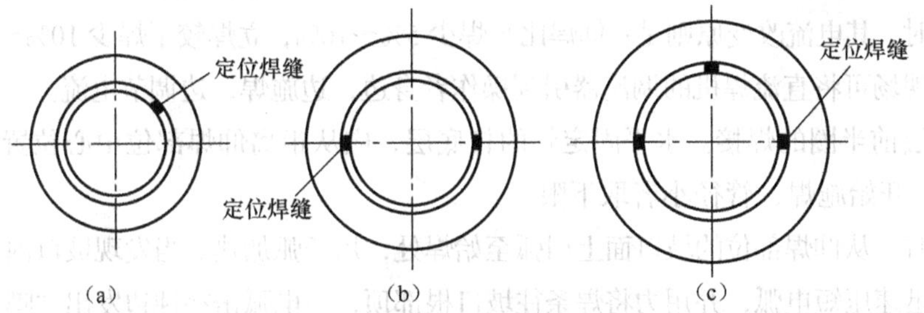

图4.10.3　不同管径定位焊缝数目及位置分布

由于定位焊处易产生缺陷，因此，对于直径较大的管子，应尽可能地不在坡口根部进行定位焊，而是利用将肋板焊到管子外壁起定位作用的办法来临时固定管子的接缝，如图 4.10.4 所示。

带垫圈的管子应在坡口根部进行定位焊，且定位焊缝应交叉分布，如图 4.10.5 所示。

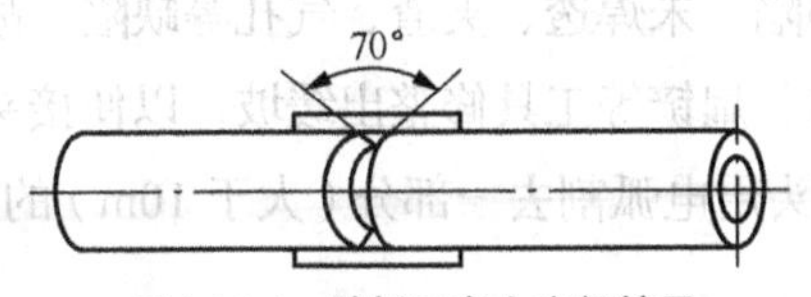

图4.10.4　肋板固定大直径管子

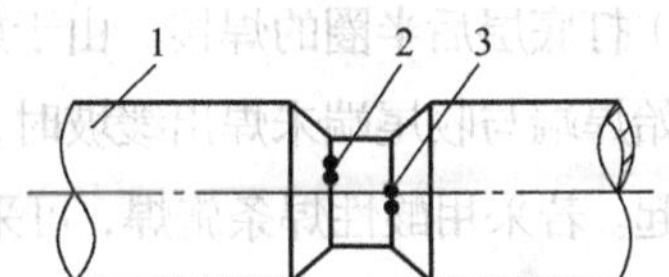

图4.10.5　带垫圈管子焊缝交叉分布

1—水平固定管子；2—垫圈；3—定位焊缝

为了保证焊缝质量，对定位焊缝要进行认真检查和修整，如发现有裂纹、未焊透、夹渣、气孔等缺陷，必须铲掉重焊。应彻底清除掉定位焊时的焊渣、飞溅等，并将定位焊缝修磨成两头带缓坡的焊点。

任务 10.2　水平固定管子焊接操作技术要点

1. 水平固定管 Y 形坡口打底层的焊接

对于无衬垫水平固定管 Y 形坡口打底层的焊接，为了使接缝根部焊透良好，并获得良好的背面

成形，应采用单面焊双面成形操作技术进行施焊。其焊接参数如表 4.10.1 所示。

表 4.10.1 水平固定管 Y 形坡口打底层的焊接参数

方法＼参数		管子直径（mm）	管子厚度（mm）	坡口面角度（°）	钝边高度（mm）	根部间隙（mm）	焊条型号	焊条直径（mm）	平焊位置焊接电流（A）	焊接极性
灭弧焊	两点法	60～133 60～133	8～12	30	1～2	4～4.5	E4303 E5015	3.2	115 90～95	交流 直流反接
	一点法	≤60	3～5	30	0.5～1	2	E4303	2.5	85	交流
连弧焊		≤60	3～5	30	0.5～1	2 3	E5015 E5015	2.5	65～70 75	直流反接

进行水平固定管全位置施焊时，因施焊的空间位置不同所需焊接电流也不同，当按仰、立、平焊接顺序施焊时，其电流改变原则是：仰焊比平焊少 5%～10%，立焊较平焊少 10%～15%。为便于操作，在施工现场可将直流焊机的调流器引到操作者身边，边施焊，边调节电流。

（1）打底层前半圈的焊接。水平固定管的打底层，应从距离仰焊部位中心位置（6 点处）的前 5～15mm 处开始施焊，管径小者取下限。

操作开始时，从仰焊部位的坡口面上引弧至始焊处，用长弧加热。当发现坡口内有汗珠状液态金属时，立即迅速压短电弧，并用力将焊条往坡口根部顶，当电弧击穿钝边发出“噗”声后，可分别用灭弧焊或连弧焊进行操作，并继续向前施焊。逐步将坡口两侧的钝边熔透，造成背面成形，并按仰焊、仰立焊、立焊、上坡焊及平焊顺序将半个圆圈焊完。为了保证质量，焊接前半圈时，应在超过水平位置最高点（12 点）的 5～15mm 处熄弧，并在起焊处与熄弧处的两端焊出缓坡，焊接时的焊条角度变化如图 4.10.6 所示。

（2）打底层后半圈的焊接。由于始焊时最容易产生塌陷、未焊透、夹渣、气孔等缺陷，故当前半圈的始焊端与收尾端未焊出缓坡时，应先用角向砂轮机、扁铲等工具修整出缓坡，以便接头时不过分突起。若采用酸性焊条施焊，可采用对先焊的焊缝端头用电弧割去一部分（大于 10m）的办法。具体操作方法如下。

先用长弧预热先焊的焊缝端头，当焊缝端头熔化时，迅速将焊条转成水平位置，使焊条端头对准熔化液态金属，用力向前一推（若 1 次达不到要求，可重复 2～3 次，直致达到要求为止），方能将熔化的液态金属推掉，形成缓坡形槽口；此时电弧不宜压低或作横向摆动，随后再使焊条回到焊接时的位置，从割槽的后端开始焊接；为使原焊缝端头充分熔化并消除可能存在的焊接缺陷，此时切勿灭弧；当运条至中心线时，必须将焊条用力向根部一顶，待击穿熔化的根部形成熔孔后，方可进行灭弧焊或连弧焊。

此种方法可以割去可能存在的缺陷，又可以形成缓坡形割槽，为保证焊缝接头处的质量创造条件。水平固定管施焊时，两半圈焊道上、下方格头的状况如图 4.10.7 所示。

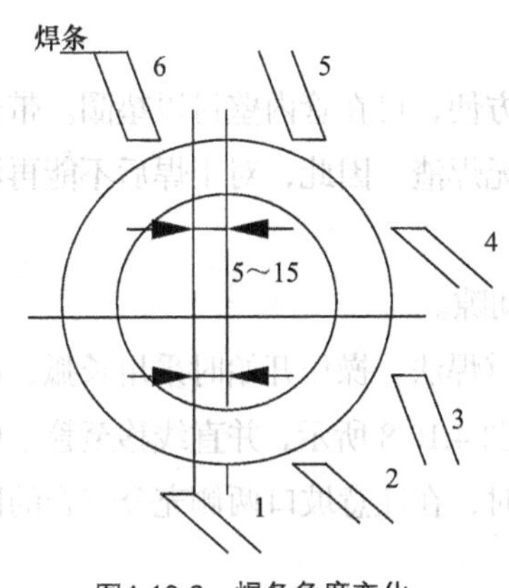

图4.10.6 焊条角度变化

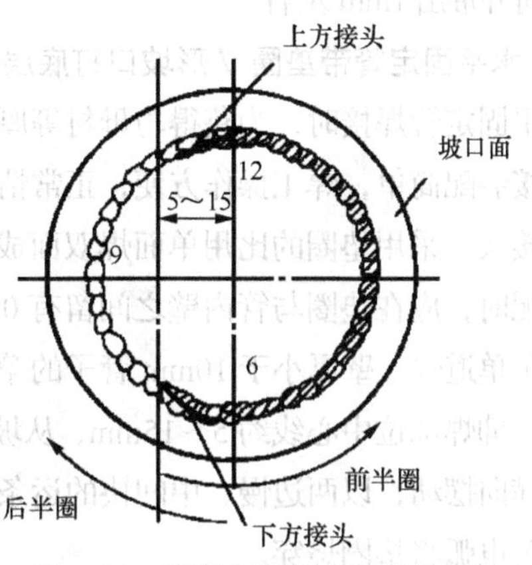

图4.10.7 两半圈焊道上下方接头状况

（3）与定位焊缝接头的焊接。当焊条运至定位焊缝的始端时，必须用电弧熔穿坡口根部，使其充分熔合。当运条至定位焊缝的末端时，焊条应稍作停顿，使之充分熔合。

（4）环形焊缝平焊位置接头的焊接。平焊位置上的接头是整个环形焊缝的收尾部分，这时不宜用电弧切割法处理接头端内部可能存在的缺陷，而应该运条至斜平焊位置时，稍做前、后摆动，至距接头处 3～5mm 时，连续焊至接头端，此时绝不允许灭弧。当接头行将封闭时，将焊条稍压一下，当听到电弧击穿根部的“噗”声后，立即在接头处来回摆动，以延长停留时间，使之达到充分熔合。熄弧前，必须将弧坑填满。

更换焊条时的操作要领，与板状焊件相似。

（5）灭弧焊的操作。对于 60mm 以下的小直径管可采取一点法击穿焊；对于大直径管可采取两点法击穿焊。

一点法击穿焊的操作要领：引弧后立即将电弧送到坡口根部用长弧预热，当表面呈现“出汗”现象时，立即用力将焊条往上顶。等电弧击穿钝边发出“噗”声后，再均匀点射，给送熔滴，击穿施焊。

两点法击穿焊的操作要领：引弧后立即适当拉长弧长，使焊条以 45° 的倾角对正仰焊位置的坡口根部进行预热，然后压低电弧，并在左或右侧坡口面上击穿钝边，待发出“噗”声后，给送熔滴，击穿施焊。施焊过程中的电弧燃烧时间为 1s，间断灭弧时间为 0.5～1s。仰焊时电弧压得越短越好，弧柱长度应透过管壁 1/2 左右。在立焊位置时，弧柱长度应透过管壁 1/3 左右。上坡焊和平焊位置时，弧柱长度应透过管壁 1/4 左右，并尽量减少电弧在管子上的停留时间，由向下灭弧改为向上灭弧。

（6）连弧焊的操作。在始焊的一侧坡口根部引燃电弧后，再向另一侧运条，随之作横向摆动。待熔化的液态金属将坡口根部的两侧连接上以后，迅速将焊条上推，把弧柱送入管子内壁，待坡口两侧各熔化 1.5mm 左右（焊件被击穿，发出“噗”声并形成熔孔）时，再继续将焊条上推至大部分弧柱长度在管内燃烧，以锯齿形运条法作横向摆动，向前及向上施焊。立焊部位的施焊虚随着焊接部位的变化，相应地将电弧向外带，使 1/2 弧柱长度在管内燃烧。上坡焊至平焊部位时，应将弧柱

相应地向外带出 1mm 左右。

2. 水平固定管带垫圈 V 形坡口打底层的焊接

水平固定管焊接时，为获得与母材等厚的焊缝以及操作方便，可在管内壁衬以垫圈。带垫圈的管子对接装配简单，焊工操作方便，正常情况下，内壁清洁无焊渣。因此，对于焊后不能再清洗内壁的管接头，采用垫圈的比用单面焊双面成形优越。

装配时，应在垫圈与管内壁之间留有 0.5～1mm 的膨胀间隙。

（1）单道焊。壁厚小于 10mm 管子的第一条焊道采用单道焊法。操作开始时采用长弧，使电弧越过管子仰焊部位中心线约 5～15mm，从坡口一侧引弧，如图 4.10.8 所示，并直线移至管子中心才开始作横向摆动，以两边慢、中间快的运条方法施焊。操作时，在注意坡口两侧充分熔合的同时，还要避免电弧将垫圈烧穿。

运条过程中，换焊条或在平焊位置收弧时，应将弧坑填满，并移至坡口面的一侧上才可灭弧，以免造成弧坑裂纹。焊接另一侧接头部位时，操作方法相同。

（2）双道焊。壁厚大于 10mm 管子的第一条焊道广泛采用双道焊。操作要领是：首先将垫圈焊于 A 管坡口的一侧，如图 4.10.9（a）所示。为便于接缝的装配，要求第一道焊缝越薄越窄越好。接缝时将焊渣与飞溅物清理干净，再将 B 管套在垫圈上进行第二道焊道的焊接，如图 4.10.9（b）所示，焊接时应注意与第二道焊道保持熔合良好。

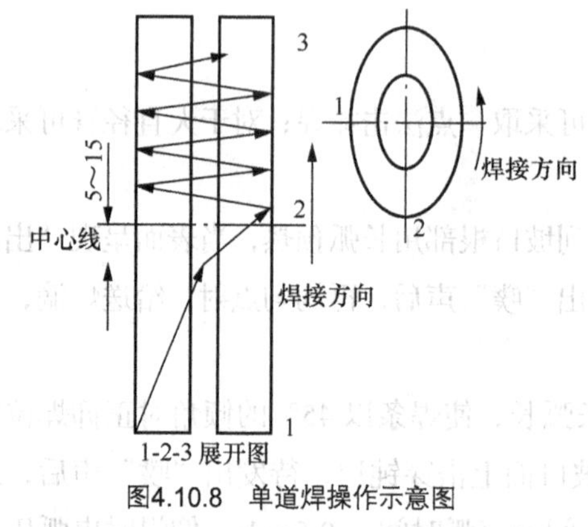

图4.10.8　单道焊操作示意图

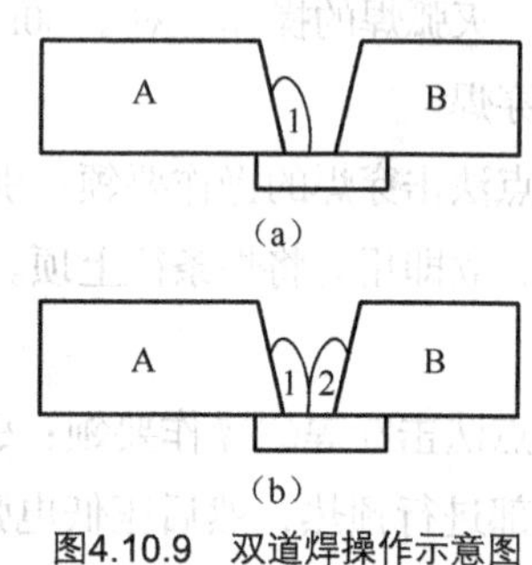

图4.10.9　双道焊操作示意图

3. 水平固定管其余各层次的焊接

中间层也应分两半圈进行焊接。由于中间层的焊波较宽，可采用锯齿形或月牙形运条法，效果既快又好。为了使温度较低的两侧坡口面熔化良好，运条时的焊条角度也要跟着变化。焊到表面第二层（即盖面层下面的一层）时，要求将仰、立焊部位的焊缝外形控制成内凹或平直形状，如图 4.10.10（a）所示。平焊部位的运条速度应缓慢，使焊波成为凸形焊缝，如图 4.10.10（b）所示。不论何种位置焊缝的表面第二层，焊接时均不应将焊件外表的坡口面边缘熔化或使电弧吹出凹坑，否则在焊接盖面层焊缝时，因无规整的边线可循，将使焊出的焊缝宽窄不匀、不直。

图4.10.10　焊缝外形形状

盖面层焊接时可采用月牙形运条法，焊条摆动稍微慢而平稳，使焊波均匀美观。运条至两侧要有一定的停留时间，如摆动太快，两侧易出现咬边。由于大管坡口上端太宽，盖面层可分 3 道焊成，如图 4.10.11 所示。第一条焊道的宽度应占盖面层总宽度的 2/3，第二条焊道占盖面层总宽度的 1/2，第三条焊道在第一条和第二条焊道之上，这样既起到对盖面层的加强作用，又达到使整个焊缝缓慢冷却的目的。

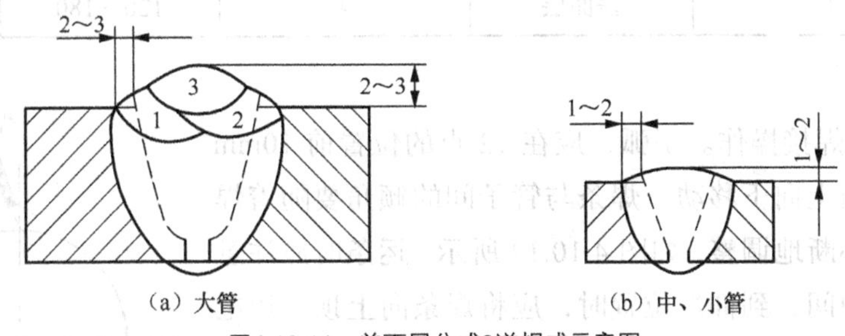

图4.10.11　盖面层分成3道焊成示意图

任务 10.3　水平固定管立焊操作步骤

大直径管子在水平固定位置采用自 12 点往 6 点位置的向下立焊法，是一种新的操作技术，具有焊接速度快、焊缝成形美观、背面焊道成形平缓、均匀等一系列优点，在生产中已逐渐得到推广应用。

1. 焊条的选用

管子向下立焊选用药皮为纤维素型的焊条，其型号为 E6010、E7010、E8010。焊条型号与管子材质的匹配如表 4.10.2 所示。

表 4.10.2　　焊条型号与管子材质匹配参数

管 子 材 质	焊 条 型
10 钢、20 钢	E6010、E7010
Q345（16Mn）、Q420（15MVN）	E7010、E8010

2. 焊接参数的选用

管子施焊前应将坡口面两侧各 50mm 宽表面上的油污、铁锈等污物清理干净，管子装配时开 Y 形坡口，坡口面角度为 30°～35°，钝边为 1.2～2mm，间隙为 1.2～2mm。

焊接电源采用直流反接，焊接参数的选用如表 4.10.3 所示。

表 4.10.3 焊接电源采用直流反接时参数的选用

管子壁厚/mm	焊接层数		焊条直径/mm	焊接电流/A	电弧电压/V
7～8	4	打底层	3.2	90～130	21～30
		第二层	4	130～190	25～35
		第三层	4	130～180	25～35
		盖面层	4	110～170	25～35
9～12	5～6	打底层	3.2	90～130	21～30
		第二层	4	140～190	25～35
		第三层	4	140～180	25～35
		盖面层	4	120～180	25～35

3. 焊接操作

（1）打底层的焊接操作。引弧，应在 12 点的位置前 10mm 处，引弧时焊条由上向下移动，焊条与管子间的倾角要随着焊接位置的变化而不断地调整，如图 4.10.12 所示。运条时应注意使电弧处在熔孔中间，到仰焊位置时，应将焊条向上顶，用电弧吹力托住液态金属，使焊缝不致塌陷，焊缝背面成形光滑美观。

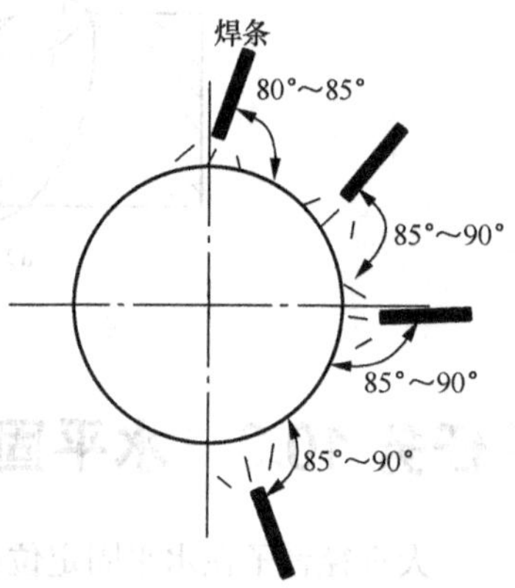

图4.10.12 焊条与管子间的倾角变化示意图

更换焊祭的速度要快，在熄弧处要用角向砂轮机将其打磨成缓坡形，在熄弧前的 10～15mm 处继续引弧，将焊条移至前一焊道的弧坑处向管内壁压送一下液态金属，当听到"噗"的电弧击穿声后，再往下施焊。

在仰焊位置接近封闭接头时，电弧应尽量向上顶送液态金属，当距封闭接头 3mm 左右时，电弧先要向前带一下，对前方的接头处进行预热，然后将电弧再拉回来，往上顶使电弧伸到管内。接头以后，要继续向前施焊，焊至超过 6 点位置 10mm 左右，将弧坑填满后再收弧。

（2）填充层的焊接操作。先将前一层的焊渣、飞溅物等清理干净，并将接头处凸起的地方打磨平，施焊时焊条不摆动，随时要注意防止将打底层焊道烧穿。焊至仰焊位置时，焊条可做来回往复式的摆动，并适当减小焊接电流，各层接头处要相互错开。

（3）盖面层的焊接操作。先将前一层的焊渣、飞溅物清理干净，始焊处应超过 12 点位置约 10mm，焊条稍作反月牙形摆动，要注意坡口两侧边缘熔化整齐，尽量使焊缝保持宽、窄一致。焊至仰焊位置时，焊条要做往返形摆动，要注意防止焊缝偏移和熔池温度过高，造成液态金属下坠或咬边。收弧时应超过 6 点钟处 10mm 左右。焊接另半圈时，先将起弧处凸起的地方用角向砂轮机打磨平，成缓坡形，然后再引弧施焊。焊至仰焊接头处，应超过 6 点钟处 10～5mm，并在收弧的弧坑处点送 2～3 滴液态金属，填满弧坑后再熄弧。

1. 水平固定管子焊接操作特点有哪些?
2. 水平固定管子焊接操作技术要点是什么?
3. 水平固定管子立焊操作技术要点是什么?

焊接缺陷

【学习目标】

1. 了解焊缝尺寸不符合设计要求的特征;
2. 掌握常见的焊接缺陷的形式、危害、原因及防止措施。

任务 11.1 焊缝尺寸不符合设计要求的特征

1. 焊接质量的决定因素

焊接结构的生产同其他产品一样，抓好产品的焊接质量是很重要的一个环节。在焊接结构的生产中，焊接接头的质量好坏将直接影响到产品结构的安全使用。当船舶的主要焊接接头存在严重缺陷时，它必然经受不了大风大浪的冲击，很有可能造成断裂，严重时甚至会发生沉船事故。高压容器、起重机、桥梁等焊接结构，如果焊接接头中存在严重缺陷，也会造成严重事故。所以，每个焊接工作者都必须在焊接结构生产过程中，努力保证焊缝的质量符合技术要求。

焊接质量主要决定于下列一些因素：基本金属和焊接材料的质量、焊件坡口的加 T 和清理工作、焊件装配的质量、焊接规范、工艺规程、焊接设备、焊工的技能和工作情绪等。

2. 焊缝尺寸不符合要求

为了预防和消除焊接缺陷，我们必须对焊缝缺陷的主要特征、产生的原因有所了解。下面介绍焊接过程中一些常见缺陷的主要特征、产生原因及其预防和消除措施。

焊接结构的焊缝尺寸不符合设计要求时，将影响焊接接头的质量，一般有如下特征。

(1) 焊缝成形粗劣;

(2) 焊缝宽度过窄，过宽或不均匀;

（3）焊缝增强量过高或过低；

（4）角焊缝单边或下陷量过大，焊脚尺寸不合要求。

产生这些缺陷的原因很多，主要有如下几种：

（1）焊件坡口开得不当，或装配间隙不均匀；

（2）焊接电流过大或过小；

（3）运条速度或手势不当，焊条（或半自动焊手把）角度选择不当；

（4）在埋弧自动焊中主要是规范选择不当。

上列缺陷会增大焊缝内部的应力集中，降低接头的强度并损坏焊缝形状，对焊接结构的强度是不利的。这些缺陷的预防措施是：

（1）选择正确的焊接坡口角度和尺寸以及装配质量；

（2）选择合适的焊接电流；

（3）熟练掌握运条手势和速度，随时适应焊件装配间隙的变化，以保持焊缝的均匀；

（4）角焊时，注意保持正确的焊条角度；

（5）焊脚尺寸必须符合设计要求。

如果焊缝尺寸不符合要求，应进行焊补修复。一般用风铲或碳弧气刨进行修整后，低的加高，窄的加宽，单边的可加焊一道，太高的可适当用风铲修复。

任务 11.2 常见焊缝缺陷分析

1. 咬边

咬边是指由于电弧将焊缝边缘熔化后，没有得到熔化金属的补充而留下的沟槽，如图 4.11.1 所示。咬边是一种危险的缺陷，它不但减少了母材的厚度，而且还在咬边处造成应力集中，承受载荷（特别是动载荷）时有可能在咬边处产生裂缝，导致焊接结构破坏。

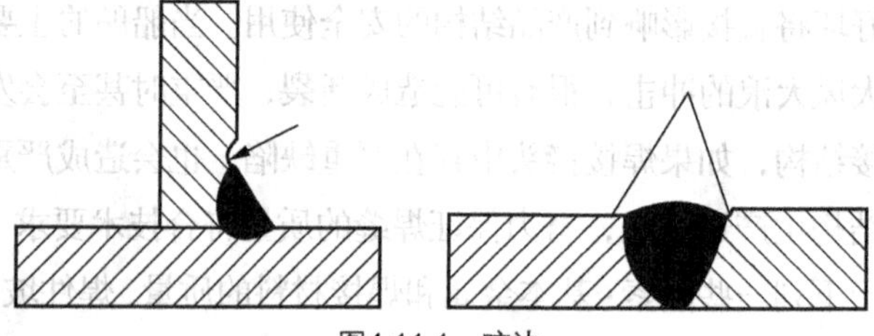

图4.11.1 咬边

产生咬边的原因主要是焊接电流太大以及运条方法不当。在角焊时，经常是由于焊条角度不当或电弧太长而造成，在埋弧自动焊时，也往往由于焊接速度过快而引起。

防止咬边的措施主要有：正确选择焊接电流和运条方法，角焊时应采用合适的焊条角度，并保持一定的电弧长度，埋弧自动焊时正确选择焊接规范。

在焊接生产中，对咬边都有一定的限度。例如，在一般的结构中，咬边深度不允许超过 0.5mm；在比较不重要的中厚板构件中，允许咬边深度不大于 1.5mm，长度不超过焊缝长度的 10%；对于特别重要的结构如高压容器、管道等，咬边是不允许存在的。对超过允许的咬边，可将咬边处清理干净，进行焊补填满，但不允许以磨光母材的办法来修正。

2. 弧坑

弧坑是指在焊缝尾部或焊缝接头处有低于基本金属表面的凹坑，如图 4.11.2 所示。

产生弧坑的原因是焊条收尾时未能供给足够的焊着金属而使焊缝在该处有较明显的缺陷，特别是焊接电流较大时更会严重产生。

防止产生弧坑的措施是，焊条可在收尾处稍加停留一会。有时停留时间过长会导致熔池温度过高，造成熔池过大或焊瘤。此时应采用几次断续灭弧焊法来填满，即焊条在该处稍停留后就灭弧，待其稍冷后再引弧并填充一些熔化金属，这样往复几次便可将弧坑填满。但采用碱性焊条焊接时不宜采用断续灭弧焊法，以免产生气孔。

弧坑形成凹陷表面，其中常有气孔、夹渣或微裂缝，所以应将弧坑内的这些缺陷加以清除，然后进行焊补填满。

3. 焊瘤

焊瘤是指正常焊缝外多余的焊着金属。焊瘤经常产生在横焊、仰焊和立焊焊缝中，如图 4.11.3 所示。在埋弧自动焊焊接小环缝时，也常常出现焊瘤。焊瘤影响焊缝的成形美观，而且往往在焊瘤处存在夹渣和未焊透。

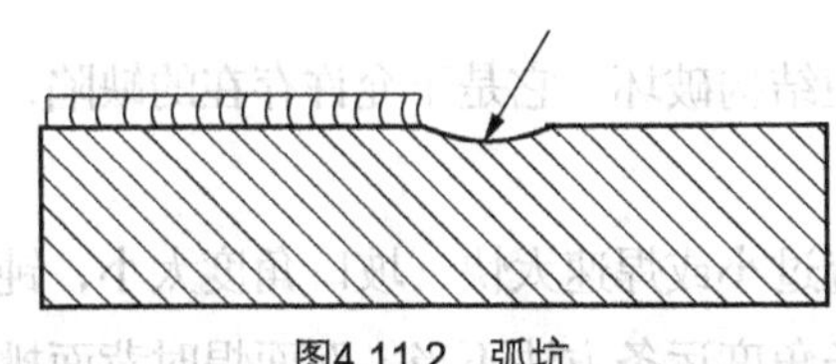

图4.11.2　弧坑

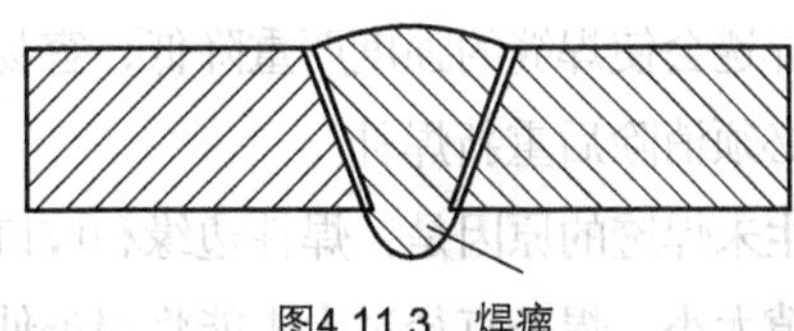

图4.11.3　焊瘤

产生焊瘤的主要原因是：焊接电流太大，使焊条熔化太快，电弧过长或运条方法不当，焊接速度太慢。这些因素都使熔池金属温度太高而造成下淌形成焊瘤。

防止焊瘤产生的措施，主要是严格掌握熔池温度不能过高，如选择合适的焊接电流；压短电弧施焊和运条方法要正确等。

严重的焊瘤应采用风铲或碳弧气刨铲除，并使焊缝边缘平滑，不应有槽痕。

4. 夹渣

夹渣是指夹杂在焊缝金属内部的非金属熔渣，它是焊缝金属中最常见的缺陷之一。夹渣的存在会降低焊缝强度。某些连续状的夹渣是危险的缺陷，裂缝就往往发生在这些地方，如图 4.11.4 所示。

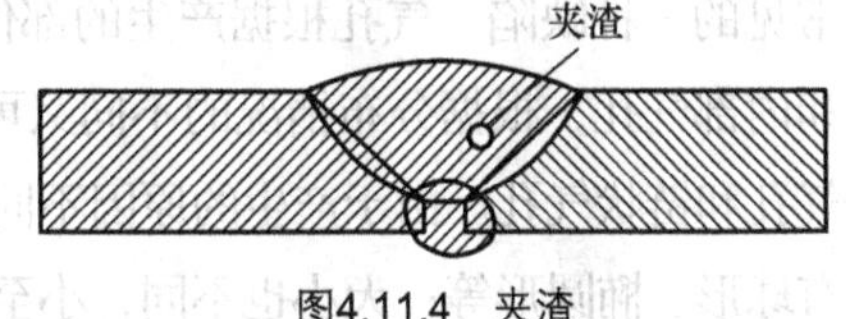

图4.11.4　夹渣

产生夹渣的原因主要有：焊件边缘和坡口不清洁，运条不当和焊条角度不当，使熔化金属与熔渣混杂在一起，焊接电流或坡口角度过小，焊条的工艺性能不好，多层多道焊时每层熔渣清理不干净。另外，第一层焊缝的形状不好或焊缝冷却太快也会使熔渣来不及排出而造成夹渣。

避免产生夹渣的主要措施有：采用工艺性能好的焊条，正确选用焊接电流，焊接坡口角度不能

太小，多层多道焊必须层层彻底清除熔渣，在操作过程中要注意熔渣流动性的方向。

分清熔化金属和熔渣，根据熔池的情况正确运条，特别是在使用酸性焊条焊接时，必须使熔渣在熔池的后面，若熔渣流到熔池的前面，就很容易产生夹渣。另外，碱性焊条在立焊或仰焊时，除了正确选用电流外，还应采用短弧焊接，运条要均匀，以免产生焊瘤，因为焊瘤处往往会出现夹渣现象。

如果焊缝内的夹渣数量超过允许限度，就应采用碳弧气刨将焊缝内的夹渣彻底清除干净，然后焊补修复。

5. 未焊透

未焊透是指焊缝不透彻，未焊透根据产生的部位不同，可分为根部未焊透、层间未焊透和边缘未焊透，如图 4.11.5 所示。

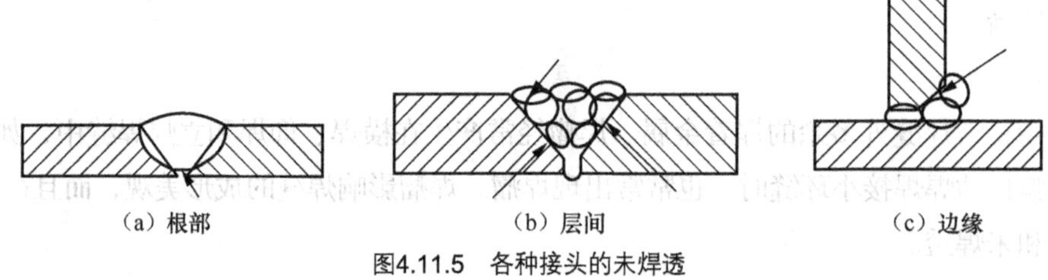

图4.11.5 各种接头的未焊透

未焊透会使焊缝的强度严重降低，容易引起裂缝，使结构破坏。它是不允许存在的缺陷，一旦产生，必须消除后重新焊补。

产生未焊透的原因是：焊件边缘和坡口不清洁，电流过小或焊速太快，坡口角度太小，钝边太高和间隙太小，焊条直径过大未能将焊条伸进根部或焊条角度运条方法不当，双面焊时背面挑焊根不彻底等。

防止产生未焊透的措施是：焊件边缘和坡口焊前应彻底清理干净，正确选择焊接电流和焊接速度，正确选用坡口型式、角度和间隙，选择合适的焊条直径，同时要认真操作，焊缝产生未焊透，应采用风铲或碳弧气刨将它彻底清除干净，然后开合适的焊接坡口进行焊补修复。

6. 气孔

气孔是指熔池中的气体来不及逸出而停留在焊缝中的孔眼，如图 4.11.6 所示。气孔也是焊缝中常见的一种缺陷。气孔根据产生的部位不同可分为表面气孔和内部气孔，根据分布情况的不同又可分为单个气孔、密集气孔和链状气孔。由于产生的原因不同，气孔的形状也不同，有球形、椭圆形等；大小也不同，小至用显微镜方能看清楚，大至几个毫米。

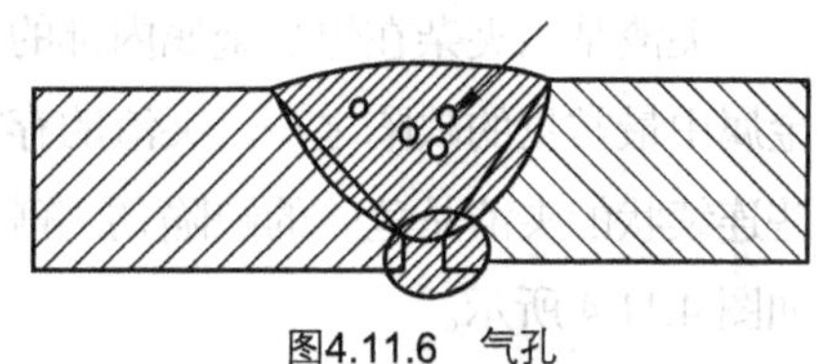

图4.11.6 气孔

气孔的存在对焊缝强度影响很大，它使焊缝有效工作截面减小，降低了焊缝的力学性能，特别对弯曲和冲击韧性影响较大，同时也破坏焊缝的致密性。严重的气孔还会导致焊接结构破坏。因此，必须认真分析气孔产生的原因，并防止气孔的产生。产生气孔的主要原因有以下几种。

（1）使用药皮受潮、变质、脱落或焊芯锈蚀的焊条焊接。

（2）埋弧焊时，焊丝严重油锈或焊剂受潮未按规定要求烘焙。

（3）焊件坡口和坡口两侧焊前未将油锈、油漆、水、气割残渣等污物清理干净。

（4）焊接时采用过大的电流造成焊条发红而保护失效。

（5）由于焊条药皮偏芯或磁偏吹造成电弧的强烈不稳定。

（6）埋弧焊时，电弧电压过高或网路电压波动太大。

（7）手工立焊、仰焊时，运条手势不熟练，引弧与操作不当。

防止焊缝产生气孔的主要措施如下。

（1）焊条或焊剂必须按规定的烘焙温度进行焊前烘焙干燥后才能使用。

（2）已经变质的焊条（如药皮脱落和焊芯锈蚀等）不能使用。已经生锈的焊丝必须在除锈或重新冷拔除锈后才能使用。

（3）焊前应将焊件坡口以及坡口两侧的水、油锈、油漆、气割残渣等污物彻底清除干净。

（4）正确选择焊接电流，认真操作。使用碱性焊条时要用划擦引弧和短弧操作。若发生磁偏吹，要立即转动焊条角度纠正。对偏芯过大的焊条应禁止使用。

（5）在保证不焊穿的前提下，适当加大焊接电流，降低焊接速度，以延长熔池停留时间，有利于气体逸出焊缝。

7. 裂缝

裂缝是指存在于焊缝或基本金属（母材）上的缝隙，它是焊缝中最危险的缺陷，大部分焊接结构的破坏都是由裂缝造成的，因此裂缝在焊缝任何部位都不允许存在。

裂缝按其产生的部位不同可分为纵向裂缝 4、横向裂缝 2、熔合线裂缝 5、根部裂缝 6、弧坑裂缝 1 以及热影响区裂缝 3 等，如图 4.11.7 所示。裂缝按其产生温度的不同又可分为热裂缝和冷裂缝两大类。

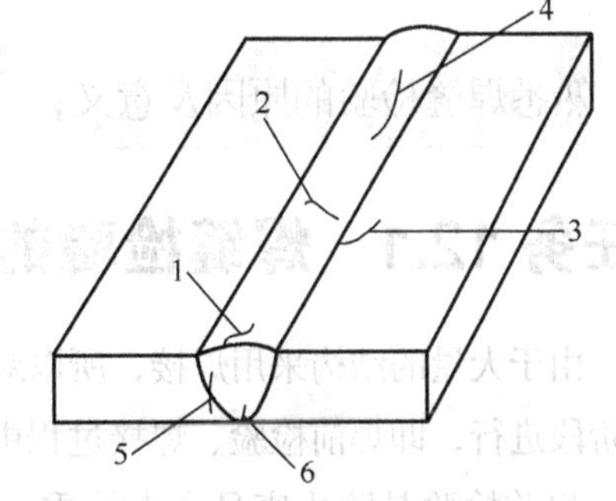

图4.11.7　裂缝

1—弧坑裂缝；2—横向裂缝；3—热影响区裂缝；4—纵向裂缝；5—熔合线裂缝；6—根部裂缝

裂缝产生的原因不仅与焊接时的冶金因素有关，也与焊件的化学成分以及它们的可焊性有关。例如，焊件含碳量或碳当量较高，以及使用含硫、磷量很高的焊接材料时，若不采取一定的工艺措施，就很可能产生焊接裂缝。

裂缝的产生也常与结构在焊后产生的应力和变形有关，例如：

（1）焊接结构设计得不合理，使焊缝过于集中；

（2）焊接结构的刚性过强，焊接时的收缩应力超过了焊缝金属的强度极限；

（3）焊接程序不适当而造成强大的焊接应力。

裂缝的产生还与焊接的预热规范有关，这对焊接一些可焊性较差的合金钢结构尤为重要。

防止产生裂缝的主要措施如下。

（1）根据焊件的化学成分正确选用焊接材料。

（2）根据焊件的可焊性和气温的不同，正确选用焊接预热规范，焊后保温缓冷和焊后热处理。

（3）正确选择焊接程序。

（4）设计焊接结构时，要选择合理的结构形式，尽量避免焊缝过于集中。

经过检验，如果发现裂缝，应彻底清除，方法是用风铲或碳弧气刨将裂缝彻底消除，然后加以焊补。

课业练习

1. 焊接质量与哪些因素有关?
2. 常见的焊缝缺陷有哪些?

项目十二 焊缝检验

【学习目标】

1. 熟悉焊缝检验的原因及意义；
2. 掌握常见焊缝的检验方式方法。

任务 12.1 焊缝检验的重要性

由于大量的结构采用焊接，所以对焊接质量的检验具有重大意义。焊接工作的检验通常分为 3 个阶段进行，即焊前检验、焊接过程中检验和成品检验。

焊前检验是防止废品产生的重要措施之一。经验证明，多花些时间使焊前检验做得好些，要比因检验做得不好造成废品后进行修补经济得多。焊前检验内容主要是技术文件（图纸）、焊接材料、电焊设备、装焊的工夹具和工作质量、焊件边缘清洁程度等是否符合技术要求。在重要结构焊接时，焊工还必须经过一定规则的考试。焊前检验工作主要由技术检验科负责进行，由工厂焊接试验室协助。

焊接过程中检验是从焊接工作开始至全部焊接工作完成期间内的检验，主要检查焊接过程中使用的装焊工夹具，焊接工艺规程和焊接规范的执行情况等。检验由技术检验科、焊工、焊接生产组组长和工长等一起进行。

成品检验是最后一个检验阶段，也是决定性的鉴定焊接质量优劣的阶段。焊接检验的方法根据结构的工作要求来确定。成品检验由技术检验科完成。

焊缝的缺陷按其所处位置不同可分为两大类。

（1）外部缺陷：缺陷位于焊缝的表面，主要有焊缝尺寸不符合要求，咬边、弧坑、焊瘤、表面气孔、焊穿、表面裂缝等。

（2）内部缺陷：缺陷位于焊缝的内部，主要有未焊透、内气孔、内裂缝、夹渣等。

任务 12.2　焊缝检验的常规方法

1. 外观检查

外观检查是简单而应用广泛的检验方法。焊缝表面的熔渣和污秽经清理以后，用肉眼或放大镜检查焊缝表面有无咬边、焊瘤、焊穿、气孔、裂缝等缺陷，并检查焊缝尺寸是否符合要求。

2. 密性试验

（1）煤油试验。船体外板等重要结构部分，都要求水密或油密，所以这些焊缝可以采用涂煤油试验进行焊缝密性检查。

为了更好地发现焊缝的缺陷，在焊缝涂煤油之前，先用白粉的水溶液涂在焊缝容易查看缺陷的一面。待白粉液干了以后，再反面用沾有煤油的破布或刷子涂上一层煤油。由于煤油具有渗透过很细小的孔和裂缝的能力，所以在焊缝有穿透性的缺陷处，即有油点或条纹渗透到白粉的表面，经过一定时间后油点散成斑点。为了正确判断焊缝缺陷的大小和位置，观察时要仔细注意第一个油点或条纹的出现，并及时地记上缺陷的位置。

根据焊缝的位置、工作要求和焊件厚度，涂煤油后需持续一定的时间。按表 4.12.1 规定持续相应时间后，如焊缝表面的白粉不显露煤油的斑点，则认为此焊缝是合格的。发现有缺陷时，应将缺陷处周围的煤油用布揩擦干净后方能进行焊补缺陷，以防煤油燃烧而引起火灾。

表 4.12.1　　煤油试验的作用时间

较薄板厚度/mm	时间/min			
	水密焊		油密焊	
	仰位	垂直	仰位	垂直
≤6	20	30	40	60
>6	30	45	60	90

（2）气密试验。当构件是封闭式的容器时，如船上的水箱、油箱、管道等，焊缝的密性试验可用压缩空气来进行。试验时，压缩空气压力的大小根据构件的工作要求而定。船体结构当板厚>6mm 时，若强度许可，可用气密试验代替水密试验。气密试验的压力为 30～50kPa，通入封闭容器内，并在容器上所有焊缝的外面涂上肥皂水。如果焊缝中有穿透性的缺陷，压缩空气就会在缺陷的缝隙处吹出，产生肥皂泡。根据肥皂泡的情况，即可发现并确定焊缝的缺陷。这种试验焊缝致密性的方法在船厂已广泛应用。

（3）冲气试验。这也是一种简便的焊缝致密性试验方法。它是利用压缩空气流吹向焊缝，在焊缝反面涂肥皂水，焊缝如有缺陷，则在反面形成肥皂泡。喷射的压缩空气压力为 400～500kPa，

压缩空气的射程（即喷射管口到焊缝的距离）应小于 100mm，气流方向要与焊缝表面垂直。

（4）水压试验。用水压试验不但可以确定焊缝的致密性，而且还可以确定它的相应强度。船是在水中航行的，所以水压试验具有很重要的意义。船体结构中要求水密的焊缝如双层底舱、首尖舱、尾尖舱、单层船底部、边水舱等，通常也用这种方法检验。

在进行水压试验时，不仅将被试验的舱内灌满水，同时还要加上相当的压力。否则，由于水压很小，将不符合技术要求。加压是根据连通器的原理，垂直插一直径（内径）不小于 50mm 的加压水管于舱内（加压水管和舱连接处应保证水密），灌水于管中，管中水头的高低就是加上压力的大小，一般水柱高至空气管顶。

（5）冲水试验。冲水试验方法与压缩空气流试验相似，用水泵抽压出的水，通过喷射管冲射向焊缝，在焊缝的背面观察有流水、水点或渗水等现象，然后确定焊缝处的缺陷。这种方法主要应用于次要的水密焊缝以及无法进行水压试验的地方，如船体甲板、外围壁、舱口围壁等。

冲水试验时，水的压力从试验地点向上喷水的高度不小于 10m，喷射管直径不小于 16mm。冲水距离不得超过 3mm。当试验垂直位置的焊缝时，应由下向上进行。

在进行船体密性试验之前，焊缝的熔渣应彻底清除干净，不应对水密焊缝进行涂刷油漆或敷设绝缘材料。

任务 12.3　射线超声波检查

1. 焊缝射线照相

焊缝射线照相是检验焊缝内部缺陷准确而又可靠的方法之一，它可以非破坏性地显示出缺陷在焊缝内部的形状、位置和大小。焊缝射线照相有 X 射线照相和 γ 射线照相两种方法。X 射线和 γ 射线都是电磁波，都能不同程度地透过不透明的物体（其中包括金属），能与照相胶片发生作用，并能使某些化学元素和化合物发生荧光。焊缝射线照相主要是利用射线的上述性能。当射线通过被检查的焊缝时，由于焊缝内部的缺陷对射线的衰减和吸收能力不同，因此通过焊接接头后的射线强度也不一样，它作用在胶片上，使胶片感光的程度也不一样。将感光的胶片冲洗后，用来判断和鉴定焊缝内部的质量，如图 4.12.1 所示。

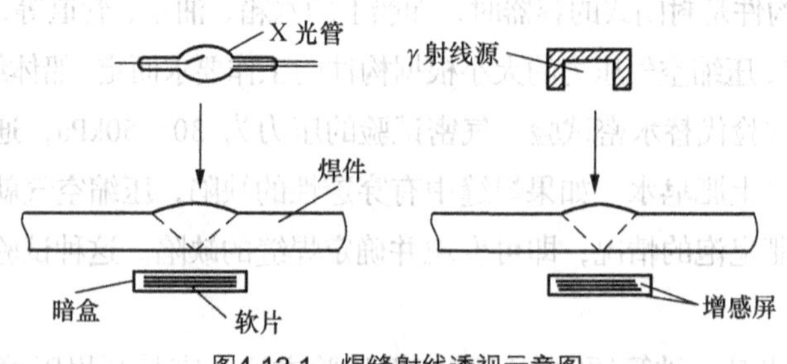

图4.12.1　焊缝射线透视示意图

用 X 射线或 γ 射线照相法，对压力容器、锅炉、船体外板等的焊缝进行照相来确定焊缝缺陷是焊缝检验中经常采用的方法。这种检验由专业检验人员进行。但焊工如能了解 X 射线或 γ 射线的使用范围并具备一定的评定照相底片的经验，对于确定缺陷的种类、部位和返修工作均有很大的好处。

2. 超声波探伤

超声波探伤比射线探伤具有可透过大厚度（达 10mm）的金属，具有灵敏度高、周期短、成本低、经济等优点。其缺点是：对探伤的焊缝两旁表面要求光滑；辨别缺陷性质的能力较差；对缺陷没有直观性。它适用于厚度较大的焊缝或零件的探伤。由于对人体无害，目前在造船、石油、化工等设备制造中已广泛采用超声波探伤来检验焊缝。

超声波探伤是利用超声波（频率超过 20kHz）透入金属材料的深处，并由一截面进入另一截面时，在界面边缘发生反射的特点来检查焊缝中缺陷的一种方法。超声波束自零件表面由探头通入金属内部，遇到缺陷和零件底面时就分别发生反射波束，并在荧光屏上形成脉冲波形，根据这些脉冲波形即可判断缺陷的位置和大小，如图 4.12.2 所示。

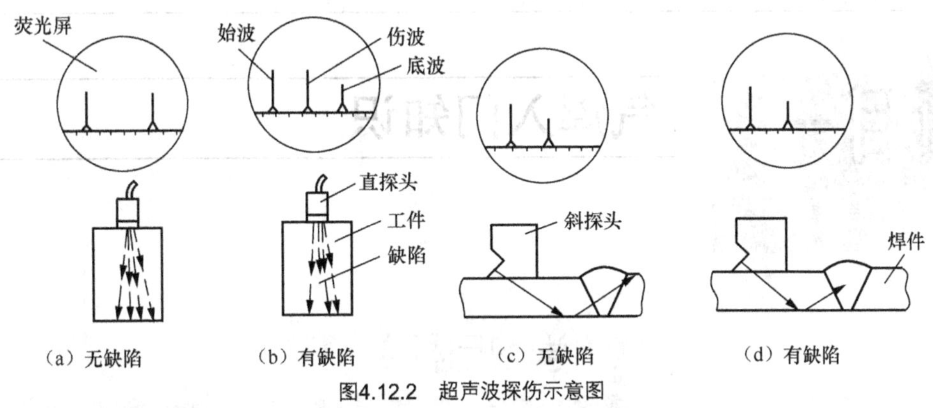

图4.12.2　超声波探伤示意图

超声波探伤适用于母材厚度为 6～100mm 的铁素体钢全焊缝手工直接接触的 A 型脉冲反射式超声波探伤。

超声波探伤不适用于铸钢及奥式体不锈钢焊缝、未经热处理的电渣焊焊缝；外径小于 250mm 或内外径之比小于 0.8 筒体纵向焊缝；筒体（或管件）外径小于 200mm 的周向焊缝；各种尺寸的曲面相贯焊缝。

1. 为什么要进行焊缝检验?
2. 焊缝检验分哪几个阶段?
3. 焊缝缺陷检验方法有哪几种?

模块五

气焊与气割操作训练

项目一 气焊入门知识

【学习目标】

1. 熟悉气焊与气割的设备、工具及焊接材料；
2. 了解气焊与气割所用气体的性质；
3. 掌握气焊与气割回火的处理方法。

任务 1.1 认识气焊

气焊与气割是金属材料加工的主要方法之一。它是利用可燃气体（乙炔）与助燃气体（氧气）通过焊炬混合形成燃烧的火焰，加热熔化工件和焊丝（或不加焊丝）形成熔池，冷凝后形成一种牢固的焊接接头。这是一种利用化学能转变为热能的熔焊方法。由于气焊与气割设备简单，使用方便，质量可靠，所以应用广泛。

1. 气焊与气割用的气体

气焊气体包括可燃气体和助燃气体。目前使用的可燃气体主要是乙炔，助燃气体主要是氧气。

（1）氧气是一种无色无味、无毒的气体，比空气稍重，不会自燃，但能助燃。工业用的氧气是采用液化空气法制取的，其纯度应不小于 98.5%，纯度越高，燃烧时产生的火焰温度也越高。氧气在高压情况下从氧气瓶出来，若与油脂接触能强烈燃烧引起爆炸，所以氧气瓶的瓶嘴、氧气表及氧气导管、焊枪等不允许沾染油脂。

（2）乙炔常温下是一种无色的气体，比空气轻，能溶于丙酮。乙炔与氧气混合燃烧时，产生火焰的温度可达3200℃左右，这个高温足以使金属熔化进行焊接或切割。同时，乙炔还是一种具有易燃易爆性质的气体，处于下列条件之一时会发生爆炸：

① 环境温度300℃以上，压力超过0.15MPa时；

② 乙炔与空气或氧混合，达到一定数量，遇火引燃时；

③ 乙炔与铜或银长期接触，会生成爆炸性化合物乙炔铜或乙炔银，当遭到敲击、激烈震动或者加热到110℃～120℃时，会引起乙炔爆炸，因此在使用过程中必须高度注意安全。气焊设备中凡供乙炔使用的器材不允许用银和含铜70%以上的铜合金制造零件。

2. 焊丝

无论是焊接还是修补，一般应选用焊丝作填充金属。在气焊过程中，气焊丝与母材金属熔化后形成焊缝。焊缝质量的优劣与焊丝有关，因此正确使用焊丝是十分重要的。一般气焊丝的化学成分应基本上与焊件的化学成分相符合。

对于一般工件，只要选用与工件母材同样成分的焊丝即可。但当遇到要求强度高的焊接接头或需要适当加厚焊缝金属作为补强时，应在不影响工件使用性能的条件下，选用比工件强度更高一些的焊丝作为填充金属。焊丝的化学成分和含碳量的要求与工件相近，含锰量要稍高一些，磷和硫的含量越少越好。

焊丝表面不应有油污和锈斑等。常用钢焊丝的牌号及用途如表5.1.1所示。

表5.1.1　　钢焊丝的牌号及用途

碳素结构钢焊丝			合金结构钢焊丝			不锈钢焊丝		
牌号	代号	用途	牌号	代号	用途	牌号	代号	用途
焊08	H08	焊接一般低碳钢结构	焊10锰2	H10Mn2	H08Mn相同	焊00铬19镍9	H00Cr19Ni9	焊接超低碳不锈钢
			焊08锰2硅	H08Mn2Si				
焊08高	H08A	焊接较重要低、中碳钢，即某些低合金结构钢	焊10锰2钼高	H10Mn2MoA	焊接普通低合金钢	焊0铬19镍9	H0Cr19Ni9	焊接18-8型不锈钢
焊08特	H08E	用途与H08A相同，工艺性能较好	焊10锰2钼钒高	H10Mn2MoVA	焊接普通低合金钢	焊1铬19镍9	H1Cr19Ni9	焊接18-8型不锈钢
焊08锰	H08Mn	焊接较重要的碳素钢及普通低合金钢结构	焊08铬钼高	H08CrMoA	焊接铬钼钢等	焊1铬19镍9钛	H1Cr19Ni9Ti	焊接18-8型不锈钢

续表

碳素结构钢焊丝			合金结构钢焊丝			不锈钢焊丝		
牌号	代号	用途	牌号	代号	用途	牌号	代号	用途
焊 08 锰高	H08MnA	用途与H08 Mn 相同，但工艺性能较好	焊 18 铬钼高	H18CrMoA	焊接结构钢	焊 1 铬 25 镍 13	H1Cr25Ni13	焊接高强度钢和耐热合金钢
焊 15 高	H15A	焊接中等强度工件	焊 30 铬锰硅高	H30CrMnSiA	焊接铬锰硅钢	焊 1 铬 25 镍 20	H1Cr25Ni20	焊接高强度结构钢和耐热合金等
焊 15 锰	H15Mn	焊接高强度工件	焊 10 钼铬高	H10MoCrA	焊接耐热合金钢			

3. 焊剂（焊药）

气焊用焊剂就相当于电焊条药皮，作用是为了在焊接过程中能够造渣、脱氧，从而提高焊接质量。

焊剂的选择可根据工件的材质而确定，在焊接不锈钢、铸铁、有色金属及其合金气焊时使用专用焊剂，一般的碳钢及合金钢气焊时就不必使用焊剂。

气焊熔剂可以在焊接前直接撒在焊件坡口上，或者蘸在气焊丝上撒入熔池。它可以排除熔池内形成的高熔点金属氧化物，并以渣的形式覆盖在焊缝表面，使熔池与空气隔离，防止了熔化金属的氧化，改善了焊缝质量。

气焊熔剂的选用要根据焊件的材料成分和性质而定。常用的气焊熔剂牌号及用途如表 5.1.2 所示。

表 5.1.2 气焊熔剂牌号及用途

焊剂牌号	代 号	名 称	用 途
气剂 101	CJ101	不锈钢及耐热钢气焊溶剂	不锈钢及耐热钢气焊时助溶剂
气剂 201	CJ201	铸铁气焊溶剂	铸铁气焊时助溶剂
气剂 301	CJ301	铜气焊溶剂	铜及铜合金气焊时助溶剂
气剂 401	CJ401	铝气焊溶剂	铝及铝合金气焊时助溶剂

任务 1.2 认识气焊、气割工具及设备

气焊设备主要包括氧气瓶、乙炔瓶、减压器及焊炬等，其与气路的连接如图 5.1.1 所示。

1. 氧气瓶

氧气瓶是运送和贮存高压氧气的容器（见图 5.1.2），在工作中还要经受搬运、滚动，甚至震动和冲击，因此对氧气瓶质量要求十分严格。一般氧气瓶用无缝钢管制成，上端有瓶口，用来安装瓶口阀和瓶帽；容积为 40L，工作压力为 15MPa。

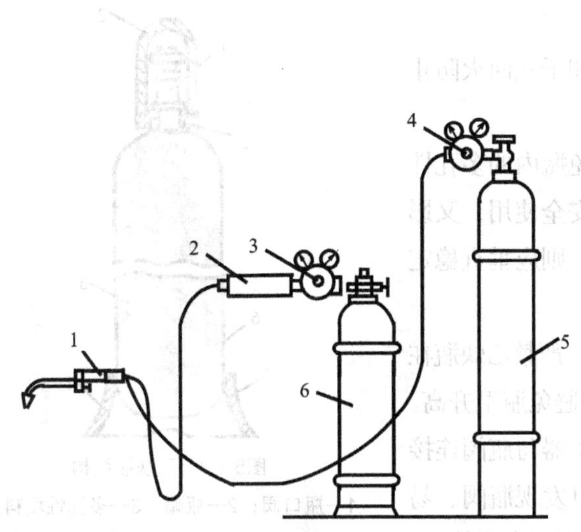

图5.1.1　气焊设备及其连接

1—焊炬；2—回火防止器；3—乙炔减压器；4—氧气减压器；5—氧气瓶；6—乙炔瓶

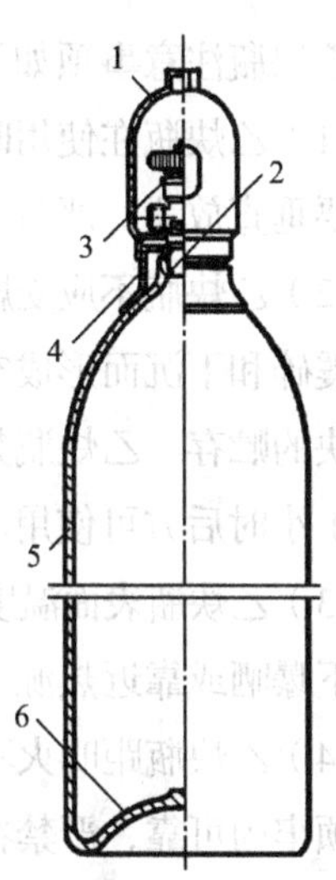

图5.1.2　氧气瓶结构

1—瓶帽；2—瓶头；3—瓶口阀；4—瓶箍；5—瓶体；6—瓶底

按照规定，为避免腐蚀和发生火花，所有与高压氧气接触的零件都用黄铜制成。氧气瓶外表应漆成天蓝色，并用黑漆标明“氧气”字样。

氧气瓶使用注意事项如下。

（1）充满氧气的氧气瓶，要将瓶帽拧紧，以免碰坏气阀和防止油脂、灰尘进入气门口内。

（2）禁止把氧气瓶与易燃品、油脂和带有油污的物品放在一起运输。

（3）氧气瓶运输时，要妥善地加以固定，避免剧烈震动、冲击，以防止气体膨胀爆炸。

（4）氧气瓶一律要集中存放，氧气瓶仓库周围 10m 禁止堆放易燃、易爆炸物品和动用明火；不应与其他气瓶混放在一起。氧气瓶仓库不得存放油脂和沾油的物品。

（5）在安装减压器（氧气表）以前，要慢慢的打开氧气瓶的瓶口阀，吹掉阀嘴内的脏物、灰尘和杂物。开启氧气瓶时，要站在出气口侧面，不能对着出气口。

（6）操作人员绝对不能使用沾有各种油脂的手套和工具去接触氧气瓶及其附件，以防事故发生。

（7）夏季防止暴晒；冬季氧气阀门冻结时不许用火烤，应用热水或蒸气解冻。

（8）氧气瓶与电焊一起使用时，如地面是铁板，在氧气瓶下面要垫上绝缘板，以防氧气瓶带电而发生事故。

（9）氧气瓶内氧气不能完全用完，应留有余压（0.1～0.2MPa）。

2. 乙炔瓶

乙炔瓶是一种储存和运送乙炔的容器。其外形与氧气瓶相似（见图 5.1.3）。在瓶内装有浸满丙酮多孔性物质，使乙炔稳定而又安全地储存在乙炔瓶内。使用时溶解在丙酮内的乙炔分解后，通过瓶阀流出，而丙酮仍留在瓶内，以便溶解再次压入的乙炔。一般灌注乙炔的压力为 1.5MPa。乙炔长期与铜作用会生成容易爆炸的乙炔铜，所以乙炔瓶的阀门由钢制成。乙炔瓶表面涂白色，并用红漆写上“乙炔”字样。

乙炔瓶注意事项如下。

（1）乙炔瓶在使用时必须配备乙炔减压器和干式回火防止器并要垂直放置，严禁放倒使用。

（2）乙炔瓶不应受剧烈的震动和撞击，以免瓶内的多孔性填料震碎和下沉而形成空洞，既影响乙炔瓶的安全使用，又影响乙炔的贮存。乙炔瓶禁止滚动，如发现滚动，则应垂直稳定放置1小时后方可使用。

（3）乙炔瓶表面温度不得超过30℃～40℃。严禁乙炔瓶在烈日下曝晒或靠近热源。可采用掩体遮盖的方法避免瓶温升高。

（4）乙炔瓶距明火不应小于10m。乙炔减压器与瓶阀连接处必须牢固可靠，严禁在漏气情况下使用。一旦发现瓶阀、易熔塞和乙炔减压器着火，应立即用干粉或二氧化碳灭火器扑灭，严禁使用四氯化碳扑救。

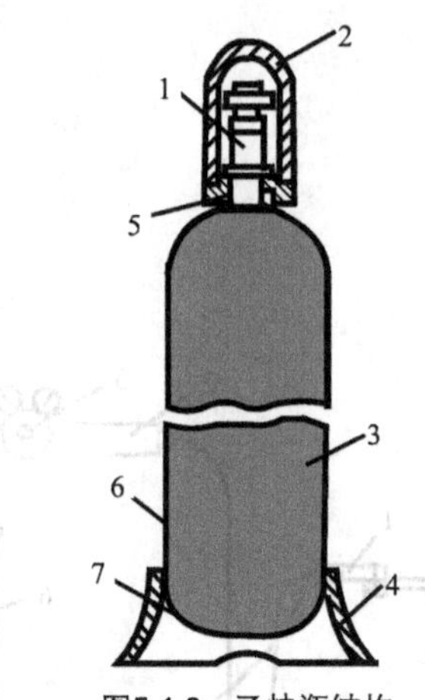

图5.1.3　乙炔瓶结构

1—瓶口阀；2—瓶帽；3—多孔性填料；4—瓶座；5—瓶口；6—瓶体；7—瓶底

（5）冬季使用时，如发现瓶阀冻结，严禁用明火烘烤，必要时用40℃左右的热水解冻。

（6）乙炔瓶的瓶阀在使用过程中必须全部打开或完全关闭，否则容易漏气。

（7）乙炔瓶在使用时，其低压力（工作压力）不宜超过0.1MPa，一般应为0.03～0.07MPa。

（8）乙炔瓶内气体不得用完，应留有余压0.1～0.2MPa。通常气温低留余压值低，气温高留余压值高，以减小瓶内丙酮的损失。停止使用乙炔时，应将瓶阀关紧，防止泄漏。

（9）乙炔瓶和氧气瓶尽量避免放在同一车辆上使用。

3. 减压器

减压器的作用是把气瓶内的高压气体减压到焊接时所需的工作压力，并保证在工作过程中压力不变。常用的是单级反作用式减压器，如图5.1.4所示。气瓶的高压气体首先进入高压室，其压力大小可由高压表读出。工作时顺时针转动调压手柄，使调压弹簧压紧薄膜并通过传动杆将阀门压开。此时，高压室的气体通过阀门进入低压室，由于体积膨胀而使压力降低由出气口流出，低压室中的气体压力可由低压表读出。

减压器使用时的注意事项如下。

（1）使用时，应先开气瓶的瓶阀，然后将调节螺丝慢慢旋紧使支杆顶住活门而调节工作所需压力。用完后先将调节螺丝松掉，然后关闭瓶阀。如不松掉调节螺丝，就会使弹簧长期被压缩而疲劳失灵。

（2）拆装时，要防止管接头上丝扣乱扣，一般应用手托住减压器装卸，拆卸后要注意轻放和防止灰尘进入表内，以免阻塞失灵。

（3）减压器内外严禁油脂沾污，以免氧气、乙炔气与油污起化学反应而引起燃烧与爆炸。

（4）气瓶试放气体或打开减压器，动作都必须缓慢，当气体流入低压室时，要检查有无漏气现象。

（5）减压器上的连接垫床禁止使用不合格的代用品或带有油迹的麻棉线。

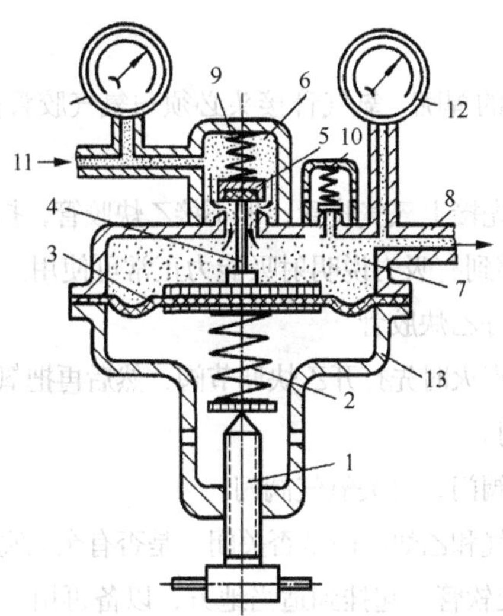

图5.1.4　单级反作用式减压器

1—调节螺丝；2—调节弹簧；3—薄膜；4—支杆；5—减压活门；6—高压气室；7—低压气室；8—出气管；9—回动弹簧；10—安全活门；11—高压表；12—低压表；13—壳体

（6）减压器冻结时，要用清洁温水解冻，切忌用火烤。

（7）氧气减压器不准移作其他减压表使用，各种气体的减压器也不能换用。

（8）操作时，必须经常注意观察压力表的读数，发现表压不正常时应及时查明原因。

4. 焊枪

焊枪是气焊的重要工具。其作用是将氧气与乙炔气按一定比例混合，并以一定的速度从喷嘴喷出，产生适合于焊接的稳定的火焰。

焊枪由铜合金制成。常用的焊枪多为射吸式，其外形如图 5.1.5 所示。

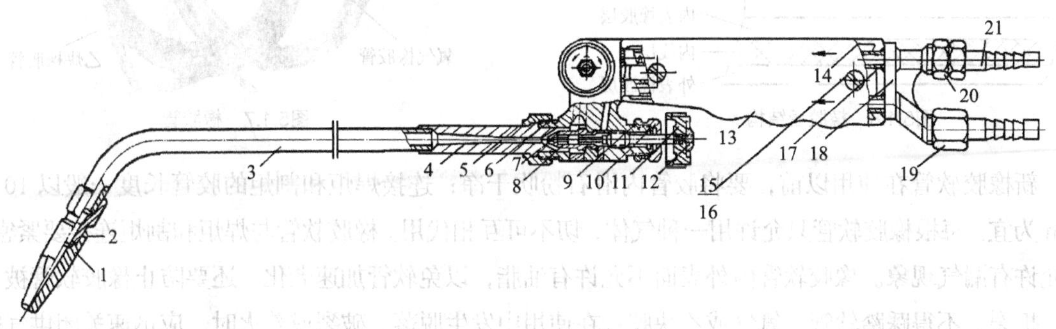

图5.1.5　射吸式焊炬结构

1—焊嘴；2—焊嘴接头；3—混合气管；4—射吸管；5—射吸螺母；6—主体；7—氧气针阀；8—喷嘴；9—防松螺母；10—密封螺母；11—氧气阀手轮；12—锁紧螺母；13—外手柄；14—内手柄；15—螺钉；16—螺母；17—气管；18—后部接体；19—乙炔螺母；20—氧气接头；21—氧气螺母

焊枪常用型号有 H01-2、H01-12 等。H 表示焊炬，01 表示射吸式，2、12 表示焊接的最大厚度。

焊枪的焊嘴是可以更换的。每把焊炬都配有不同规格的焊嘴 5 个，以便用以焊接不同厚度的焊件。

焊枪使用方法如下。

① 根据焊件厚度选用合适的焊嘴。氧气管接头必须与氧气胶管接牢，以不漏气容易插上拔下为准。

② 使用前检查射吸情况，先接上氧气胶管，但不接乙炔胶管，打开乙炔和氧气阀门，用手指按在乙炔进气管接头上，如手指感到有吸力说明射吸能力正常可使用。

③ 检查完射吸能力后，接好乙炔胶管。

④ 检查合格后才能点火，点火时先打开乙炔调节阀，然后再把氧气调节阀稍微打开，发生回火时，应迅速关闭氧气和乙炔阀门。

⑤ 停止工作时应先关乙炔阀门，再关氧气阀门。

⑥ 使用完毕后，应检查氧气和乙炔阀门是否关闭，是否有余火窝藏在焊嘴和混合管道内，确认无以上现象后，将焊炬连同橡胶软管一起挂到适当地方，以备再用。

5. 橡胶软管

橡胶软管可分为氧气胶管和乙炔胶管。氧气胶管和乙炔胶管不得相互代用。氧气胶管的工作压力为 1.5MPa，试验压力为 3MPa，爆破压力不低于 6MPa。按照规定，氧气胶管为红色，通常氧气胶管的内径为 8mm；乙炔胶管为绿色或黑色，乙炔胶管的内径为 10mm。乙炔胶管的工作压力为 0.3MPa。目前，国产的橡皮管是用优质橡胶掺入麻织物或棉织物制成的，其结构如图 5.1.6 所示。图 5.1.7 所示为氧气和乙炔的橡胶管。

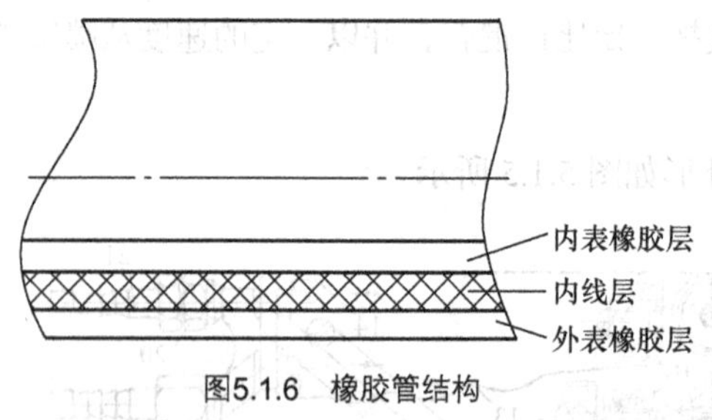

图5.1.6 橡胶管结构

图5.1.7 橡胶管

新橡胶软管在使用以前，要将胶管内滑石粉吹干净；连接焊炬和割炬的胶管长度一般以 10～15m 为宜。每根橡胶软管只允许用一种气体，切不可互相代用。橡胶软管与焊炬和割炬连接要紧密，不允许有漏气现象。橡胶软管内外表面不允许有油脂，以免软管加速老化。还要防止橡胶软管被烫破、折裂，不得踩踏软管。氧气或乙炔胶管在使用中发生脱落、破裂或着火时，应迅速关闭供气阀门，切断气源，将火熄灭。

任务 1.3 回火及处理

1. 回火

回火是在焊、割作业中，氧与乙炔气体在焊（割）炬的混合气室燃烧，并向输送乙炔的胶管扩散倒燃的现象。回火严重会使焊、割炬被烧化，甚至导致爆炸事故。

产生回火的原因有以下几种。

（1）在作业过程中，焊嘴过分接近熔融金属，使焊嘴喷孔附近阻力增大，焊（割）炬内的混合气体难于流出，压力升高，将部分混合气体挤压进乙炔系统。

（2）焊嘴过热，增加了混合气体的流动阻力，且使混合气体受热膨胀，如焊嘴温度超过 400℃时，一部分混合气体来不及流出焊嘴，就在其内部燃烧而发出“啪、啪”的爆炸声。

（3）在作业时，焊嘴被熔化金属或飞溅火星填塞，混合气体难于喷出而倒流入乙炔系统。

（4）乙炔气压力过小，氧气容易进入乙炔系统，在熄火时的瞬间，往往因氧气或空气进入焊、割炬的乙炔管，这样最易引起爆炸。

（5）焊、割炬年久失修，阀门渗漏造成氧气倒入乙炔系统内，在点火时会立即发生回火爆炸。

2. 回火的防止措施

（1）在作业时，应根据焊、割工具的喷嘴大小，正确调节氧气、乙炔的压力和流量。

（2）在使用前，必须排净皮管内的残余空气，分别开启氧气和乙炔，畅通后方可点火焊割。不使用时，一般应先关闭乙炔，后关氧气。

（3）在焊、割过程中，喷嘴与金属熔池不可相碰，也不要相距太近。

（4）用针通喷嘴时，应将喷嘴拆下，从内向外通，防止将杂物颗粒推入喷嘴内，免得杂物颗粒又被混合气吹出而塞住喷嘴；同时，又可防止喷嘴变形，以确保火焰正常。

（5）喷嘴热度过高时，应浸水对喷嘴进行冷却。但要防止螺丝松动，在浸水冷却后，应立即检查螺丝是否旋紧。

（6）应对阀门、管子经常进行检查，确保不漏气。否则，应及时进行更换。

3. 回火的应急操作步骤

当焊（割）炬发生回火引起燃烧、爆炸时，千万不能将焊（割）炬扔下跑离现场。因为这样可能把火焰引入回火防止器及乙炔瓶；如果系用管道输送乙炔，回火还可能引入支管及总管，从而引起更大的燃烧爆炸事故。

焊（割）炬回火时，处理步骤如下。

（1）先关闭切割氧气阀门，预热氧气阀门，然后关闭乙炔阀门。这样，回火就会在焊（割）炬内很快熄灭。

（2）火焰熄灭后，待焊（割）炬不烫手时，开启氧气调节阀，吹出残留在焊（割）炬内的余烟和炭质微粒，之后重新点火工作。

若皮管爆炸燃烧时，立即关紧乙炔瓶的出口总阀和回火防止器的出口阀，切断乙炔供给，使火灭燃。

如果减压器爆炸燃烧时，也同样要关闭乙炔瓶的出口总阀。

在保证安全的情况下，正确操作焊炬、割炬、氧气瓶、乙炔瓶的相关阀门。

项目二 平敷焊

【学习目标】

1. 掌握气焊火焰的点燃、调节、熄灭方法；
2. 熟悉焊接火焰种类、特点及使用范围；
3. 掌握平敷焊的操作要领。

任务 2.1　调节焊接火焰

气焊火焰是由乙炔和氧气通过焊炬混合后喷出点燃而形成的，这种火焰叫做氧－乙炔焰。氧－乙炔焰由焰芯、内焰和外焰组成。焰芯在火焰内部，颜色白亮，是火焰中最明亮的部分。火焰的中间部分是内焰，呈蓝色，是火焰温度最高的部分。火焰的最外层称为外焰，为橘红色。

火焰的形状、颜色和性质主要取决于混合气体中乙炔与氧气的比例。火焰按其性质可分为中性焰、氧化焰和碳化焰 3 种形式。

1. 中性焰

如图 5.2.1 所示，中性焰是氧气量和乙炔量的比例相适应的火焰（一般氧气与乙炔的混合比例为 1.0～1.2），在喷嘴处呈现出一个清晰的内焰芯。这种火焰对红热或熔化的金属没有碳化和氧化作用，所以称之为中性焰或正常焰。燃烧产生的 CO_2 和 CO 对熔池有保护作用。中性焰在焰芯前面 2～4mm 处温度最高，可达 3000℃～3200℃。中性焰是用途最广的一种气焊火焰，可用于切割和焊接低碳钢、中碳钢、低合金钢、不锈钢、紫铜、铝及其合金。

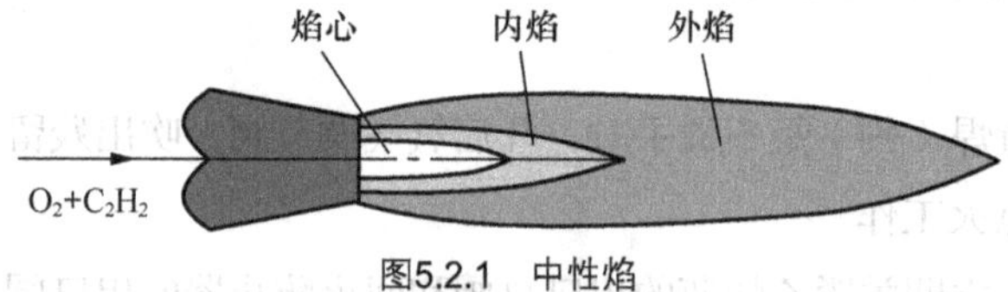

图5.2.1　中性焰

2. 碳化焰

如图 5.2.2 所示，碳化焰是乙炔量多、氧气量少的火焰（一般氧气与乙炔的混合比例小于 1.0），碳化焰的整个火焰比中性焰长而柔软，而又随着乙炔供给量的增多，碳化焰也变得长而柔软，其挺直度较差，焰心的轮廓不清，外焰特别长，当乙炔过剩量很大时会冒黑烟。因为乙炔没有完全燃烧，因此在喷嘴处呈现两层白焰芯，火焰和焰芯都比中性焰长，且两者之间失掉明显轮廓，外焰呈橙红色，温度比中性焰和氧化焰要低，最高温度为 2700℃～3000℃。这种火焰一般用于钎焊或用轻微的碳化焰焊接怕受氧化的优质合金钢，如高速钢、高碳钢、工具钢等。

3. 氧化焰

如图 5.2.3 所示，氧化焰是氧气量多、乙炔量少的火焰（一般氧气与乙炔的混合比例大于 1.2），喷嘴处呈现出比中性焰还要小一些的蓝白色焰芯，因而火焰和焰芯都比中性焰短，最高温度可达 3100℃～3300℃。氧化焰一般气焊时不宜采用，只在烧割工作或焊接黄铜与铜合金时才能采用。

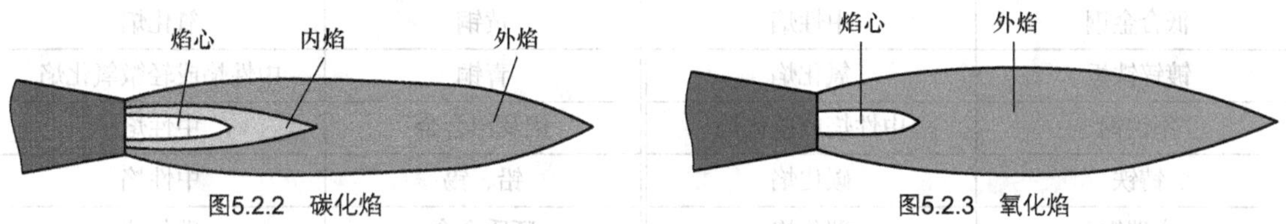

图5.2.2　碳化焰　　图5.2.3　氧化焰

焊接时喷射出来的火焰（焰芯）形状应整齐垂直，不允许有歪斜、分叉或发出"吱吱"的声音。只有这样才能使焊缝两边的金属被均匀加热，在焊接时能出现正确的熔池，从而保证焊接质量。所以，当操作中发现火焰不正常时，要及时使用专用的通针把喷嘴口处附着的杂质清除掉，在火焰形状正常后再进行焊接。

任务 2.2　选择气焊规范

气焊的接头形式和焊接空间位置等工艺问题的考虑，与手工电弧焊基本相同。而气焊焊接规范是保证焊接质量的主要技术依据。气焊规范通常包括焊丝的选择、火焰成分与能率的选择、焊炬的倾斜角度以及焊接方向和速度等参数。主要是确定焊丝的直径、焊嘴的大小以及焊嘴对工件的倾斜角度。

1. 焊丝直径的选择

焊丝直径的选用，要根据工件的厚度和坡口形式来决定。焊接厚度为 3mm 以下的工件时，所用的焊丝直径与工件的厚度基本相同。焊接较厚的工件时，焊丝直径应小于工件厚度。焊丝直径一般不超过 6mm。

若焊丝直径选用过细，焊接时工件尚未熔化，而焊丝已很快熔化下滴，容易造成熔合不良等缺陷；相反，如果焊丝直径过粗，焊丝加热时间增加，使工件过热就会扩大热影响区的过热组织，同时导致焊缝产生未焊透等缺陷。

工件厚度与焊丝直径的关系如表 5.2.1 所示。

表 5.2.1　　工件厚度与焊丝直径的关系

工件厚度/mm	1.0～2.0	2.0～3.0	3.0～5.0	5.0～10	10～15
焊丝直径/mm	1.0～2.0	2.0～3.0	3.0～4.0	3.0～5.0	4.0～6.0

2. 火焰种类的选择

气焊火焰的种类，对焊接质量影响很大，应该根据不同材料的工件正确地选择和掌握火焰的种

类。碳化焰会引起焊缝金属渗碳，而使焊缝的硬度和脆性增加，同时还会产生气孔等缺陷；氧化焰会引起焊缝金属的氧化而出现脆性，使焊缝金属的强度和塑性降低。

不同材料焊接时应采用的火焰如表 5.2.2 所示。

表 5.2.2 不同材料焊接时应采用的火焰种类

焊接金属	火焰种类	焊接金属	火焰种类
低中碳钢	中性焰	紫铜	中性焰
低合金钢	中性焰	黄铜	氧化焰
镀锌铁板	氧化焰	青铜	中性焰或轻微氧化焰
不锈钢	中性焰或碳化焰	铝及铝合金	中性焰
铸铁	碳化焰	铅、锡	中性焰
高碳钢	碳化焰	硬质合金	碳化焰

3. 火焰能率的选择

气焊火焰的能率主要是根据每小时可燃气体（乙炔）的消耗量（l/h）来确定。火焰能率的选用取决于工件的厚度及其热物理性质（熔点与导热性），工件厚度越大，焊接时选用的火焰能率就越大。焊接铸铁、黄铜、青铜和铝及铝合金时，采用的火焰能率与焊接碳钢和低合金钢时基本相同。

根据乙炔消耗量就可以选择合适的焊嘴。焊嘴号数越大，火焰能率也就越大。焊接薄的工件应选用较小号数的焊嘴，焊接厚的工件则选用较大号数的焊嘴。通常为了提高焊接生产率，在保证焊缝质量的前提下，尽量选用较大的焊嘴，这样便于在焊接过程中正确调整火焰的能率。焊嘴的选择如表 5.2.3 所示。

表 5.2.3 焊接钢材所用的焊嘴

工件厚度/mm	<1.5	1～3	2.5～4	4～7	7～11
焊嘴号	1	2	3	4	5

在焊接过程中，需要的热量随时变化。例如，刚开始焊接时，整个工件是冷的，需要的热量较多；焊接过程中，工件的温度增高，需要的热量就相应的减少。这时，可把火焰调小一点或减小焊嘴与工件的倾斜角度以及采用间断焊接的方法，均能达到调整热量的目的。采用较大的焊嘴还可以及时调整在焊接过程中由于焊嘴发热而引起的混合气体比例不正常现象。

4. 焊炬的倾斜角度

焊嘴对工件的倾角α的大小（见图 5.2.4），对焊接质量和焊接速度都有很大影响。倾角越大，火焰越集中，工件熔化越快。倾角的选择要根据工件的厚度和性能，工件厚度越大、熔点越高、导热性越好，倾角就应越大。同一工件在开始焊接时，为了使金属迅速加热和出现熔池，倾角应大于正常角度。当熔池形成后，焊炬应恢复到正常倾角并保持不变。当焊接接近结束时，为了避免工件过热和便于填满焊缝，应使倾角小于正常角度。倾角的选择如图 5.2.5 所示。

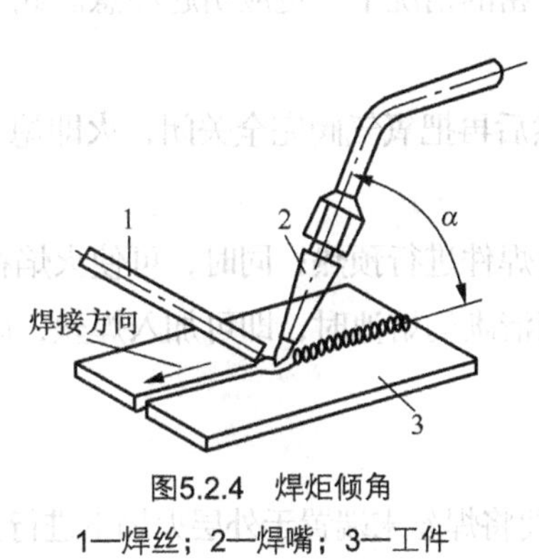

图5.2.4　焊炬倾角

1—焊丝；2—焊嘴；3—工件

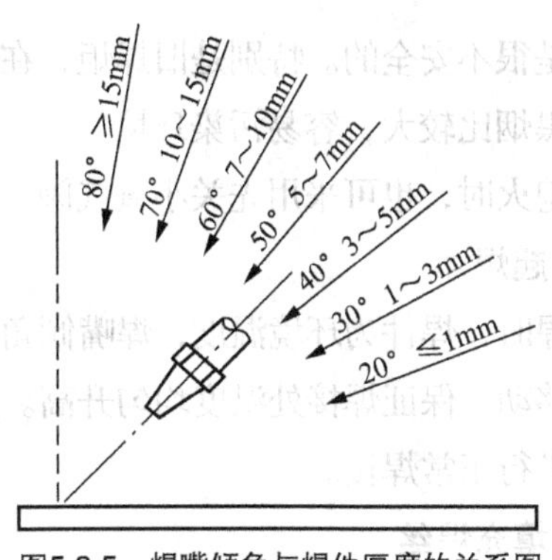

图5.2.5　焊嘴倾角与焊件厚度的关系图

5. 焊接速度

焊接速度常以每小时焊接的焊缝长度来表示。焊接速度快慢由操作者根据施焊情况来掌握，在保证焊接质量的前提下尽量提高速度，以提高生产率。

一般来讲，铜或铝焊接时，由于熔点低，所以焊接速度较之同样厚度的碳钢要快，而铸铁和不锈钢的焊接速度则要比同样厚度的碳钢慢些。

焊接速度的选用还要根据施焊者的操作熟练程度、焊缝位置以及其他一些条件，在保证焊接质量的前提下，应力求提高焊接速度，以提高生产率。

任务 2.3　掌握气焊基本操作

1. 焊件的清理

将焊件表面的氧化皮、铁锈、油污、脏物用铁丝刷、纱布或抛光的方法进行清理，使焊件露出金属光泽。

2. 焊炬的握法

右手持焊炬，将拇指位于乙炔开关处，食指位于氧气开关处，以便于随时调节气体流量，用其他三指握住焊炬柄。

3. 氧乙炔焰的点燃、调节和熄灭

（1）点火。先把氧气瓶和乙炔瓶的气阀打开，调节减压器，使氧气和乙炔达到所需的工作压力。点火时，先把焊炬上的氧气阀门稍微开一点，然后打开乙炔阀门并迅速进行点火。如果氧气开得大，点火时就会因为气流太大而出现“啪啪”响声，而且不易点着。如果少开一点氧气容易点火，但黑烟较大。点火时，手应放在喷嘴的侧面进行点火，不能手对着喷嘴操作，以免点着后喷出的火焰烧伤手臂。

（2）火焰调节。点着后的火焰往往是碳化焰，应根据工作需要慢慢开大氧气阀门，将火焰调成中性焰。如需调大火焰，应先把乙炔阀开大，再开大氧气阀。如需调小火焰，应先关小氧气阀，再关小乙炔阀。否则操作顺序不对，容易把火焰调熄灭。

（3）熄火。停止使用焊炬需熄火时，应先关闭乙炔阀门，再关氧气阀门，火即熄灭并能防止火焰倒吸和产生烟灰。如果将氧气阀先关闭，再关乙炔阀门，就容易出现余火窝在焊嘴里，造成假熄

火，这是很不安全的。特别是旧焊炬，在乙炔阀门关闭不严密的情况下，更应引起注意。此外，这样熄火黑烟比较大，容易污染环境。

在熄火时，也可采用先关小氧气阀，再关闭乙炔阀，然后再把氧气阀完全关闭，火即熄灭。

4. 起焊

起焊时，焊件为环境温度，焊嘴倾角应大些，以利于对焊件进行预热；同时，可使火焰在起焊处往复移动，保证焊接处温度均匀升高。起点处形成白亮而清晰的熔池时，即可加入焊丝，向前移动焊炬进行正常焊接。

5. 填充焊丝

正常焊接时，操作者不但要注意熔池的形成情况，而且要将焊丝末端置于外层火焰下进行预热。当焊丝熔滴送入熔池后，要立即将焊丝抬起，让火焰向前移动，形成新的熔池，然后再继续向熔池加入焊丝，如此循环就形成了焊缝。

6. 焊嘴和焊丝的摆动

焊接过程中，焊炬和焊丝的运动应相互配合，务使均匀协调。在保持熔池良好的熔化状态下，焊丝和焊嘴可根据工件的厚薄、焊缝的宽窄以及空间位置的不同而采用不同的摆动方法。焊嘴摆动有 3 个方向：

（1）沿焊缝方向作前进运动，不断地熔化焊件和焊丝而形成焊缝。

（2）在垂直于焊缝的方向上作上下跳动，以调节熔池的温度。

（3）在焊缝宽度方向作横向摆动，以使坡口边缘很好地熔透。

当工件厚度在 3mm 以下且焊缝较窄时，焊嘴要均匀地、微小地一下一上作锯齿状运动，焊丝也要做同样的运动，以便不间断地送进熔池内供应填充金属。不过焊丝与焊嘴运动方向相反，即当焊嘴向上运动时，焊丝向下运动。反之，焊嘴向下运动时，焊丝则向上运动，如图 5.2.6（a）所示。

当工件厚度在 3mm 以上且焊缝较宽的情况下，除更换焊嘴加大火焰外，焊嘴和焊丝还应向焊缝两侧作横向或月牙形摆动，两者的运动方向仍然相反，如图 5.2.6（b）所示。

在立焊、仰焊或焊接厚钢板时，火焰要加热接缝的中央部分，同时焊嘴应作螺旋摆动，此时焊丝应作横向摆动以供应足够的填充金属，如图 5.2.6（c）所示。

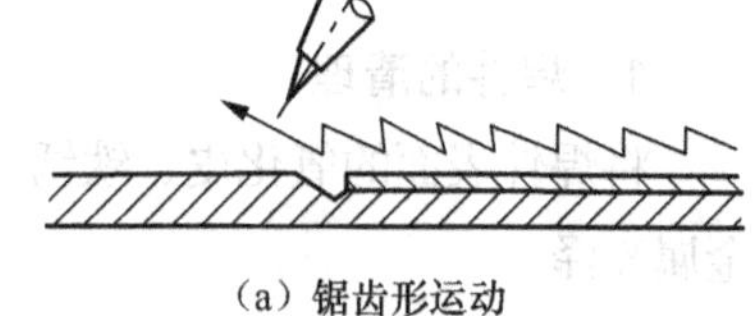

（a）锯齿形运动

（b）月牙形运动

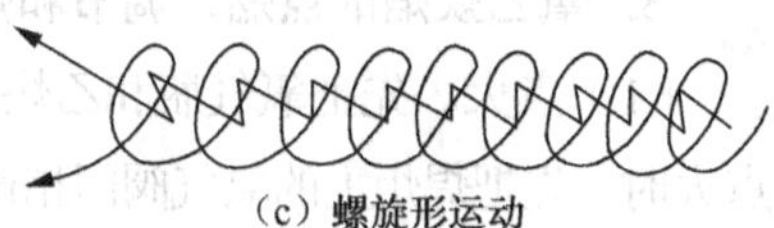

（c）螺旋形运动

图5.2.6 焊丝与焊嘴的运摆方法

7. 接头与收尾

（1）接头时，应用火焰将原熔池周围充分加热，待已冷却的熔池及附近的焊缝金属重新熔化，形成新的熔池后，方可熔入焊丝，并注意焊丝熔滴应与已熔化的原焊缝金属充分熔合。焊接重要焊件时，必须重叠 8～10mm，才能得到满意的焊缝。

（2）收尾时，由于焊件的温度较高，散热条件较差，故应减小焊嘴的倾角和加快焊接速度，并多加入一些焊丝，以防熔池面积扩大，避免烧穿。其要领是：倾角小、焊速增、加丝快、熔池满。

8. 左焊法和右焊法

根据焊枪焊丝沿焊缝移动方向不同，可分为左焊法和右焊法两种，如图 5.2.7 所示。

（1）左焊法：焊枪由右向左移动，焊丝在焊枪前面，如图 5.2.7（a）所示。此种方法适于焊接 3mm 以下薄板。由于操作者能容易观察熔池及工件表面的加热情况，所以能保证焊缝宽度高度均匀。

（2）右焊法：焊枪由左向右移动，焊丝在焊枪后面，如图 5.2.7（b）所示。这种方法适于焊厚度大于 5mm 的工件。右焊法技术较难掌握，一般不使用。

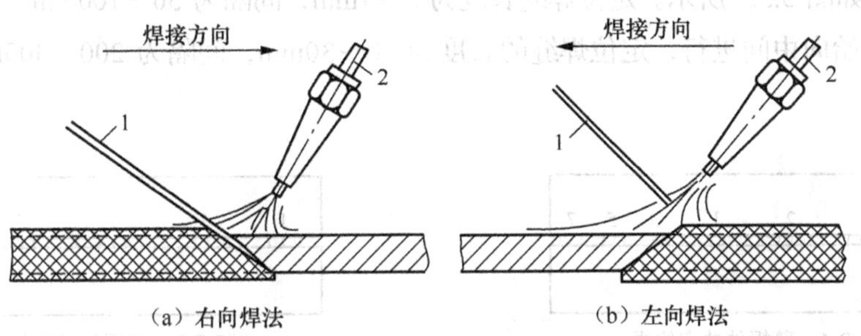

图5.2.7　左向焊法和右向焊法

1—焊丝；2—焊嘴

1. 进行点火、火焰调节、熄火操作。
2. 进行平敷焊的操作。在操作过程中体会运摆方法，同时注意以下几点。

（1）在焊件上作平行多条多道练习时，各条焊道的间隔 20mm 左右为宜。

（2）在练习过程中，焊炬和焊丝的移动要配合好，焊道的宽度、高度和直线度必须均匀整齐，表面的波纹要规则整齐，没有焊瘤、凹坑、气孔等缺陷。

（3）焊缝边缘和母材要圆滑过渡。

3. 进行接头和收尾操作。

平对接焊

【学习目标】

1. 掌握定位焊的要点；
2. 了解熔池状态，能够根据熔池状态调整运炬、送丝的方式和速度；
3. 掌握平对接焊的操作要领。

任务 3.1 定位焊

定位焊的目的是装配和固定焊件接头的位置。定位焊缝的长度和间距视焊件的厚度和焊缝的长度而定。焊件越薄，定位焊缝的长度和间距应越小，反之则应加大。焊件较薄时定位焊可由中间开始向两头进行，如图 5.3.1 所示。定位焊缝长度为 5～7mm，间隔为 50～100mm。焊件较厚时，定位焊则由两头开始向中间进行，定位焊缝的长度为 20～30mm，间隔为 200～300mm，如图 5.3.2 所示。

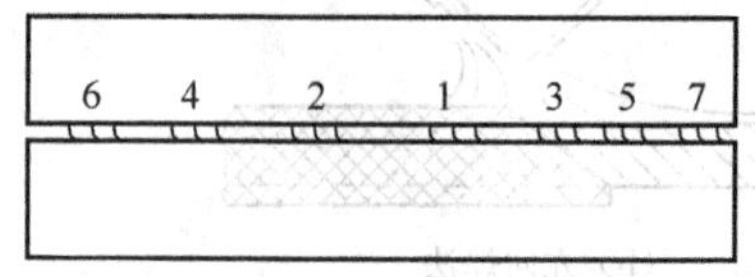

图5.3.1 薄焊件的定位焊

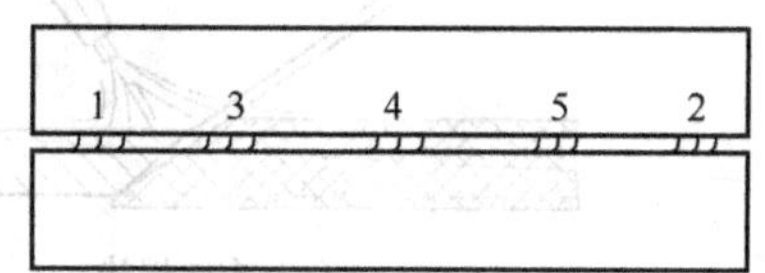

图5.3.2 厚焊件的定位焊

定位焊点的横切面由焊件厚度来决定，随厚度的增加而增大；定位焊点不宜过长，更不宜过宽或过高，但要保证熔透，以避免正式焊缝出现高低不平、宽窄不一和熔合不良等缺陷。定位焊缝横截面形状的要求，如图 5.3.3 所示。

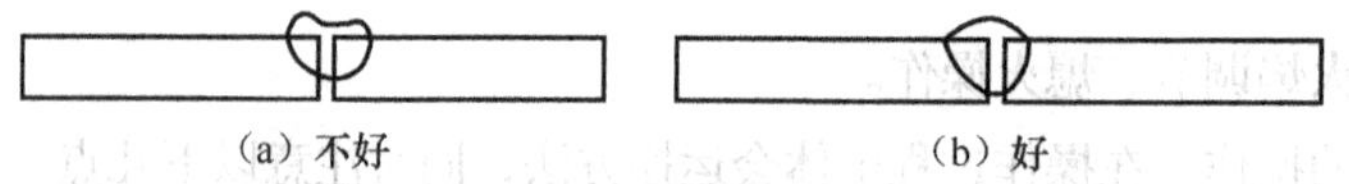

（a）不好　　（b）好

图5.3.3 对定位焊的要求

定位焊后为了防止角变形，并使焊缝背面均匀焊透，可采用焊件预先反变形法，即将焊件沿接缝向下折成 160°角左右，然后用胶木锤将接缝处校正齐平。

任务 3.2 认识熔池

焊件的焊缝被火焰烧成液体状态时，所形成的小池坑叫做焊接熔池。熔池的温度、形状及大小对焊接质量有着直接关系。

施焊时要掌握火焰的方向，使焊缝两侧的温度始终保持平衡，以免熔池离开焊缝的正中间而向温度高的一边歪斜，形成焊缝金属一面多一面少的不良焊接接头。火焰内层焰芯的尖端应与熔池表面相距 3～5mm（特殊焊接法例外），形成的熔池自始至终要保持瓜子形、扁圆形或椭圆形，如图 5.3.4 所示。

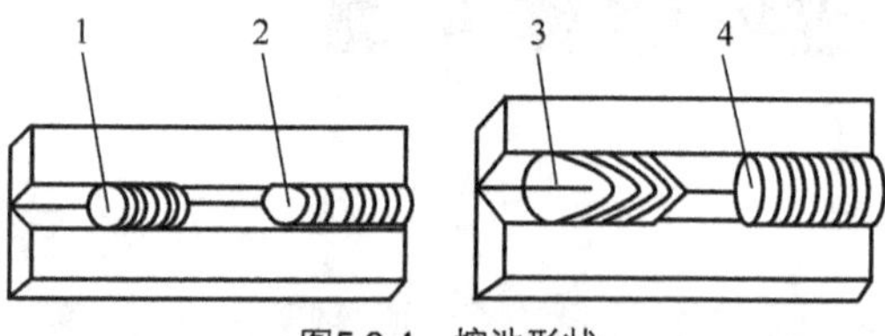

图5.3.4 熔池形状

1—扁圆形；2—瓜子形；3—尖瓜子形；4—椭圆形

熔池的大小和焊缝金属（俗称焊肉）的高度、要根据焊件的厚度、工作要求和焊缝接头的类型来确定，它需要始终保持一致，并且根据焊件的厚度具有足够的熔化深度，以保证焊接质量。

任务 3.3　平对接焊

采用左焊法时，焊接速度要随焊件熔化的情况而变化。要采用中性焰，并对准焊缝的中心线，使焊缝两边缘熔合均匀，背面焊透。焊丝位于焰心前下方 2～4mm 处，若在熔池边缘上被粘住，这时不要用力拔焊丝，可用火焰加热焊丝与焊件接触处，焊丝即可自然脱离。

在焊接过程中，焊炬和焊丝要做上下往复相对运动，其目的是调节熔池温度，使得焊缝熔化良好，并控制液体金属的流动，使焊缝成形美观。

在焊接厚度为 3mm 以下的薄工件（见图 5.3.5）时，焊嘴火焰应该平稳匀速地向前移动。焊丝在焊缝的熔池内一下一下地送进去，不要点在熔池的外边，以免粘住焊丝。在正常的焊接过程中向熔池送进焊丝的速度也应该是均匀的，否则会使焊缝金属高低不平。当发现熔池有下陷现象时，送进焊丝的速度应该加快，同时焊接速度也要加快。有时仅仅加快送进焊丝还不能消除下陷现象，这时需调小焊嘴与工件的倾角，同时应上下摆动，使火焰多接触焊丝，并加快焊接速度。特别是在焊缝空隙太大或焊缝处的温度过高而工件即将被烧穿的情况下，更应该这样操作。在发现焊缝两侧金属的温度低，焊缝熔化的深度不够时，送进焊丝的速度就要慢一些，同时可以调大焊嘴与工件的倾角，必要时还可以调大焊嘴火焰。

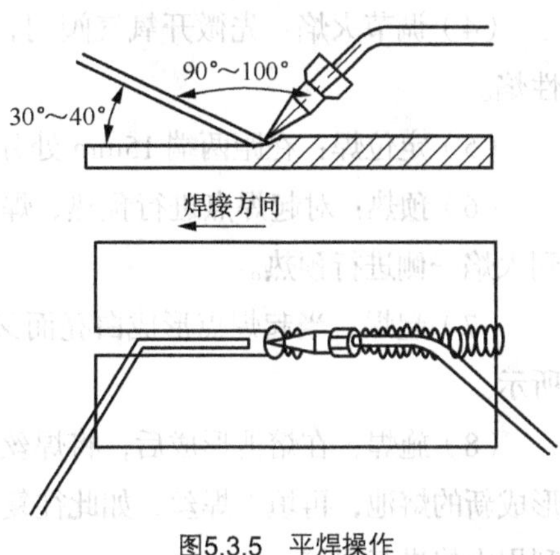

图5.3.5　平焊操作

如发现熔池金属被吹出或火焰发出“呼呼”响声，说明气体流量过大，应立即对火焰进行调节。在焊件间隙大或焊件薄的情况下，应将火焰的焰心指在焊丝上，使焊丝阻挡部分热量，防止接头处熔化过快。

在焊接结束时，将焊炬火焰慢慢提起，使焊缝熔池慢慢减小，为了防止收尾时产生气孔、裂纹和熔池没填满产生凹坑等缺陷，可在收尾时多加一些焊丝。

在焊接 4～7mm 厚的工件或 1.5～3mm 厚的多层焊缝时，焊嘴火焰要做平行前后轻微的摆动，焊丝也要一下一下地送进熔池内供应填充金属，如图 5.3.6 所示。

在焊接 7mm 以上的工件时，焊嘴火焰要做横向弧形摆动，焊丝也要连续不断地送进熔池内供应填充金属，如图 5.3.7 所示。

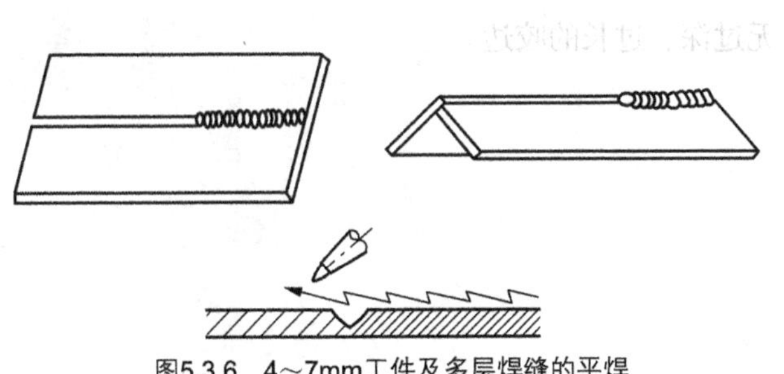
图5.3.6　4～7mm工件及多层焊缝的平焊

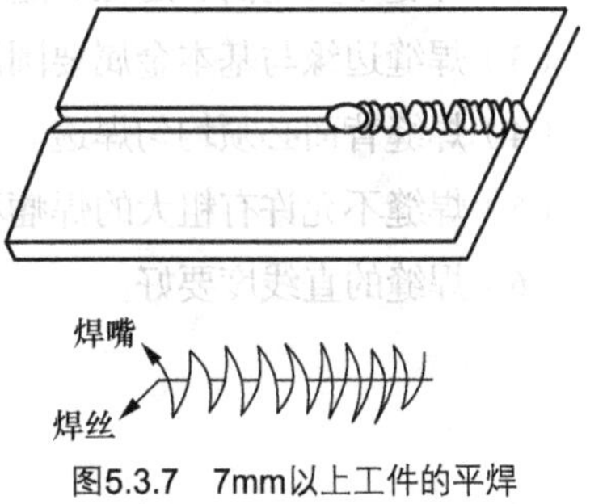

焊嘴
焊丝

图5.3.7　7mm以上工件的平焊

任务 3.4　薄板对接平板操作

（1）准备焊件：130mm（长）×25mm（宽）×1.5mm（厚）的钢板 2 块。

（2）清洁、整理：清除钢板上的锈蚀和污物，并平整钢板。

（3）打开气源，正确打开气瓶阀门，选择合适的气压，氧气压力为 0.4MPa，乙炔压力为 0.03MPa。

（4）调节火焰：先微开氧气阀门，再打开乙炔阀门，焊嘴朝左上方，点火并调整使火焰为中性焰。

（5）定位焊：在距两端 15mm 处分别进行点焊，实现定位。

（6）预热：对起焊点进行预热，焊炬倾角应在 50°～70°，火焰往复运动，焊丝端部也同时放到火焰一侧进行预热。

（7）起焊：当起焊点形成白亮而又清晰的熔池时开始焊接；焊炬、焊丝的角度关系如图 5.2.4 所示。

（8）施焊：在熔池形成后，将焊丝熔化的端部送入熔池，并立即将焊丝抬起，火焰向前移动，形成新的熔池，再填入焊丝，如此往复，形成一条完整的焊缝。焊接过程中，焰心距离焊件 5mm，利用内焰进行焊接。

（9）接头：接头继续焊接时应首先将原有接头焊缝及工件周围充分加热，形成新的熔池后，才能送进焊丝继续焊接。

（10）焊缝的收尾：焊缝收尾时，应逐渐减小焊炬倾角，使火焰缓慢离开熔池，保证熔池慢慢冷却，同时多加一些焊丝。

（11）关闭焊炬阀门：先关乙炔阀门，再关氧气阀门。

（12）关闭气瓶阀门。

进行薄板对接平板操作，注意以下几点。

（1）定位焊产生缺陷时，必须铲除或打磨修补，以保证质量。

（2）焊缝不要过高、过低、过宽、过窄。

（3）焊缝边缘与基本金属要圆滑过渡，无过深、过长的咬边。

（4）焊缝背面必须均匀焊透。

（5）焊缝不允许有粗大的焊瘤和凹坑。

（6）焊缝的直线度要好。

项目四 平角焊

【学习目标】

1. 了解平角焊的形式；
2. 能够正确控制平角焊的熔池；
3. 能够正确处理平角焊过程中的异常状态；
4. 掌握平角焊的操作要领。

任务 4.1 外平角焊

图 5.4.1 所示为比较典型的外平角焊，焊缝处于完全水平的位置，其操作与开坡口的平对接焊差不多。在焊接 3mm 以下焊件时，焊接火焰要平稳均匀地向前移动，一般不作摆动。焊丝的一端在焊缝的熔池内一下一下地送进去，不变点在熔池的外面，以免粘住焊丝。在正常的焊接活动中，向熔池中送进，焊丝的速度应该是均匀的，如果速度不均匀就会出现焊缝金属高低不平、宽窄不一的现象。

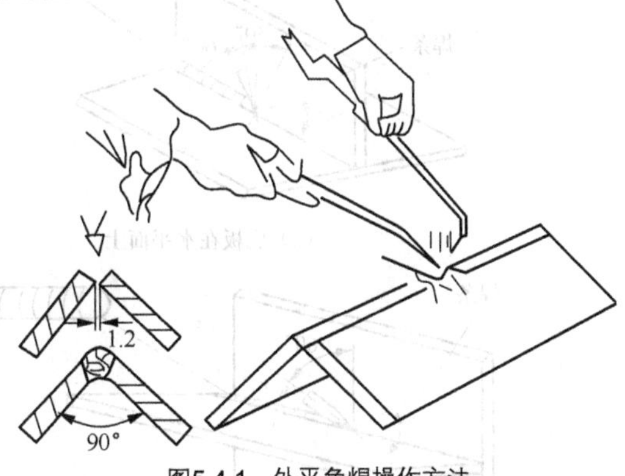

图5.4.1 外平角焊操作方法

工件组装点焊时应预留反变形，比如焊后 90°，组装时一般要小于 90°，即将变形量预留出来。点焊的顺序和要求同平对接焊一样，焊接时一般采用右向焊法。如果采用直通焊，当板不厚时，会有明显的弯曲变形，因此，根据工件的要求，妥善安排焊接顺序，以减小焊接变形。火焰在加热焊件和焊丝时要处理得当，若焊丝熔化过快会在焊缝两侧形成焊瘤。若加热工件过分，会造成烧穿。

焊接过程中如果发现熔池金属有下陷的现象，送进焊丝的速度要加快。有时仅焊丝加快送进还不能解决下陷现象，这时就需要减小焊炬倾斜角，并作上下摆动，使火焰多接触焊丝，并加快焊接速度。特别是焊缝间隙太大时，在可能烧穿的情况下更有必要这样做。

造成熔池下陷、烧穿的原因是火焰能率太大，焊丝太细，焊接速度太慢或局部间隙太大等。

如果发现焊缝两侧温度低，焊缝熔池深度不够时，送进焊丝的速度要慢些，焊接速度也要慢些，或适当地加大火焰能率，增大焊嘴倾角。

在焊接厚度为 4mm 以上的焊件时，焊炬要作前后轻微的摆动，焊丝也要一下一下地送进熔池以供给填充金属进入焊缝。

任务 4.2 内平角焊

根据焊件厚度掌握焊炬倾斜角，还要根据焊缝的位置决定火焰偏向的角度，如焊接的两块金属板厚度相同，底板的位置在水平面上时，焊炬火焰偏向的角度应离开水平面大一些；如果底板的位置在立面上，焊炬火焰的角度应离开水平面小一些，如图 5.4.2 所示，这样在焊接过程中，使焊缝两边的金属达到相同的温度。因为焊件的边缘比中间处传来的热量少，如果同样的给予热量，就会因两个焊件的温度相差悬殊，使焊接工作不能顺利进行或影响焊接质量。

熔池要对称地存在于两个焊件的接缝中间，不要有一面大一面小的现象。形成熔池后焊炬要进行螺旋形摆动，均匀地向前移动，焊丝要加在熔池的上半部，并使焊丝与立面的角度要小一些，以遮挡熔池上部立面的金属，免得熔池金属的上部温度过高而形成咬边。

焊接时，焊嘴火焰进行螺旋摆动，目的是利用火焰喷射的吹力，把一部分液体金属吹到熔池上部，使得焊缝金属上下均匀，同时使上部金属的温度很快下降，早些凝固，以免流到下边形成上薄下厚的现象，如图 5.4.3 所示。

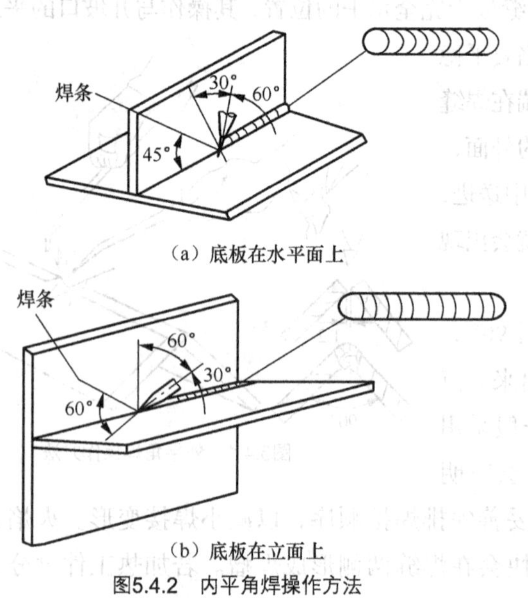

图5.4.2 内平角焊操作方法

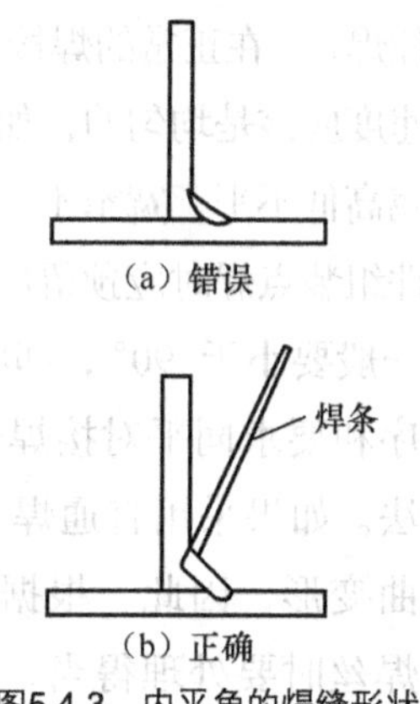

图5.4.3 内平角的焊缝形状

课业练习

进行平角焊操作，注意以下几点。

（1）内平角焊缝由于熔化金属因自重作用有下淌倾向，容易使焊缝产生上薄下厚和上边咬边等缺陷，因此要特别注意掌握焊炬的角度和摆动方法。

（2）焊缝根部要焊透一定深度。

（3）焊缝背面不允许有缩坑。

（4）焊缝起头和收尾不允许有裂纹。

（5）焊缝表面要均匀一致，无粗大焊瘤。

项目五　滚动管子水平对接焊

【学习目标】

1. 熟悉管子定位焊的要点；
2. 熟悉并掌握管对接水平转动焊的操作方法。

任务 5.1　了解管子焊接

管子的焊接比平面焊接要困难，主要困难在于熔化的液体金属容易下淌，不易成形，焊缝的高低、宽窄不容易控制，焊缝表面的鱼鳞状波纹更难以做到均匀而平整。

采用气焊焊接管子，大都是管壁较薄（4mm 以下）和直径较小的管子，特殊情况下，在停电或电焊机发生故障时，气焊也可以进行大直径和厚壁管子的焊接。

根据管子空间位置不同，常见焊缝形式有活动位置（即可拆卸）爬坡焊，可边焊边转动管子；有固定位置（即不可拆卸）全位置焊接和横焊几种。

根据管子的用途不同，焊接质量的要求也不相同，高压管壁厚超过 3mm 时，一般应开坡口焊接，对接焊时钝边间隙要适当，不可过大或过小，如图 5.5.1 所示。要求单面焊双面成形，以满足较高工作压力的要求。

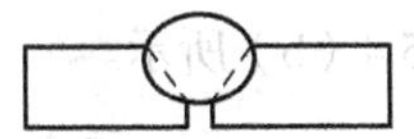

（a）钝边太大，间隙太小

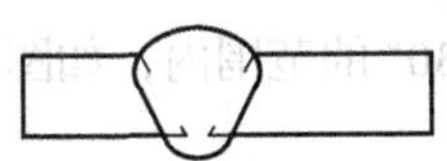

（b）钝边太小，间隙太大

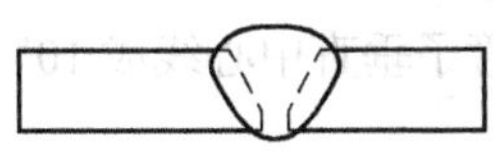

（c）合格

图5.5.1　管子对接情况

对于中压以下的管子，由于工作压力较低，只要焊缝接头不漏并达到一定的强度即可。因此，对其质量要求可酌情放宽，坡口尺寸不必那么严格，要求反面成形的意义也不大。如管壁较薄（3mm 以下），最好能控制在水平位置施焊，这样不容易烧穿。对于管壁较厚和开有坡口的管子，不应在水平位置焊接，因为管壁厚，填充金属多，加热时间长，采用平焊不容易得到较大的熔深，不利于焊缝金属的堆高，同时焊缝表面成形也不美观。因此，对于可拆卸管子的焊接，通常采用爬坡位置即半立焊位置施焊，以获得较好的效果。

任务 5.2　滚动管子焊接工艺

1. 定位焊

管子的气焊，随管径大小的不同，定位焊的焊点数量也有所不同，一般管子直径小于 70mm 的只定位焊两处；直径为 100～300mm 时需定位焊 3～4 处；直径为 300～500mm 时，定位焊 4～6 处，不论直径大小，气焊的起焊点都从两个相邻定位焊点的中间开始，如图 5.5.2 所示。

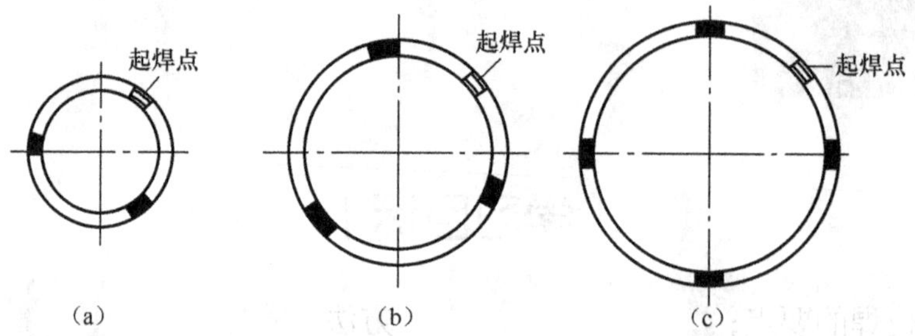

图5.5.2　不同管径的定位焊和起焊点示意图

2. 焊接过程

管子对接焊时，焊缝要平整，间隙要适当，火焰要对焊缝两边均匀加热，焊炬和焊丝要随着焊接位置的改变而相应变化，始终保持焊枪炬与焊丝之间的夹角为 90°，如图 5.5.3 所示。火焰的热量要比平焊同样厚度与材料的板料焊件小一些；每次向焊缝熔池内送进的填充金属也要少一些，否则熔化金属的体积太大就有往下流的趋势。此外，要充分利用火焰的喷射力顶住液体金属，并且焊嘴要作横向摆动. 把熔池内一部分液体金属引到焊缝两例的边缘上，以避免液体金属大部分集中在焊缝中间，造成液体金属向下流的现象。最后收尾时，应注意在焊缝接头处要搭接一段（约 5mm）以保证焊缝的强度与美观。

当采用左焊法时，应始终控制在与管子垂直中心线成 20°～40° 的范围内进行焊接，如图 5.5.4（a）所示。这样不但便于加大熔深，还能控制熔池形状，使接头均匀熔透，同时使填充金属熔滴自然流向熔池下部，使焊缝成形快，且有利于控制焊缝的高度。每次焊接结束时，要填满熔池，火焰要慢慢离开熔池，以免出现气孔、凹坑等缺陷。

当采用右焊法时，火焰吹向熔化金属部分，为了防止熔化金属由于火焰吹力而产生焊瘤缺陷，熔池应控制在与管子垂直中心线成 10°～30° 的范围内，如图 5.5.4（b）所示。

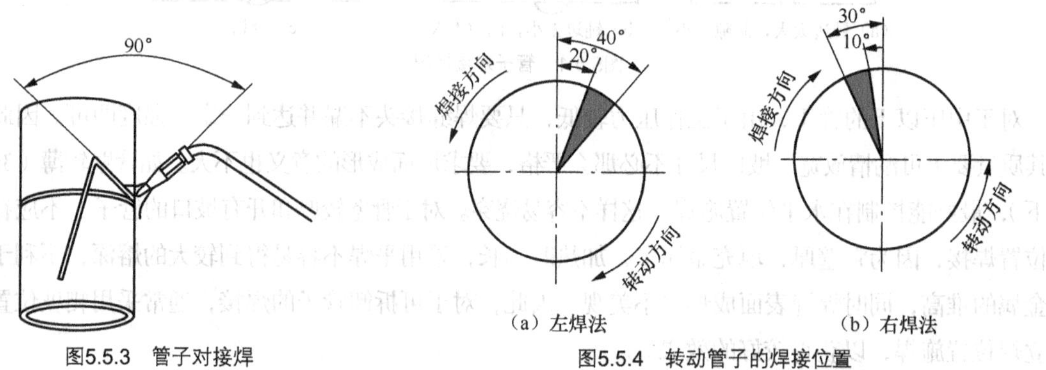

图5.5.3　管子对接焊

图5.5.4　转动管子的焊接位置

任务 5.3　滚动管子水平对接焊接步骤

（1）准备焊件：ϕ48mm×2mm（厚）×25mm（长）的低碳钢管 2 组。

（2）清洁、整理：清除钢管上的锈蚀和污物。

（3）打开气源：正确打开气瓶阀门，选择合适的气压，氧气压力为 0.4MPa，乙炔压力为 0.03MPa。

（4）调节火焰：先微开氧气阀门，再打开乙炔阀门，焊嘴朝左上方，点火并调整使火焰为中性焰。

（5）定位焊：由于钢管的直径为 48mm，小于 70mm，因此均匀定位焊 2 处。

（6）校正：校正管件连接的同轴度。生产中，管件定位焊后都要进行校正，小直径管在圆棒上校正，大直径管在平台或导轨上校正，手锤的工作面、圆棒、平台和导轨表面都应光滑，以免将钢管压伤。

（7）预热：对起焊点进行预热，焊炬倾角应在 50°～70°，火焰往复运动，焊丝端部也同时放入火焰中进行预热。

（8）起焊：起焊应选在两定位点中间，并使起焊点与竖直方向夹角为 20°～40°。

（9）施焊：焊接时应不断转动钢管，使熔池始终按置在方便的位置施焊，焊接过程中，焊炬倾角应大于焊接角度，焊嘴与焊丝成 90°～100° 夹角，焊接尽量不要间断，一直焊接到与起焊点重合为止。

（10）焊缝的收尾：保证焊缝终点和起点平滑过渡焊缝美观。管件焊接后的效果如图 5.5.5 所示。

图5.5.5　管件焊接后效果

（11）关闭焊炬阀门：先关乙炔阀门，再关氧气阀门。

（12）关闭气瓶阀门。

进行薄壁管子滚动对接焊操作，注意以下几点。

（1）焊缝要焊透一定深度。

（2）焊缝不允许有缩坑。

（3）焊缝起头和收尾不允许有裂纹。

（4）焊缝的过渡要自然。

（5）焊缝表面要均匀一致，无粗大焊瘤。

项目六 紫铜管的焊接

【学习目标】

1. 熟悉紫铜焊接的特性；
2. 掌握紫铜管与紫铜管的焊接操作要点；
3. 掌握紫铜管与管接头的焊接操作要点。

任务 6.1 认识紫铜的焊接特性

铜及铜合金具有优良的导电性、导热性、延展性和良好的机械性能，在非氧化性酸中具有耐蚀性，是工业上重要的金属材料。在生产和维修中，经常会遇到紫铜、黄铜及青铜材料的焊接和焊补。

紫铜又叫作纯铜，它比铜合金的熔点高、导热性强、容易变形、容易产生气孔并且焊接时乙炔的耗量也较多。焊接紫铜可以用母材做焊条，也可以用黄铜和青铜焊丝。紫铜在船舶上常用来制作输油管和各种海水管等。紫铜的焊接特点如下。

（1）由于紫铜的热导率比低碳钢大 8 倍，因此焊接时采用的火焰能率比低碳钢大。对厚大工件必须预热，否则母材难以熔化，易产生未熔合缺陷。

（2）铜的线膨胀系数大，凝固收缩率也较大，因此焊后工件易产生严重变形。

（3）铜在高温中易氧化生成氧化亚铜。在焊缝金属结晶时，氧化亚铜和铜会形成低熔点的共晶体，分布在铜的晶界上，使接头的机械性能降低。所以铜的焊接接头性能一般均低于母材。

（4）由于铜在液态时易氧化，形成低熔点脆性共晶体存在于铜的晶界上。又由于铜的线膨胀系数和凝固收缩率都较大，当工件刚性较大时，焊后会产生较大的内应力。同时，熔池中的氢、水蒸气等气体在熔池快速冷却时，来不及逸出，留在焊缝内也将造成很大的应力。因而，焊接紫铜时往往在焊缝及热影响区会产生裂纹。

（5）由于铜在液态时能溶解较多的氢，当铜由液态转变成固态时，氢的溶解度急剧减小，因而熔池结晶时，大量饱和的氢就扩散聚集成气孔。另外，当铜脱氧不足时，熔池内存在氧化亚铜。如果熔池中还存在氢或一氧化碳，则会发生化学反应生成水蒸气和二氧化碳，在结晶过程中若未能从熔池中浮出，则形成气孔。

任务 6.2　紫铜的焊接

1. 接头形式和坡口制备

焊接紫铜最常用的是对接接头，搭接接头和 T 形接头一般不采用，并根据焊件厚度不同制备相应的坡口，坡口特点是无钝边。

2. 气焊工艺参数的选择

气焊紫铜时，焊丝一般都含有脱氧剂，如磷、硅、锰、锡等。采用最多的焊丝是丝 201（紫铜焊丝）或丝 202（低磷铜焊丝），也可用一般紫铜丝或基本金属剪条。焊丝直径要比焊同样厚度的碳钢所用焊丝粗。常用的焊剂为气剂 301，焊剂的主要成分为硼砂和硼酸。

气焊紫铜时，应采用中性焰。氧化焰会使熔池氧化，在焊缝中生成脆性的氧化亚铜；碳化焰会使焊缝产生气孔。由于铜的导热性强，因此，气焊时应选用较大的火焰能率，焊丝直径、焊炬型号、焊嘴号码及乙炔流量的选择应根据母材厚度确定。

3. 气焊工艺过程

（1）焊前清理和定位焊。

焊件表面及焊表面的油污和氧化物，在焊接前必须清理干净。清理方法是先用丙酮溶液将表面油污洗净，再用温水冲洗。然后在待焊处两侧 20～30mm 范围内用钢丝刷刷除氧化物，直至露出金属光泽为止。清理后的焊件应及时进行焊接，以免表面重新氧化。

接板一般不用点固焊缝，但焊件组装可以用点固焊缝点固。定位焊点长度为 20～30mm，短焊缝应先定位焊两端，再定位焊中间。

在焊接厚板时，由于焊接熔池及装配间隙均较大，为保证完全焊透，又不使铜液从焊缝中流失，以及使焊缝背面成形良好，在焊件下面应放置垫板。

（2）预热。

紫铜在气焊时必须预热，预热温度为 400℃～500℃，厚大焊件预热温度为 600℃～700℃。当板厚大于 10mm 时，要用两把焊炬，一把用来预热，另一把用来焊接。

焊前预热是去除工件和焊丝吸附的水分，延缓溶池冷却速度，防止气孔和裂纹产生的有效措施。

（3）操作技术。

一般焊件厚度小于 5mm 时采用左焊法，当焊件厚度较大时，应采用右焊法；焊嘴与焊件之间的夹角为 70° 左右；起焊点应选在焊缝长度的 1/3 处，对于点固的长焊缝，为改变应力状态，应采取分段倒退焊法。

在起焊时，为了减少铜的高温氧化，火焰焰心距焊件表面应为 3～6mm，在焊接过程中，焊接火焰不得离开焊缝，以防止氧化。为了更好地焊透并填满焊缝，可将焊件倾斜 7° ～10° ，进行上坡焊。由于高温的铜液容易吸收气体，而且热影响区金属晶粒容易长大变脆，所以焊的道数愈少愈好，最好进行单道焊。

厚度小于5mm的焊件，为减少热影响区粗晶组织，应一次焊完。厚度大于5mm的焊件，焊第二遍前要进行清理，否则焊接时会出现发渣、黏稠、气孔等现象，使焊接无法进行。

（4）焊后处理。

气焊紫铜时所获得的焊接接头，其力学性能通常低于母材，为提高接头的性能，可进行锤击和热处理。当焊件厚度小于5mm时，可在冷态下进行锤击，即焊后可立即用小锤轻轻敲击焊缝，以提高机械性能，疏散应力，碾死气孔，防止裂纹产生。当焊件厚度大于5mm时，应在热态下锤击，即将焊缝加热到250℃～350℃，然后锤击。经过锤击，焊件接头的强度和塑性都会得到提高。

如果把焊件加热到500℃～600℃，然后在水中急冷，可以提高焊接接头的塑性和韧性，这种处理通常叫作水韧处理。

任务6.3 紫铜管的对接焊

紫铜管在对接焊时，首先将铜管加热到发红（约900℃），然后放入水中冷却或放在空气中自然冷却，使铜管保持良好的塑性，以便于弯曲。对于旧油管，通过事先加温可以去除管内油污。焊接时，将两根管子水平放在平板上或角铁槽内对齐，对口间隙要小，一般采用黄铜焊丝、中性焰、左焊法。

操作时，先用火焰将管子加热至发红，注意防止熔化，然后用加热的焊丝蘸一点硼砂点在焊缝上，先焊一点将两根管子连接起来，然后将管子转动180°，用焊丝边蘸焊剂边焊，如图5.6.1所示。待一圈焊完后，应观察焊缝接头处有无气孔，如发现有气孔，则需在气孔处加些焊剂，用火焰将气孔处金属熔一熔，把气孔排除。在施焊时，要特别注意控制焊缝处温度及填加焊丝量，温度过高，熔化的铜水容易流入管内而将管道堵塞。

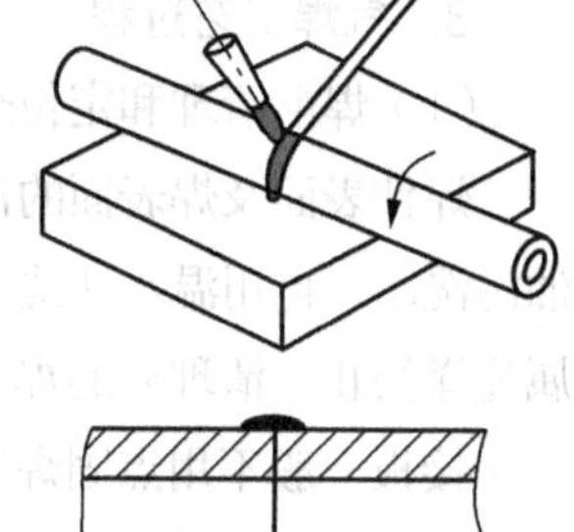
图5.6.1 紫铜管的对接焊

任务6.4 紫铜管与管接头的焊接

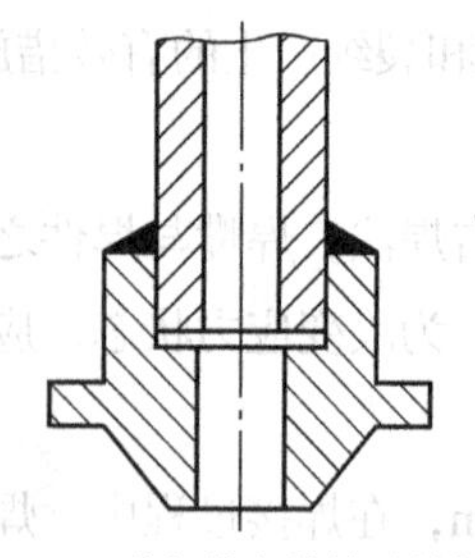
图5.6.2 紫铜管与管接头的焊接

紫铜管与管接头进行焊接，在焊接前需要将管子加热至发红以恢复其塑性，冷却后将管子插入管接头中，插入深度约5mm。采用中性焰、黄铜焊丝、硼砂作焊剂及左焊法。

操作时，先将管接头加热至橙红色，接着把紫铜管加热至红色（防止烧熔化）。然后用加热的焊丝蘸些硼砂于焊缝上，在焊缝圆周上边加焊丝边转动管接头，待一圈焊完为止，如图5.6.2所示。

焊接时应避免温度太高和时间过长，以免铜水流进管孔内，并要注意焊好后待接头冷却再拿动管子，否则铜管会脱开接头，又要重新焊接，并会造成管道堵塞。

1. 进行紫铜管的对接焊操作。
2. 进行紫铜管与管接头的焊接操作。

项目七 钎焊

【学习目标】

1. 熟悉钎焊的特点；
2. 能够正确选择钎料和钎剂；
3. 掌握钎焊的工艺和操作技巧。

任务 7.1 认识钎焊

钎焊是有别于熔焊的一种焊接方法，是采用比母材金属熔点低的金属材料作为钎料，利用液态钎料浸湿填充到接头间隙与母材金属相互扩散实现连接的焊接方式。根据所使用钎料的熔点不同，钎焊可分为低温钎焊（如锡焊）和高温钎焊。利用氧—乙炔焰钎焊是高温钎焊最常用的方式。

任务 7.2 选择钎料和钎剂

根据钎料的熔点不同可以分为两大类，熔点低于 450℃的称为软钎料（又叫易熔钎料），这类钎料熔点低，强度也低，常用的有锡铅钎料，又叫焊锡。熔点高于 450℃的称为硬钎料（又叫难熔钎料），这类钎料具有较高的强度，可以连接承受重载荷的零件，应用较广，常用的有铜基、银基、铝基、镍基钎料等。但是对钎料的划分并不是绝对的，450℃不是严格界限。

焊件金属表面存在氧化膜，将会使钎焊难以进行，熔剂的作用是用化学反应或物理溶解的方法除去氧化物，并使其浮于表面。熔化的熔剂覆盖在焊件金属表面，隔绝空气，不使焊件再氧化，起着机械保护作用，另外熔剂中还具有降低熔化钎料表面张力的活化物质，以改善它在焊件上的湿润性。钎料的选择是根据钎焊接头的使用要求、母材金属等来选择的。对钎焊接头要求不高，工作温度较低的可选用软钎料；反之，应选用硬钎料。低温工件应避免选用含锡的钎料；对于电器件应选用导电性好的钎料；热交换器应选用导热性好的钎料；有耐腐蚀性要求的应选用耐腐蚀性好的钎料。

有的钎料使用时要求按某些特定的方法才能起作用，如含锰高的钎料只有在保护气氛中钎焊才有良好的效果，而在火焰钎焊时会产生气孔，在使用时必须引起注意。各种钎料及熔剂的适用范围如表 5.7.1 所示。

表 5.7.1 钎焊各种金属时的钎料和熔剂

钎焊金属	钎料	溶剂
碳钢	铜或铜钎料	硼砂或硼砂与硼酐混合物
	银钎料	硼氟酸钾与硼酐等混合物
	锡铅钎料	氧化锌与氯化铵溶液
不锈钢	铜锌钎料	硼砂或硼砂与硼酐等混合物
	银钎料	硼氟酸钾与硼酐等混合物
	锡铅钎料	氧化锌与盐酸水溶液
铸铁	铜锌钎料	硼砂或硼砂与硼酐等混合物
	银钎料	硼氟酸钾与硼酐等混合物
	锡铅钎料	氧化锌与氯化铵溶液
硬质合金	铜锌钎料	硼砂或硼砂与硼酐等混合物
	银钎料	硼氟酸钾与硼酐等混合物
铝及铝合金	铝基钎料	氯化物与氟化物
	锌铝钎料	氯化物与氟化物
	锡锌钎料	氯化锌与氯化亚锡
	锡铅钎料	氯化牌与氯化亚锡或三乙醇胺及重金属硼化物等
铜及铜合金	铜磷钎料	硼砂或硼砂与硼酐混合物
	铜锌钎料	硼砂或硼砂与硼酐混合物
	银钎料	硼氟酸钾与硼酐
	锡铅钎料	氯化锌或氯化锌与氯化铵溶液，若采用松香酒精溶液可防止焊件腐蚀

任务 7.3 选择钎焊工艺

1. 钎焊接头

钎焊接头应尽量采用搭接，并应使接触面积尽可能大，以提高接头强度和改善气密性和导电性。常用的接头形式如表 5.7.2 所示。钎料放置的位置应使钎料熔化后，在重力与毛细管作用下易填满钎缝。

2. 焊前准备

应使用机械方法或化学方法除去焊件表面污物。表面油污可用丙酮、酒精、汽油等有机溶剂清洗。焊件表面的锈斑、氧化物可用锉刀、砂布、砂轮或化学浸蚀方法清除。化学浸蚀主要是用酸或碱来溶解金属氧化物，适用于大批量生产，但使用时要注意防止浸蚀过度，且浸蚀后应及时进行中和处理，然后在冷水或热水中冲洗干净。

表 5.7.2　钎焊接头形式

序号	名　称	示 意 图	序号	名　称	示 意 图
1	搭接接头		2	斜对接接头	
3	带盖板的对接接头		4	梳齿状接头	
5	管与管接头		6	管与法兰接头	

3. 装配间隙

钎焊间隙应适中。间隙过大或过小都影响毛细管作用，而使钎缝强度降低，同时钎缝过大也使钎料消耗过多。

4. 钎焊规范

（1）钎焊温度。一般高于钎料熔点 25℃～50℃，提高温度能减小熔化钎料的表面张力，因而改善湿润性，使焊件金属与钎料之间的作用增强，但温度过高会产生过烧和熔蚀等缺陷。

（2）保温时间。保温时间应使焊件金属与钎料发生足够的作用。选择保温时间应考虑钎料与基本金属的作用强弱（作用强的取短些，弱的则取长些）、间隙大小（间隙大的取长些）及焊件尺寸（尺寸大的取长些）。

（3）加热速度。取决于焊件尺寸、导热性以及钎料的成分。一般是焊件尺寸小、导热性好或钎料内含易蒸发元素多时，加热速度应尽量快些。

任务 7.4　同种金属气体火焰钎焊的操作

1. 火焰钎焊过程

（1）焊前清理。焊前按要求清除待焊处表面的油污、氧化物等。

（2）预热。对焊件进行预热，采用轻微碳化焰的外焰加热焊件，加热时焰心距离焊件表面 15～20mm，适当加大受热面积。预热温度一般为 450℃～600℃。对于厚度不同的焊件，预热时火焰应指向厚件，以防薄件熔化。

（3）加入钎剂。当预热温度接近钎料的熔化温度时，应立即撒上钎剂，并用外焰加热使其熔化。

（4）熔化钎料。钎剂熔化后，立即将钎料与被加热到高温的焊件接触，利用焊件的高温使钎料熔化。待液态钎料溶入间隙后，火焰焰心与焊件的距离加大到 35～40mm，以防钎料过热。将焊件的全部间隙都填满钎料后，即完成了焊接。

钎焊时，要注意钎焊时间应力求最短，减少接触处的氧化，不能用火焰直接加热钎料，应加热焊件，使钎料接触焊件熔化。火焰高温区不要对着已熔化的钎料和钎剂，以免过烧。焊接完成后，必须等到钎焊凝固之后才能移动焊件，并可采用机械方法清除残留的焊渣。

任务 7.5　异种金属气体火焰钎焊的操作

异种金属气体火焰钎焊时，钎料应根据两种金属材料的材质和接头的使用要求来选择。所选用的钎剂应能同时清除两种焊件表面的氧化物，并能改善液态钎料对它们的润湿作用，如钎剂 QJ200 适用于不锈钢与纯铜的钎焊。

当钎焊接头采用套接形式时，被套入件的线膨胀系数如果大于外套零件，可适当增大预留间隙；反之，则应当适当减小间。

两种金属的热导率不同，加热时，火焰应对着热导率大的焊件，这样才能使接头温度一致。

课业练习

1. 进行紫铜与紫铜之间的钎焊操作。
2. 进行紫铜管与薄钢板之间的钎焊操作。

项目八 气割入门知识

【学习目标】

1. 熟悉气割的设备及工具；
2. 能够合理地选择气割规范；
3. 初步掌握气割的基本操作要领。

任务 8.1 认识气割

气割是利用可燃气体与氧气混合燃烧的火焰热能将工件切割处预热到一定温度后，喷出高速切割氧流，使金属剧烈氧化并放出热量，利用切割氧流把熔化状态的金属氧化物吹掉，而实现切割的方法，如图 5.8.1 所示。气割过程的实质是金属在纯氧中燃烧的过程。可分为 3 个阶段：一是切割金属预热；二是放出切割氧，使金属在纯氧中燃烧；三是氧气流将燃烧生成的熔渣吹走，不断移动割枪从而形成割缝。

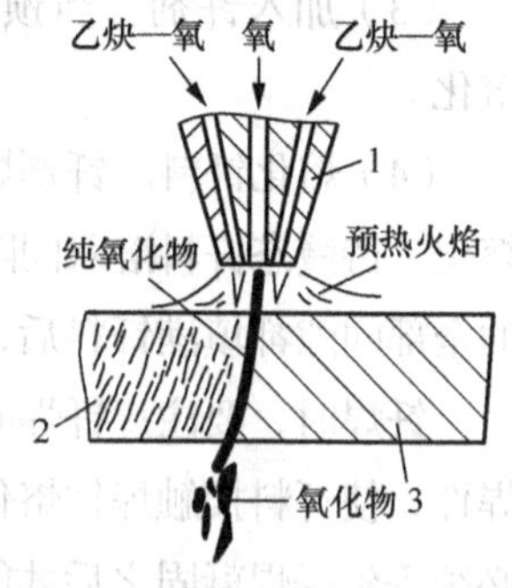

图5.8.1 氧－乙炔切割示意图

1—割嘴；2—割口；3—工件

一般都采用氧气与乙炔混合燃烧，所以也称为氧—乙炔气割，这里只介绍氧—乙炔气割，其他的气割方式和氧—乙炔气割的操作基本相同，这里不再赘述。

任务 8.2 认识气割工具

1. 割炬

氧气切割使用的设备同气焊相比，除了割炬与焊炬不同之外，其他设备都是一样的。割炬与焊炬不同之处，就是割炬多了一根纯氧气流（切割氧）喷射管和一个阀，其构造如图 5.8.2 所示。这种割炬的构造及原理与焊炬大致相同，因而遇到同样的故障时，要进行同样的修理。

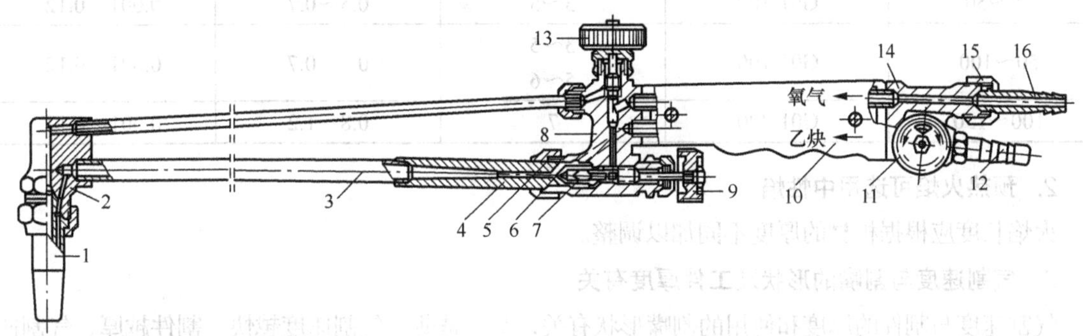

图5.8.2 射吸式割炬

1—割嘴；2—割嘴接头；3—混合气管；4—射吸管；5—射吸管螺母；6—喷嘴；7—氧气针阀；8—中部主体；9—预热氧气阀；10—手柄；11—乙炔阀；12—乙炔接头；13—切割氧气阀；14—后部接体；15—氧气螺母；16—氧气接头

2. 割炬使用注意事项

（1）割炬使用时，要执行割炬使用的规则与要求。

（2）割炬嘴通道应经常保持清洁光滑，孔道内的污物应随时用圆形通针清除干净。

（3）被割工件表面的铁锈、油水、污物要清洁干净。

（4）在水泥地面上切割工件应加垫板，以防水泥地面破裂爆溅而伤人。

（5）一旦发生回火，应立即关闭切割氧气和预热氧气阀，然后关闭乙炔阀。

（6）正常停止切割时，应先关闭切割氧气阀，再关乙炔和预热氧气阀。

任务 8.3 选择切割规范

切割规范包括割嘴的选用、割嘴的倾斜角度、割嘴离割件表面的距离、气割速度等。

1. 割嘴的选择及氧气与乙炔的工作压力调整

氧气切割不同厚度的钢料时，割炬嘴的选择和氧气工作压力的调整，与气割质量和工作效率都有密切的关系。例如，使用太小的割炬嘴来割厚钢料，由于得不到充足的氧气燃烧和喷射能力，切割工作就无法顺利进行，即使勉强地割下来，割口断面既不平整，工作效率也低。反之，如果使用太大的割炬嘴来割薄钢料，不但要浪费氧气和乙炔，而且切割的质量也很差。所以必须根据工件的厚度选择适当的割炬嘴，同时也要注意适当地调整氧气的工作压力，做到既不浪费氧气和乙炔，又保证切割工作能顺利进行。割炬的选择及氧气和乙炔工作压力的调整可参照表 5.8.1。

表 5.8.1　　　　手工气割规范的选择

板材厚度/mm	割炬		氧气压力/MPa	乙炔压力/MPa
	型　号	割嘴型号		
4.0 以下	G01-30	1	0.3～0.4	0.001～0.12
4～10	G01-30	1～2	0.4～0.5	0.001～0.12
10～25	G01-30	2 3	0.5～0.7	0.001～0.12
25～50	G01-100	3～5	0.5～0.7	0.001～0.12
50～100	G01-100	3～5 5～6	0.5～0.7	0.001～0.12
100～150	G01-300	7	0.8～1.2	0.001～0.12

2. 预热火焰可选用中性焰

火焰长度应根据板材的厚度不同加以调整。

3. 气割速度与割嘴的形状及工件厚度有关

气割速度与割件的厚度和使用的割嘴形状有关，割件越薄，气割速度越快；割件越厚，气割速度越慢。合适的气割速度是火焰与熔渣以接近垂直的方向喷向工件的底面，此时割口的质量最好。

4. 割嘴与工件的倾斜角度

气割 6～30mm 厚的钢板时，割嘴应垂直工件，气割大于 30mm 厚的钢板时，开始割嘴沿切割方向倾斜 5°～10°，等割透后割嘴垂直于工件切割。快割完时，割嘴逐渐沿切割相反方向倾斜 5°～10°，气割小于 6mm 钢板时，割嘴可沿气割相反方向倾斜 25°～45°，如图 5.8.3 所示。

图5.8.3　割嘴的倾斜角

1—割嘴沿切割相反方向倾斜；2—割嘴垂直；3—割嘴沿切割方向倾斜

5. 割嘴离工件表面的距离

割嘴离工件表面的距离一般情况下为 3～5mm．当割件厚度达 20mm 左右时，距离适当加大。

6. 切割氧压力的选择

切割氧压力的大小对割缝质量有很大的影响，压力太小时割缝易出现割不透现象，压力太大时割缝宽且表面粗糙，所以应根据割件厚度正确选择切割氧压力大小（见表 5.8.1）。

7. 割炬嘴喷射火焰和纯氧气流风线的要求

在气割时，为了得到整齐的割口和光洁的断面，除熟练掌握切割技巧以外，割炬嘴喷射出来的火焰形状应整齐，喷射的纯氧气流风线应是一条笔直而清晰的直线，火焰中心没有歪斜和分叉现象，风线全长都应粗细均匀，只有这样才符合标准（见图 5.8.4），否则会严重影响切割质量和工作效率。使用过程中应注意保护割炬不要磕碰，以免造成割炬嘴的内外嘴不同心或风线不正。

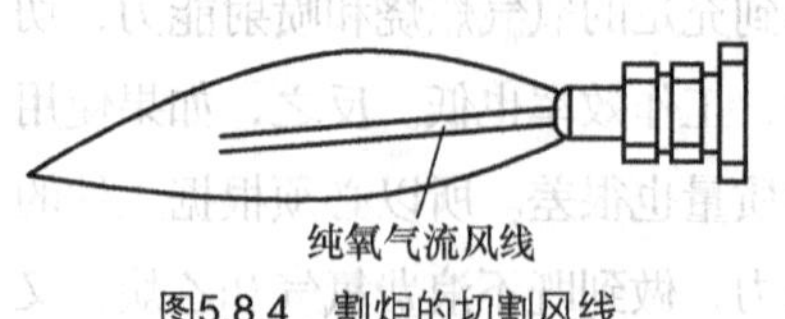

图5.8.4　割炬的切割风线

任务 8.4　气割的基本操作

1. 气割前的准备

气割前要认真检查工作场地是否符合安全生产要求，检查乙炔发生器和回火保险器的工作状态是否正常。将气割设备按操作规程连接好，开启乙炔瓶阀和氧气瓶阀，调节减压器，将氧气和乙炔气调节到所需的工作压力；将工件表面清除干净。割件下面用耐火砖垫空，以便排渣。

2. 点火

点火之前先检查割矩的射吸能力。若射吸能力不正常，则应查明原因，修复后才可使用。

将火焰调节为中性焰，也可是轻微的氧化焰，火焰调整好后，打开割矩上的切割氧开关，并增大氧气流量，观察切割氧流的形状（风线形状）。风线应为笔直而清晰的圆柱体，并有适当长度。若风线形状不规则，应关闭所有阀门，用通针修整切割氧喷嘴或割嘴内嘴。

3. 起割

手工气割因各人习惯不同操作姿势可以是多种多样的。对于初学者来说可按以下姿势练习：双脚成外八字形蹲在工件一侧，右臂靠住右膝盖，左臂悬空在两腿中间，以便在切割时移动方便。右手握住割矩手把，并以右手的大拇指和食指握住预热氧调节阀。左手的大拇指和食指握住并开关切割氧调节阀，其余三指平稳地托住射吸管，以便掌握方向。上身不要弯得太低，呼吸要平稳，两眼应注视割线和割嘴。起割点应在割件的边缘，待边缘预热到呈现亮红色时，将火焰略微移动至边缘以外，同时，慢慢打开切割氧开关。随着氧气流的加大，从割件的背面飞出鲜红的氧化铁渣。此时，证明割件已被割透，割炬即可以适当的速度开始自右向左移动。

4. 正常气割

起割后即进入正常气割。在整个气割过程中，割炬移动的速度要均匀，割嘴到割件表面的距离应保持一定。在气割过程中，有时因割嘴过热或氧化铁渣的飞溅，使割嘴堵塞或乙炔供应不足时，出现鸣爆和回火现象。此时必须迅速地关闭预热氧气和切割氧阀门，及时切断氧气，防止回火。

5. 停割

气割过程临近终点停割时，割嘴应沿气割相反的方向倾斜一个角度，以便使钢板的下部提前割透，使割缝在收尾处也很整齐。

任务 8.5　直线气割钢板

用厚 8mm 的低碳钢板作为实习件，在仔细进行表面清理后，用划针按照图 5.8.5 所示划割线，并沿线每 15～20mm 打样冲眼一处，然后进行气割练习，根据表 5.8.1 选用型号为 G01-30 的割嘴，调整氧气压力为 0.4～0.5MPa。正确的切割顺序为：先割长缝，后割短缝。割长缝时，若要中途停顿，应在交叉点处出停割，如图 5.8.5 中的 *b* 处。

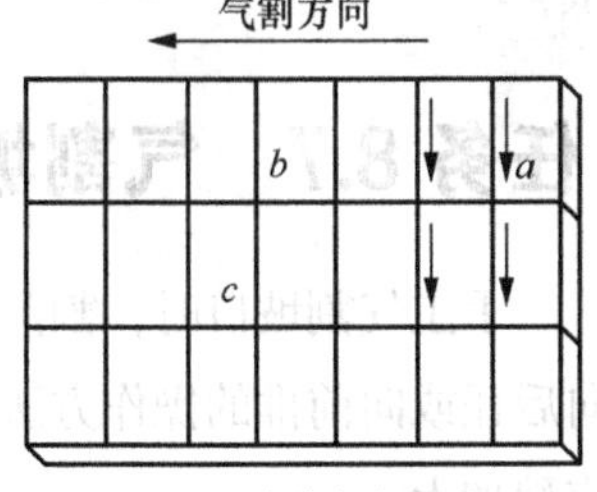

图5.8.5　直线切割示意图

任务 8.6　气割钢管

取低碳钢管件按图 5.8.6 所示划气割线。按割线进行气割，可防止气割时发生偏差，从而保证割口整齐。起割时，火焰应垂直于钢管表面。待割透后，需再将割嘴逐渐倾斜一定的角度（20°～25°）继续向前移动。

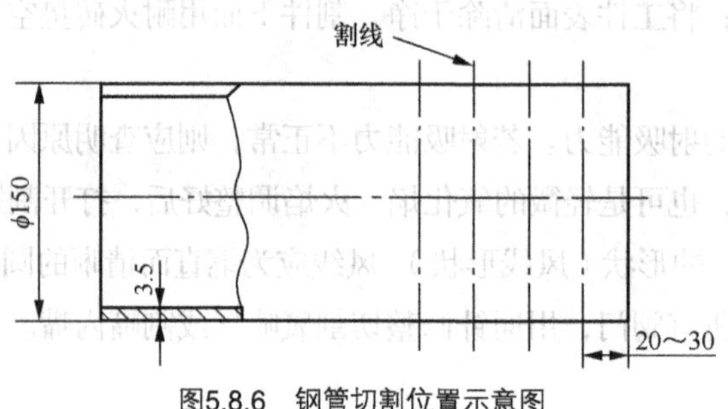

图5.8.6　钢管切割位置示意图

1. 固定钢管气割

钢管被固定不能转动时，应先从钢管的底部开始起割。割透后，割嘴向上移动，并保持一定的倾角，一直割到管子顶部水平位置时，关闭切割氧气阀，将割炬移到管子另一侧，采用对称的割法，再从下部向上直到把钢管割开，如图 5.8.7 所示。固定钢管气割时，由于管子固定，割炬移动割缝看得清且移动方便。尤其停割时，割炬正好移到管子顶部为止，而管子在割嘴的下方不会被割下的管子碰坏割嘴。

2. 转动管子气割

从管子的侧面起割，如图 5.8.8 所示，割透后，割嘴往上倾斜并逐渐接近管子切线角度。割一段后，将管子稍加转动，再继续气割，较小直径的管子可分 2～3 次割完。

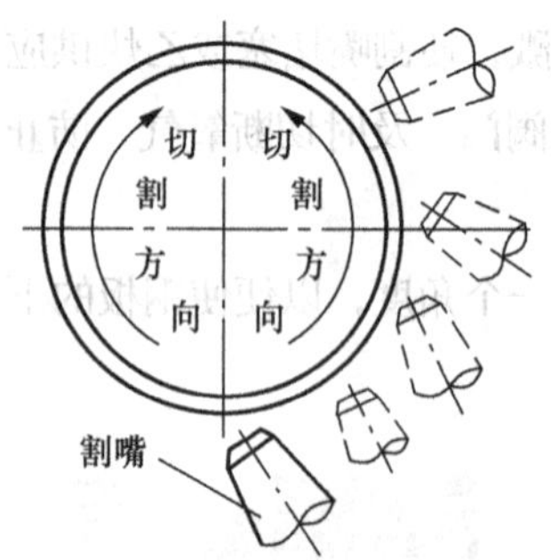

图5.8.7　固定管子气割示意图

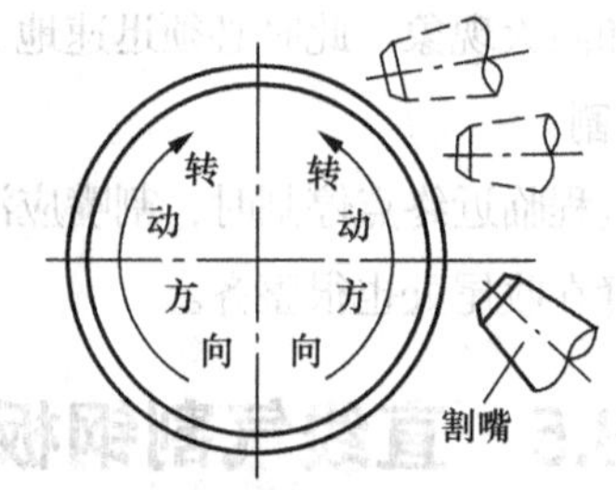

图5.8.8　转动管子气割示意图

任务 8.7　气割坡口

手工气割坡口时，割前先在割件上待割处按坡口尺寸划好线，然后将割嘴按坡口角度对好，以向后托或向前推的操作方法进行切割。坡口的气割割速比一般的分离切割要稍慢，而切割氧的压力应稍加大。

为了获得割口宽窄一致、角度相等的美观的切割坡口，可将割嘴靠在扣放的角钢上进行切割，如图 5.8.9 所示，为了准确地切割不同角度的坡口，进一步保证气割质量，可将割嘴安放在角度可调的滚轮架上进行切割，如图 5.8.10 所示。

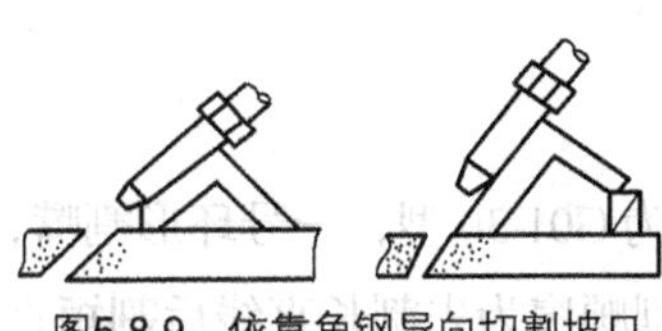

图5.8.9　依靠角钢导向切割坡口

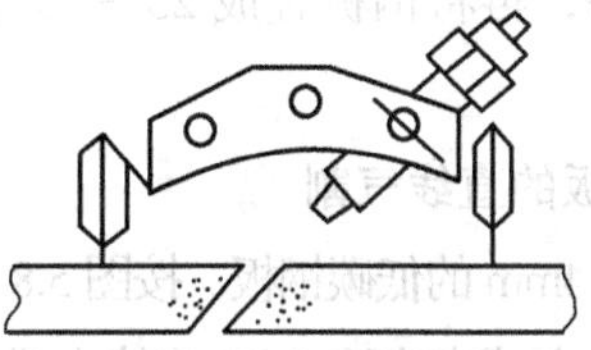

图5.8.10　依靠滚轮架切割坡口

进行割炬操作练习。

薄钢板与厚钢板气割

【学习目标】

1. 掌握气割的工艺过程；
2. 掌握气割薄板的基本操作要领；
3. 掌握气割厚板的基本操作要领。

任务 9.1　气割薄钢板

1. 薄钢板气割的特点

对厚度在 4mm 以下的钢板进行气割时，极易产生过热和溶化，使氧化物与割缝熔合粘在一起不易吹掉，割口不齐，并容易产生变形。练习过程中一定要牢记薄钢板的气割要领，并在操作练习中要加以体会。

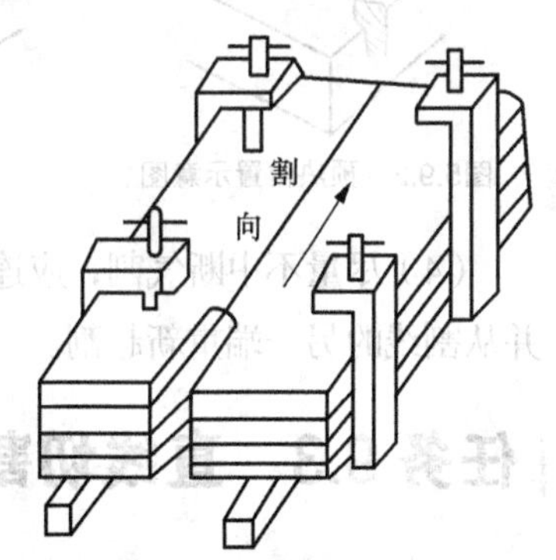

图5.9.1　多层气割示意图

2. 薄钢板气割的工艺要点

（1）选择较小的预热火焰能率和小号割嘴。

（2）割嘴与钢板的倾角为后倾 25°～45°。

（3）割嘴离割件的距离应为10～15mm。

（4）采用尽可能快的割炬移动速度。

（5）可用多层气割法，如图5.9.1示。当气割1.5～2mm厚的钢板时，先把钢板表面的铁锈、污垢清除干净，再将钢板叠成25～30层，用弓形夹夹紧，使各层钢板之间紧密贴合，然后一次隔开。

3. 薄钢板的直线气割

对厚度为4mm的低碳钢板，按图5.8.5所示划线。割炬为G01-30型，一号环形割嘴，调整氧气为0.3～0.4MPa。按薄钢板气割工艺特点进行切割练习，气割顺序为先割长直线后割短直线。

任务9.2 气割厚钢板

1. 厚钢板的气割特点

气割25mm以上钢板时，由于预热火焰难以预热割件下部或内部金属，使割件受热不均匀，结果下层或内部金属的燃烧比上层或外部金属的燃烧较慢，造成气割困难。

2. 厚钢板气割的工艺特点

（1）选择的割嘴型号应与钢板的厚度相适应。

（2）预热火焰要大，氧气和乙炔量的供应充足。

（3）气割开始，要准确控制割嘴与割件间的垂直度。由割件边缘棱角处开始预热如图5.9.2示。将割件预热到切割温度时，逐渐开大切割氧压力，并将割嘴稍向气割方向倾斜5°～10°，如图5.9.3示。待割件边缘全部割透时，再加大切割氧流，并使割嘴垂直于割件，同时，割嘴沿割线向前移动。进入正常切割过程以后，割嘴要始终垂直于割件，移动速度要慢，割嘴要作横向月牙形成“之”字形摆动，如图5.9.4示。

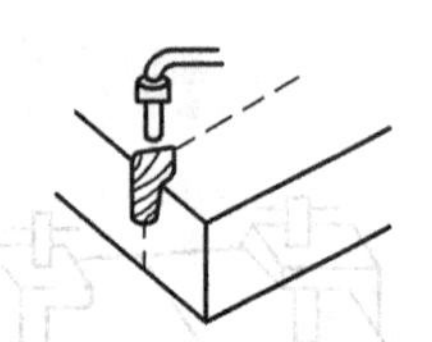
图5.9.2 预热位置示意图

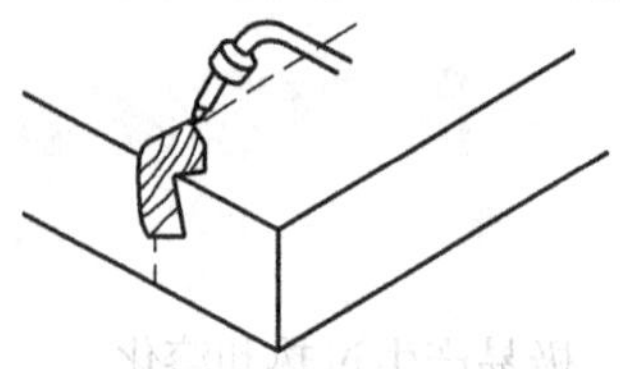
图5.9.3 气割示意图

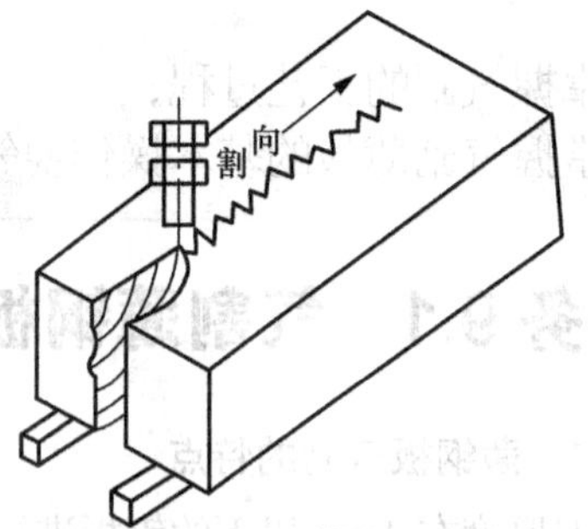

图5.9.4 嘴沿割向横向摆动示意图

（4）尽量不中断气割，应连续气割至终止，以防止割件降温。如果遇到割不透时，允许停割，并从割线的另一端重新起割。

任务9.3 直线切割操作

（1）准备坯料：钢板厚度为8mm（厚），宽度为230mm。

（2）清洁、整理：清除钢板上的铁锈和污物。

（3）画线：用画笔照图画好气割线。

（4）工艺参数的选择：选用 G01-100 型割炬和 1 号割嘴；正确打开气瓶阀门，选择合适的气压，氧气压力为 0.5MPa，乙炔压力为 0.03MPa。

（5）调节火焰：先微开预热氧气阀门，再打开乙炔阀门，焊嘴朝左上方，点火并调整使火焰为轻微氧化焰。

（6）起割：应在坯料的边缘起割，待边缘预热到呈现亮红色时，将火焰略为移动至边缘处，同时，打开切割氧阀门。随着氧气流的加大，从割件的背面飞出鲜红的氧化铁渣。此时，证明坯料已被割透，割炬即可以适当的速度开始自右向左均匀移动。

（7）正常气割：起割后即进入正常气割。在整个气割过程中，割炬移动的速度要均匀，割嘴到割件表面的距离应保持在 6mm 左右。

（8）停割：气割过程临近终点停割时，割嘴应沿气割相反的方向倾斜一个角度，以便使钢板的下部提前割透，使割缝在收尾处也很整齐。停割之后接着关闭切割氧气阀门，以便转入下一次的气割操作。

（9）关闭割炬阀门：在气割任务完成之后，先关乙炔阀门，再关氧气阀门。

（10）关闭气瓶阀门。

任务 9.4　圆弧切割操作

（1）准备坯料：厚度为 8mm 的钢板。

（2）清洁、整理：清除钢板上的铁锈和污物。

（3）画线：用画笔照图画好气割线。

（4）工艺参数的选择：选用 G01-100 型割炬和 1 号割嘴；正确打开气瓶阀门，选择合适的气压，氧气压力为 0.5MPa，乙炔压力为 0.03MPa。

（5）调节割规：使其回转半径满足要求；将割嘴插在割规套圈里，割嘴风线孔应对准圆弧线，对准之后，将割规定好位，然后取下割规。

（6）调节火焰：先微开预热氧气阀门，再打开乙炔阀门，焊嘴朝左上方，点火并调整使火焰为轻微氧化焰。

（7）将割嘴插在割规套圈里，把割规圆心顶尖插入已打好的圆心孔内。

（8）起割：如图 5.9.5 所示，应在割件的边缘起割，待边缘预热到呈现亮红色时，将火焰略为移动至边缘处，同时，慢慢打开切割氧阀门。随着氧气流的加大，从割件的背面飞出鲜红的氧化铁渣。此时，证明割件已被割透，割炬即可以适当的速度开始正常气割。

（9）正常气割：起割后即进入正常气割。在整个气割过程中，割炬移动的速度要均匀。

（10）停割：气割过程临近终点停割时，割嘴应沿气割相反的方向倾斜一个角度，以便使钢板的下部提前割透，使割缝在收尾处也很整齐。停割之后迅速关闭切割氧气阀门。

（11）关闭割炬阀门：在气割任务完成之后，先关乙炔阀门，再关氧气阀门。

（12）关闭气瓶阀门。

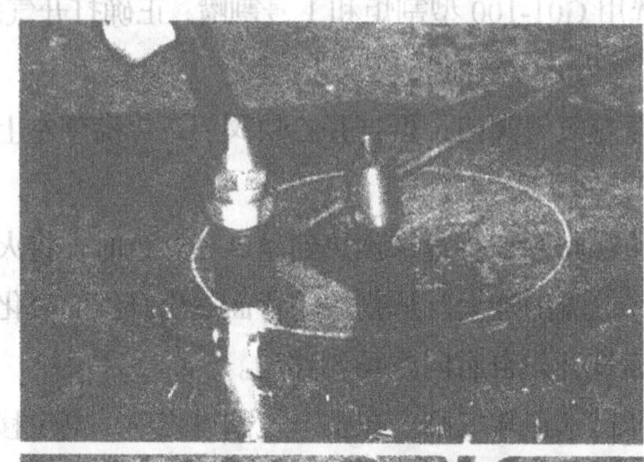

图5.9.5　坯料的预热与切割

课业练习

进行 8mm 钢板直线气割和气割圆盘操作，并注意以下几点。

1. 割件放置要平，切割前要检查风线。
2. 手握割炬要稳，选择适当的割嘴、氧气压力、切割速度和预热温度。

参考文献

[1] 陈季涛，苑喜军. 金工实习[M]. 北京：石油工业出版社，2008.

[2] 张康熙. 金工实习教程[M]. 西安：西北工业大学出版社，2009.

[3] 郗安民. 金工实习[M]. 北京：清华大学出版社，2009.

[4] 谭大庆. 金工实训[M]. 重庆：重庆出版社，2008.

[5] 卢永然. 金工工艺[M]. 大连：大连海事大学出版社，2010.

[6] 王瑛. 车工操作技术[M]. 合肥：安徽科学技术出版社，2008.

[7] 高登峰，刘刚. 车工工艺与技能实训[M]. 西安：西北大学出版社，2008.

[8] 王国玉，苏全卫. 学钳工[M]. 郑州：中原农民出版社，2010.

[9] 劳动和社会保障部教材办公室. 第四版. 钳工工艺学. [M]北京：中国劳动社会保障出版社，2006.

[10] 劳动和社会保障部教材办公室. 钳工工艺与技能训练[M]. 北京：中国劳动社会保障出版社，2006.

[11] 劳动部教材办公室. 第四版. 钳工生产实习[M]. 北京：中国劳动社会保障出版社，1996.

[12] 王鸿斌. 船舶焊接工艺[M]. 北京：人民交通出版社，2006.

[13] 董丽华，沈海荣，范春华. 金工实习实训教程[M]. 北京：电子工业出版社，2006.

[14] 冯丰习. 金工工艺学[M]. 大连：大连海事大学出版社，2003

[15] 李瑞珍. 学电焊[M]. 郑州：中原农民出版社，2009.

[16] 杨朝彬. 电焊工[M]. 重庆：重庆大学出版社，2007.

[17] 张庆红，方晓勤. 船舶焊接实训教程[M]. 北京：北京理工大学出版社，2011.

[18] 刘光云，赵敬党. 焊接技能实训教程[M]. 北京：石油工业出版社，2009.

[19] 刘明岗. 学气焊[M]. 郑州：中原农民出版社，2009.

[20] 刘宏. 气焊工[M]. 北京：化学工业出版社，2001.

[21] 韩林生. 气焊工操作技术指南[M]. 北京：中国计划出版社，1999.